北京大学物理学丛书

物理宇宙学讲义

俞允强　编著

北京大学出版社
北　京

图书在版编目(CIP)数据

物理宇宙学讲义/俞允强编著.—北京:北京大学出版社,2002.11
(北京大学物理学丛书)
ISBN 978-7-301-05360-7

Ⅰ.物…　Ⅱ.俞…　Ⅲ.天体物理学　Ⅳ.P14

中国版本图书馆 CIP 数据核字(2002)第 067731 号

| 书　　　名：物理宇宙学讲义
| 著作责任者：俞允强　编著
| 责任编辑：周月梅
| 标准书号：ISBN 978-7-301-05360-7/O・0520
| 出版发行：北京大学出版社
| 地　　　址：北京市海淀区成府路 205 号　100871
| 网　　　址：http://www.pup.cn
| 电　　　话：邮购部 62752015　发行部 62750672　编辑部 62752021
|　　　　　　出版部 62754962
| 电子邮箱：zpup@pup.pku.edu.cn
| 印　刷　者：北京大学印刷厂
| 经　销　者：新华书店
|　　　　　　850×1168　32 开本　8.875 印张　230 千字
|　　　　　　2002 年 11 月第 1 版　2019 年 5 月第 5 次印刷
| 定　　　价：28.00 元

未经许可,不得以任何方式复制或抄袭本书之部分或全部内容。
版权所有,侵权必究
举报电话:010-62752024　电子邮箱:fd@pup.pku.edu.cn

《北京大学物理学丛书》编委会名单

主　　任：高崇寿

副 主 任：（按姓氏笔画排，下同）：
　　　　　刘寄星　秦旦华　聂玉昕
　　　　　阎守胜　黄　涛

编　　委：邹英华　邹振隆　宋菲君　吴崇试
　　　　　林纯镇　俞允强　夏建白　曾谨言
　　　　　韩汝珊　解思深　瞿　定

常务编委：周月梅

内 容 简 介

本书是国内第一本为大学生开设宇宙学课程的教材,是作者在多年讲授本课的基础上总结整理而成的.内容分五大部分:(1)恒星和星系;(2)宇宙学基础(宇宙学的基本事实和宇宙膨胀的动力学);(3)宇宙的早期(早期宇宙概况、光子背景辐射、大爆炸核合成);(4)粒子宇宙学初步(正反物质的不对称、甚早期宇宙的暴胀);(5)结构的形成(物质结团的理论基础、结构形成的模型研究).本书也可作为研究生教材.

前　言

物理学是自然科学的基础,是探讨物质结构和运动基本规律的前沿学科.几十年来,在生产技术发展的要求和推动下,人们对物理现象和物理学规律的探索研究不断取得新的突破.物理学的各分支学科有着突飞猛进的发展,丰富了人们对物质世界物理运动基本规律的认识和掌握,促进了许多和物理学紧密相关的交叉学科和技术学科的进步.物理学的发展是许多新兴学科、交叉学科和新技术学科产生、成长和发展的基础和前导.

为适应现代化建设的需要,为推动国内物理学的研究、提高物理教学水平,我们决定推出《北京大学物理学丛书》,请在物理学前沿进行科学研究和教学工作的著名物理学家和教授对现代物理学各分支领域的前沿发展做系统、全面的介绍,为广大物理学工作者和物理系的学生进一步开展物理学各分支领域的探索研究和学习,开展与物理学紧密相关的交叉学科和技术学科的研究和学习提供研究参考书、教学参考书和教材.

本丛书分两个层次.第一个层次是物理系本科生的基础课教材,这一教材系列,将在几十年来几代教师,特别是在北京大学教师的教学实践和教学经验积累的基础上,力求深入浅出、删繁就简,以适于全国大多数院校的物理系使用.它既吸收以往经典的物理教材的精华,尽可能系统地、完整地、准确地讲解有关的物理学基本知识、基本概念、基本规律、基本方法;同时又注入科技发展的新观点和方法,介绍物理学的现代发展,使学生不仅能掌握物理学的基础知识,还能了解本学科的前沿课题和研究动向,提高学生的科学素质.第二个层次是研究生教材、研究生教学参考书和专题学术著作.这一系列将集中于一些发展迅速、已有开拓性进展、国际上活跃的学科方向和专题,介绍该学科方向的基本内容,力求充分反映该学科方向国内外前沿最新进展和研究成果.学术专著首先着眼于物理学的各分支学科,然后再扩展到与物理学紧密相关的交叉学科.

愿这套丛书的出版既能使国内著名物理学家和教授有机会将他们的累累硕果奉献给广大读者,又能对物理的教学和科学研究起到促进和推动作用.

《北京大学物理学丛书》编辑委员会
1997年3月

序　言

在上世纪最后二十多年里,以天文观测和物理规律为基础的宇宙学理论已可靠地确立了.它被学术界认为是20世纪最重要的科学成就之一.宇宙学是一门典型的基础学科,至今人们还完全说不出它的应用前景.可是宇宙作为自然界的最大客体,真实地了解它的面貌和演化过程却是人们普遍的精神需求.因此,在这样的学科发展成熟后,把它从专家的研究成果转化为人类共享的知识财富是必定要走的一步.

出于教学改革的考虑,北京大学物理系的学术委员会在1999年决定为大学生开设宇宙学课程.次年,校教务处又把它纳入了面对全校学生的通选课.在我们国内,这样做很可能是第一例(没认真调查过),而其实这是大势所趋.因此我非常支持这样的尝试,并很高兴接受这个任务.

此前我一直在为物理和天文专业的研究生讲授宇宙学.每次开课都有许多本校和外单位的人来选修或旁听.这也反映了想了解宇宙学的人很多,普及它很有必要.可是真要把它作为基础教学来开设这门课,如何取材对我依然是颇费思考的一个问题.

我在过去的教学中已意识到,关于宇宙人们听到过的说法很多,而其中有不少是误导性的判断.例如很多人以为大爆炸理论断言今天的宇宙是在150亿年前从一点炸开的,因而肯定宇宙的有限性.同时还有不少人认为,宇宙的有限性与辩证唯物论哲学是冲突的.其实这些都是误解.大爆炸宇宙理论已为实践所证实,这是事实.可是它并没有肯定宇宙的有限性.从宇宙学看,它的有限或无限既不是哲学能回答的问题,也不是哲学应该回答的问题.这些误解使我认识到:即使是普及地讲解宇宙学知识,把结论的来龙去脉交代清楚是必须的任务.否则没有办法把肯定的结果与误导性的说法区分开,听者也无法判断你讲的结论的可信程度.

宇宙学作为物理学的一个分支,它的理论框架是在假设和推理的基础上建立起来的.可是只有被实践证实了的部分,才会被肯定下来.因此要原原本本地讲授这理论本身及其可信程度,涉及的物理和天文基础都很宽.其中有不少并不是大学生们事先具备的.教师须在课程中为同学提供有关的准备.可是过多的基础性准备又会使课程显得臃肿和喧宾夺主.考虑到这一点,我感到取材很难.实际上我每年教学内容的取舍都有变化,但是我坚持一个不变的原则:尽量系统地把理论的来龙去脉交代清楚,同时只做尽量少的铺垫.

关于宇宙学本身的取材却相对比较明确.Friedmann 的宇宙动力学和 Gamow 的大爆炸理论无疑应当是课程的主要部分.我在讲解上既注意了理论推导,也注意了对结果的实验验证程度的讨论.我深信这部分内容已相对地可以固定下来.值得进一步考虑的是教学中如何对待一些尚在进展中的宇宙学课题.这里指的是甚早期演化、宇宙的创生和宇宙结构的形成.这些部分至今未能成熟,很大程度上是由于相关的物理基础尚不够清楚,因此这是宇宙学中非常有生命力的部分.它在今后的进展必然会为物理学带来新的思想,甚至新的突破.基于心中有这样的评价,我的做法是尽可能扼要地把它们吸收到教学中来,但是不能把试探性的理论与成熟的理论相混淆.这里又有教学忌误导的问题.

我目前是在面对全校的学生开设物理宇宙学的课程.这是一门每周讲授 3 学时的课程.本书就是以历年的讲稿为基础编写而成的,因此我把它定名为"物理宇宙学讲义".这几年的实践表明,它对理科学生,包括本科生和研究生都是基本合适的.至于对文科学生,因为本课程事先假定学生已具备大学普通物理的有关知识,所以对他们不是很合适.长远地讲,文理科的宇宙学课程还是需要分开开设的.这不仅是由于基础知识上的差别,也是由于思想方法上的差别.

此外我还有一点想法. 我国因受"文化大革命"之害, 今天研究宇宙学的队伍很单薄, 甚至较全面地了解宇宙学的人数也太少. 这使我既感到普及宇宙学教学之迫切, 也感到要这样做的困难. 在这样的处境下, 我认为在大学教学中, 把宇宙学知识吸收到普通物理的教学中来是更现实的事. 例如说, 安排 10 至 20 学时的讲授对学生是大体合适的, 也是教师较容易适应的. 我很希望这本书也能对此起到推动的作用.

最后我感谢北京大学教务处、物理系学术委员会和北大出版社对宇宙学教学和对出版本书所作过的支持.

俞允强

2002 年 8 月于北京大学

目　录

引言 ………………………………………………… （1）

第一部分　恒星和星系

第一章　恒星的性质 ……………………………… （9）
1.1　恒星的距离和光度 ……………………… （9）
1.2　表面温度与光谱 ………………………… (15)
1.3　Hertzsprung-Russell 图 ………………… (21)
1.4　主序星的结构理论 ……………………… (24)
1.5　恒星的形成 ……………………………… (30)
1.6　主序后的演化 …………………………… (33)
1.7　变星与测距 ……………………………… (39)

第二章　星系的性质 ……………………………… (45)
2.1　银河系 …………………………………… (45)
2.2　河外星系的发现 ………………………… (48)
2.3　星系的分类 ……………………………… (50)
2.4　星系质量的测定 ………………………… (52)
2.5　星系的距离测量 ………………………… (56)
2.6　星系的一般性质 ………………………… (60)
2.7　星系群和星系团 ………………………… (63)

第二部分　宇宙学基础

第三章　宇宙学基本事实 ………………………… (69)
3.1　宇宙学原理 ……………………………… (69)

1

3.2　Hubble 膨胀 ·· (72)
　3.3　宇宙年龄的测定 ·· (77)
　3.4　宇宙密度的测量 ·· (80)
　3.5　物质的组分 ·· (84)

第四章　宇宙膨胀的动力学 ······································· (89)
　4.1　基本假设 ·· (89)
　4.2　相对论性的引力 ·· (91)
　4.3　宇宙常数和真空能 ······································· (95)
　4.4　Robertson Walker 度规 ································ (98)
　4.5　宇宙动力学方程 ·· (102)
　4.6　Einstein 的静态模型 ·································· (105)
　4.7　宇宙整体参量的推定 ································· (107)
　4.8　实物为主宇宙的膨胀解 ······························ (109)
　4.9　宇宙的年龄 ·· (113)
　4.10　红移-距离关系 ··· (116)
　4.11　宇宙的视界 ··· (122)

第三部分　宇宙的早期

第五章　早期宇宙概况 ·· (127)
　5.1　热大爆炸的概念 ·· (127)
　5.2　辐射为主的早期 ·· (130)
　5.3　零化学势的理想气体 ································· (133)
　5.4　温度随时间的变化 ····································· (137)
　5.5　宇宙演化简史 ··· (139)
　5.6　粒子的退耦 ·· (142)
　5.7　非重子暗物质的候选者 ······························ (145)

第六章　光子背景辐射 ·· (148)
　6.1　原子的复合过程 ·· (148)
　6.2　背景光子的形成 ·· (152)

6.3 背景光子的可观测性质 ………………………… (154)
6.4 发现和证实 …………………………………… (158)
6.5 偶极各向异性 ………………………………… (161)
6.6 多极各向异性 ………………………………… (163)
第七章 大爆炸核合成 ………………………………… (167)
7.1 原初的核合成过程 …………………………… (167)
7.2 中子数与质子数之比 ………………………… (170)
7.3 产额的计算方法和结果 ……………………… (173)
7.4 ^{4}He 原初丰度的实测推断 ………………… (176)
7.5 中微子的种数问题 …………………………… (180)
7.6 氘的原初丰度 ………………………………… (183)
7.7 ^{3}He 的原初丰度 …………………………… (186)
7.8 关于原初的锂 ………………………………… (188)
7.9 对现状的评述 ………………………………… (190)

第四部分 粒子宇宙学初步

第八章 正反物质的不对称 …………………………… (195)
8.1 探寻反物质天体 ……………………………… (195)
8.2 正反物质不等量疑难 ………………………… (197)
8.3 关于重子数的守恒 …………………………… (199)
8.4 正反粒子微观上的不对称 …………………… (201)
8.5 对热平衡的偏离 ……………………………… (204)
8.6 一种示意性的模型 …………………………… (204)
8.7 理论现状简述 ………………………………… (207)
第九章 甚早期宇宙的暴胀 …………………………… (209)
9.1 对称性自发破缺的机理 ……………………… (209)
9.2 含自作用 ϕ 场的高温真空 ………………… (211)
9.3 真空为主引起的暴胀 ………………………… (214)
9.4 早期宇宙的视界疑难 ………………………… (217)

9.5 今天宇宙的准平坦疑难 ………………………… (220)
9.6 暴胀理论的启示 ………………………………… (222)
9.7 关于暴胀理论的物理基础 ……………………… (225)

第五部分 结构的形成

第十章 物质结团的理论基础 ………………………… (229)
  10.1 自引力不稳性的 Jeans 理论 ………………… (229)
  10.2 膨胀宇宙中的小扰动 ………………………… (232)
  10.3 各种天文尺度的进视界时刻 ………………… (236)
  10.4 重子物质的 Jeans 质量 ……………………… (238)
  10.5 扰动的非线性增长 …………………………… (240)

第十一章 结构形成的模型研究 ……………………… (244)
  11.1 关于结构形成问题的引言 …………………… (244)
  11.2 无碰撞气体中的自由流动阻尼 ……………… (247)
  11.3 初始的扰动谱 ………………………………… (249)
  11.4 热暗物质为主的模型 ………………………… (251)
  11.5 冷暗物质为主的模型 ………………………… (253)
  11.6 问题的小结 …………………………………… (255)

附录 1 自然单位制 ……………………………………… (257)
附录 2 粒子物理大意 …………………………………… (261)
附录 3 天文学和宇宙学常量 …………………………… (269)

引　言

　　什么是宇宙?自古至今这都是诗人爱遐想、哲理家爱沉思的问题.其实宇宙也是物质性的客体.人们要认识它的办法只有靠观测来获取信息,以及用物理规律来做推理.从自然科学的眼光看,物理地研究它是获得正确认识的惟一途径.这正是本课程在宇宙学之前加上"物理"二字的含义.

　　宇宙的概念指自然界一切物质的总体,它是最大的物理对象了.由于宇宙空间之广袤、演化历史之久长以及物理条件之极端,使得要研究它很难.因此尽管自古以来的人们对宇宙谈论得很多,可是用物理方法研究宇宙的历史却不到一百年.

　　Einstein 在 1915 年提出了引力的一般理论,即广义相对论.在 1918 年,他把宇宙作为广义相对论的应用对象而尝试地研究了它.其实当时的条件还相当不成熟.我们知道,要物理地研究任何客体,总需要对它有一定的感性认识.可是当时的天文学家却对于银河系是宇宙的全部或一部分都还不清楚.作为试探,Einstein 猜测地提出了两个简化假设:(一)宇宙可被看成充满全空间的均匀介质;(二)宇宙在整体上是静态的.在这样的基础上,他为宇宙建立了第一个物理模型.现今人们称它为 Einstein 的静态宇宙模型.

　　在对未知客体做物理研究时,先提出猜想性的假设不仅是正常手段,而且可以说是探索过程的灵魂.可是物理归根到底是一门实验科学.只有当观测表明这种假设及(或)其推论与客观事实相一致,人们才会把它当正确的物理理论来接受.Einstein 宇宙模型的遭遇正好相反.20 世纪 20 年代初,即在模型提出后不久,天文学家开始发现了宇宙在膨胀的迹象.这意味着 Einstein 的静态模

1

型并不是真实宇宙的写照. 于是它被抛弃了. 无论如何, 他为宇宙的物理研究迈出了第一步.

1923年, 天文学家Slipher等人观测了十来个旋涡星云的光谱, 并第一次发现其中大部分有光频的红移. 若把这红移理解为Doppler效应的后果, 则这事实表明光源(星云)在向远离我们的方向后退. 同一时期里, 另一位天文学家Hubble开始证认了这种旋涡星云乃是银河系之外的恒星集团. 这样的恒星集团被统称为星系. 随着越来越多的河外星系被发现使人们逐渐意识到, 宇宙可被看成以星系为"分子"所组成的"气体". 我们的银河系只是宇宙中的一颗普通的分子. 这样, 如果其他分子都在向远离我们的方向运动, 则它是宇宙介质在膨胀的证据. 于是Slipher等人的发现成了宇宙膨胀观念的发端.

到1929年, Hubble进一步发现了星系退行的定量规律, 即各星系的退行速度与距离成正比. Hubble的发现远不是仅以更多的事实肯定了宇宙膨胀的观念, 它还为膨胀提供了更多的信息. 用一点物理知识就能推知, 如果宇宙是均匀介质, 那么他的经验规律表明, 宇宙是按能够保持其均匀性的惟一方式在膨胀. 这对Einstein的宇宙均匀性假设是一种支持.

同一时期里理论研究也在发展. 在当时, 宇宙的均匀性以及宇宙动力学服从广义相对论看来都是无可替代的工作假设, 所以Einstein后的研究者把它们沿用了下来. 在这样的前提下, Einstein的静态模型仅是一种可能. 当时许多其他可能也得到了研究. 今天最值得注意的是Friedmann的膨胀宇宙模型. 它也出现在1923年. Friedmann理论的出发点是采用不含宇宙常数[①]的引力场方程. 这样, 宇宙在引力影响下的膨胀全过程可以解出. 按这模型的结果, 远处星系的光谱应当因宇宙的膨胀而有红移, 而且

---

① 参看第四章的讨论.

不太远的星系的红移量应当与距离成正比.它与 Hubble 在几年后的发现①是一致的.

今天回顾这段历史,看来宇宙学初期的进展非常健康.在 10 年左右的时间里,不仅在观测上肯定了宇宙的膨胀,而且在理论上建立了相应的模型.可是在此后的 30 多年里,物理宇宙学的发展中却是挫折多于成功.究其原因,这里既有来自学科本身的问题,也有来自认识论上的干扰.

把 Hubble 的经验规律写成 $v \propto d$,其中的比例系数被后人称为 Hubble 常数,记做 H_0.当时得到的实测值是 $500 \text{ km} \cdot \text{s}^{-1} \cdot \text{Mpc}^{-1}$.它比今天知道的值(约为 $70 \text{ km} \cdot \text{s}^{-1} \cdot \text{Mpc}^{-1}$)大了 7 倍左右.理论上的宇宙年龄与 H_0 成反比,因此它所预言的宇宙年龄仅为应当值的 1/7.按当时结果推出的宇宙年龄为 20 亿年左右,可是人们有可靠证据表明地球的年龄在 40 亿年以上.这里出现的明显矛盾,成了人们怀疑膨胀宇宙理论的重要原因.

从物理学的眼光看,当时这理论的两个前提(指宇宙的均匀性和宇宙服从广义相对论)都没有可靠的根据,而它的推论又与事实明显地不符(指宇宙年龄太小),因此学术界不接受它是正常的.可是膨胀宇宙理论实际上遭到的是贬斥.这里不能不提到认识论上的因素.按照 Friedmann 模型,宇宙的膨胀必定有一个时间上的起点,今天的宇宙必定有一个有限大的年龄.这说明宇宙有它的"创生".可是人们把这结果看成是科学在向宗教靠拢.这是膨胀宇宙理论遭到贬斥的思想因素.今天回头看历史,它不仅很有哲理性,也很有讽刺性.Copernius 的日心说曾因触犯了神学而遭到过宗教的惩罚.可是宇宙学却因被怀疑向神学献媚,而遭到过急于要与宗教划清界线的人们的惩罚.

此后由于第二次世界大战,宇宙学研究自然地停滞了好几年.

---

① 虽然 Friedmann 模型预言了 Hubble 发现的经验规律,可是 Hubble 很可能完全不知道.

到 20 世纪 40 年代末,一位笃信 Friedmann 宇宙理论的物理学家 Gamow 进一步提出了宇宙演化的思想. 这当然是宇宙学研究中划时代的一笔. 类似于 Darwin 的进化论讲一切生物物种都是演化产生的,Gamow 指出,一切物质形态都不是亘古不变的,而是在宇宙膨胀过程中演化产生的. 恒星和星系在远古的宇宙中都不能存在. 在它们形成之前,宇宙只是一片炽热的迅速地膨胀着的均匀气体. Gamow 通过研究发现,连化学元素这样的基本物质形态也是在膨胀的炽热气体中产生的. 他估出了元素氦的原初产额,它与今天实测的氦丰度相接近. 可是由于上面谈到的原因,他的理论不仅没有得到学术界的认可,而且被斥之为伪科学. 今天人们习惯地把 Gamow 的理论称为宇宙热大爆炸理论,其实这名称是来自反对者的讥讽.

由 Friedmann 奠基而由 Gamow 发展的宇宙模型终究是一个物理理论. 它的正确与否是只能由事实来甄别的. 物理学史告诉我们,新理论事先提出的预言若事后得到观测的证实,这常是该理论正确性的重要标志. Gamow 曾在 20 世纪 50 年代初提出过一个预言: 今天的宇宙中应仍存在温度为 10 K 左右的背景光子气体,它是宇宙年龄仅为 10 万年时留下的遗迹. 这预言无疑是可以用观测来证实或证伪的. 可是当时竟没有人愿意做这种努力.

到 50 年代的中后期,天文学家对 Hubble 常数 H_0 的测量有了进步. 人们开始知道,H_0 实际值应在 $50\sim 100$ km·s^{-1}·Mpc^{-1} 的范围内. 这样,理论上宇宙年龄过小的明显矛盾已不复存在,可是这进步不足以改变学术界对宇宙学的态度. 直到 1965 年,大爆炸理论预言的低温背景辐射被偶然发现,并且随后的大量观测研究证实了这一发现. 从这时候起,才有越来越多的人开始意识到,由 Hubble-Friedmann-Gamow 奠基的宇宙理论是值得认真对待的. 因此大体地说,宇宙学研究的蓬勃发展是从 70 年代开始的.

在最近的 30 年中,全世界在宇宙学研究中投入的人力和物力都很大,而相应的收获也十分丰富. 宇宙学作为以现实客体为对象的物理理论,首要的问题是细致地引申出理论的推论以及用实测来检验它. 对于已有大量星系存在的晚期宇宙,Friedmann 模型有很多可供检验的推断. 对于一切星系形成之前的早期宇宙,被深入地研究过的是背景辐射问题和原初核合成问题. 它们也都有需要并可以检验的预言. 于是,这两方面的研究构成了物理宇宙学的核心. 我们将在正文的第二、三部分中分别作详细的讨论. 至今两方面的理论都与事实符合得很好. 这是宇宙学理论框架已可靠地确立的标志.

从 20 世纪 80 年代起,在一系列成功的鼓舞下,宇宙演化史中几乎一切重要问题的研究都开展了起来. 原初核合成过程发生在宇宙年龄为 1 s 之后,而若干很深刻的问题却需要由更早(即 $t \ll 1$ s)的宇宙演化来回答. 例如核合成开始时为什么没有反核子存在,暗物质的本源是什么等. 因有关过程涉及的是粒子物理的能量尺度,所以这领域被称为粒子宇宙学. 我们将在正文的第四部分中讨论. 再一个重要方面是星系的形成. 标准模型是宇观地看宇宙,因此把宇宙当成了均匀介质. 可是星系的存在表明在天文尺度上物质是结团的. 一个成熟的宇宙理论必须回答,物质的结团是怎么发生的. 这问题在近 20 年里也有很大进展. 我们把这课题的讨论归入第五部分.

上面指出的四个部分是本课程的主要内容. 除了宇宙创生问题之外,至今被深入研究过的方面本书都涉及到了. 可是研究宇宙要以一定的天文知识作基础,因此宇宙学的讨论需要从认识恒星和星系开始. 正文的第一部分就是为此而提供的准备. 此外,在本书的附录中还简单介绍了粒子物理的全貌,这是为讨论早期宇宙所作的准备.

第一部分　恒星和星系

第一章 恒星的性质

1.1 恒星的距离和光度

在夜晚的晴空,我们能看到满天的光点.这就是宇宙的表观形象.由于我们不能直接感受不同光点的远近,所以这形象是二维的.很早人们就猜想,那些光点都是与太阳相类似的恒星.后来才知道,这猜想仅是部分地正确的.实际上肉眼所见的大部分光点确实是恒星.但有的是比恒星大得多的气体云块,有的是较大或很大的恒星集团.由于它们离我们十分远,视觉上也只是一个光点.因此不管为了解天体的内禀性质,或者它们的空间分布,天文学家都必须先有办法测定这些光点与我们的距离.天体间距离的测量是一个关键问题,也是很困难的课题.

天文的测距能力是由近及远地逐步发展的,因此我们的讨论也从近处的恒星开始.当然太阳是离我们最近的恒星.

地面上测定远处距离的基本方法是三角学方法.按这方法,目的物越远,测量所需的基线也越长.地面上能采用的最长的基线可与地球的直径相当.用这样的基线能测量的仅是太阳和我们(地球)的距离.它远不足以被用来测量其他恒星的距离.

在地面上建立一条相当长的基线,用三角测距法可测定日地距 d. 它的值是

$$d = 1.50 \times 10^{11} \text{ m}, \qquad (1.1.1)$$

即 1.5 亿公里. 这距离(称 1 天文单位,简记 AU)比地球的半径大 2 万倍. 在确定了这距离后,太阳的一些固有性质如光度、质量和直径就能通过一些较容易直接测量的量来推出.

恒星的光度 L 是指它在单位时间内放出的光能,即它的辐射

功率. 这个量无法直接测定. 能直接测定的是它的亮度 B, 即它在我们所在位置上的光通量. 物理上把光通量定义为单位时间、单位面积上接收到来自该光源的光能. 显然, 光通量的大小不仅取决于光源的光度, 也依赖于光源的距离. 设这距离为 d, 光通量（亮度）与光度的关系是

$$B = \frac{L}{4\pi d^2}. \tag{1.1.2}$$

直接的测量可得到太阳的光通量 $B = 0.137\,\mathrm{W/cm^2}$. 这个量被称为太阳常数. 结合实测得到的距离, 推出太阳光度为

$$L_\odot = 3.83 \times 10^{26}\,\mathrm{W}. \tag{1.1.3}$$

这是反映太阳内禀性质的最基本的物理量之一.

地球绕太阳的运行轨道很接近圆形, 其半径即 (1.1.1) 式中的 d. 按 Newton 力学, 有

$$\frac{v^2}{d} = \frac{GM_\odot}{d^2}, \tag{1.1.4}$$

其中 $M_\odot$ 是太阳的质量. 地球的转动速率 v 可由 $2\pi d/T$ 代替, 其中 $T = 365.25$ 天是地球的公转周期, 由此可推出太阳质量[①]$M_\odot$. 它的值是

$$M_\odot = 1.98 \times 10^{33}\,\mathrm{g}. \tag{1.1.5}$$

这又是一个描写太阳性质的重要的物理量. 太阳的质量是地球的 33 万倍.

太阳的圆盘面对地球上的观测者所张的视角 θ 可直接测量. 它的大小是 $32'$. 利用张角和日地距, 可推出太阳的半径 $R_\odot$, 它是

$$R_\odot = 6.96 \times 10^5\,\mathrm{km}. \tag{1.1.6}$$

它比地球半径大 100 倍左右. 有了质量和半径, 可进一步得知太阳的平均密度为

[①] 按 Newton 定律定出的是 GM. 在实验室中测得 $G = 6.67 \times 10^{-8}\,\mathrm{cm^3 \cdot g^{-1} \cdot s^{-2}}$, 才能推知太阳的质量.

$$\rho = 1.4\,\mathrm{g/cm^3}. \tag{1.1.7}$$

这大体与水的密度相当. 但由于温度很高, 太阳内部物质处于完全电离的气体状态①, 而不是液态或固态.

正因为人们较早地测定了太阳的距离, 所以也就较早地了解了它的物理性质. 现在我们需要的是对恒星建立一般的了解. 为此, 测定其他恒星的距离是首先的需要.

1836 年, 德国天文学家 Bessel 首先采用地球绕日运动的直径为基线, 测到了一些恒星与我们的距离. 图 1.1 画出了这种测量的

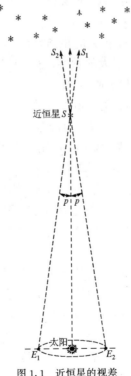

图 1.1 近恒星的视差

---

① 粒子间的平均间距是 10^{-8} cm, 而原子核的大小是 10^{-13} cm. 前者远大于后者.

示意图. E_1 和 E_2 是轨道直径的两端. 简化地讲,由半年前后对恒星 S 的视位置作两次测量,即可定出角度 p. 这角度被称作视差. 在测定某恒星的视差 p 后,就能用日地距 d 来推知该恒星与我们的距离.

实测表明除太阳外的恒星的视差都小于 $1''$,因此天文学家习惯于把 $p=1''$ 时相应的距离作为量度天体距离的单位. 这单位被称为 1 秒差距,记作 1 pc. 注意到 1 弧度 $=57.3°$,$1°=3600''$. 秒差距与其他距离单位的关系为

$$1\,\text{pc} = 2.06 \times 10^5 \,\text{AU} = 3.09 \times 10^{16}\,\text{m} = 3.26\,\text{l.y.}. \tag{1.1.8}$$

从日常经验讲,这是一个很大的距离单位. 但是在测量远处天体距离时,所出现的依然是很大的数字. 这表明与天体或宇宙相比,人类的日常经验范围是十分渺小的.

采用秒差距为单位,视差角为 p 的天体与我们的距离 d 为

$$d = 1/p'', \tag{1.1.9}$$

这里的距离以 pc 为单位. Bessel 首先对天鹅座的 α 星定出它的视差 $p=0.3''$,即它与我们的距离为 3.3 pc. 天鹅座 α 星既不是离我们最近的恒星,也不是表观最亮的恒星. 肉眼看来最亮的星是大犬座的 α 星即天狼星. 它的视差是 $0.375''$,即距离是 2.7 pc. 最近的恒星是半人马座的 α 星即南门二,它的视差是 $0.765''$,即距离是 1.4 pc.

由于受角度测量的精度的限制,这方法只适用于距离小于 10^2 pc 的恒星. 能较准确地测量的距离只达到 20~30 pc. 对于更远的恒星的距离,不能用这方法来精确地测定. 现今人们在 20 pc 范围内观测到了 2681 颗恒星. 它表明在太阳的邻近区域内,无序地分布着大量的恒星,它们间的平均间距在 1 pc 左右. 这间距比恒星自身的半径大很多量级,说明星际空间是很空旷的. 但是值得注意,这形象并不是宇宙面貌的典型代表.

让我们回到恒星的光度问题上来. 在对这两千多颗恒星成功

地测定了距离后,就能借助光通量的大小来推断它们的光度.这就使我们对两千多颗恒星的光度有了了解.它是进一步研究恒星物理性质的基础.

表 1.1 中列出了 10 颗表观最亮的恒星的距离和光度等有关信息.这里用视星等 m 代替了亮度 B.它是可直接观测的量.同时用绝对星等 M 代替了恒星的固有性质——光度 L.为理解天文学家的术语,我们简单地讨论一下星等的概念.

表 1.1 10 颗目视最亮的恒星

星名(中文名)	距离/pc	视星等[a] m	绝对星等[a] M	色指数 C_{BV}	光谱型
大犬 α(天狼星)	2.7	−1.45	1.41	0.00	A1
船底 α(老人)	60	−0.73	−4.7	0.16	F0
半人马 α(南门二)	1.34	−0.1	−4.3	0.7	G2
牧夫 α(犬角)	11	−0.06	−0.2	1.23	K2
天琴 α(织女)	8.1	0.04	0.5	0.00	A0
御夫 α(五车二)	14	0.08	−0.6	0.79	G8
猎户 β(参宿七)	250	0.11	−7.0	−0.03	B8
小犬 α(南河三)	3.5	0.35	2.65	0.41	F5
波江 α(水委一)	39	0.48	−2.2	−0.18	B5
半人马 β(马腹一)	120	0.60	−5.0	−0.23	B1

a 均用 B 波段的测量值.

在公元前 2 世纪,人们尚不能物理地描述恒星的亮暗. Ptolemy 先定量地把肉眼能见的恒星分为 6 等.以 1 等为最亮,6 等为最暗.这就是视星等概念的雏形.1859 年,生理学家 Weber 和 Feshner 发现,人对亮暗程度差别的感觉与物理亮度 B 的对数成正比.若两颗恒星的亮度为 B_1 和 B_2,视星等为 m_1 和 m_2,则

$$m_1 - m_2 \propto \log(B_2/B_1). \qquad (1.1.10)$$

当然 Ptolemy 凭感觉对星等的划分不会严格符合这规律.后来的天文学家才严格地把这关系作为定义视星等的依据.测量表明 Ptolemy 的 1 等星约比 6 等星亮 100 倍.把这点严格化,定出上述

正比关系中的比例系数为-2.5. 于是,任一恒星的视星等m与亮度B的关系可写作

$$m - m_0 = -2.5 \log B, \qquad (1.1.11)$$

其中m_0是可由天文学家适当规定的星等零点. 现今零点的规定使结果大体与古代划分的星等相近. 注意式中右边的负号表明越亮的星有越小的视星等. 按这定义,肉眼能见最暗的仍约是 6 等,最亮的则是 0 等左右. 视星等每低一等,其亮度增大$10^{2/5}$倍,即 2.51 倍.

从物理上讲,视星等与亮度的内涵是一样的. 太阳的亮度已有测定. 按定义折算,太阳的视星等(用黄色光观测)为-26.5等,即它在表观上比最亮的天狼星约亮 11 个数量级. 大的光学望远镜能观测到 26 等的天体. 折算表明,它的亮度仅是 6 等星的万万分之几.

为了也用星等来描述天体的光度,天文学上规定:假想该天体处于 10 pc 远时的视星等叫它的绝对星等,记做M. 把不同天体放在同样距离上来比较其亮暗,实际上是在比较它们的光度. 因此,绝对星等是光度的另一种描述,它与实际距离已无关. 利用(1.1.11)及(1.1.2)式易于看出,这关系可写成

$$M - M_0 = -2.5 \log L, \qquad (1.1.12)$$

M_0是已确定的常数. 比例系数自然仍是-2.5. 现在这意味着绝对星等每低一等,则光度增大 2.51 倍. 用太阳的光度折合出它的绝对星等为 4.5 等.

同一恒星的亮度-光度关系(1.1.2)也可以用视星等与绝对星等的关系来表示. 它是

$$\log L - \log B = 2 \log d + \text{const.} \qquad (1.1.13)$$

按照定义,当距离$d = 10$ pc 时绝对星等即视星等. 这样就定出天体的视星等和绝对星等的关系为

$$m - M = 5 \log d - 5. \qquad (1.1.14)$$

从这结果看到,$m - M$只与距离有关. 这个量因此被称为距离模数. 有时人们用它来表示该天体与我们的距离.

再回到表 1.1 上来. 表中所列的视星等m是直接可观测的

量.借助距离,就能推断出①它的绝对星等.它代表的是恒星的光度.记得星等数越小表示它越亮.看来那些目视最亮的恒星的光度都比太阳大.我们没有列出暗一些的恒星的结果.其实在我们周围比太阳暗的恒星更多.就光度而言,不同恒星的差别很大,太阳是一颗偏暗而并不算太暗的恒星.在 Copernicus 论证了地球在太阳系中没有特殊地位后,太阳在恒星世界中没有特殊地位的结论已不会使人们惊讶了.

1.2 表面温度与光谱

虽然恒星的光度是一个重要参量,但是它携带的信息很有限.天文学家进一步用分光镜把星光中不同频率的组分分开,以测量它的光谱,即光强随频率的分布.这样就能得到更多信息.对于任何类型的天体,其辐射谱的研究是一个重要的方面.

恒星的辐射谱分为连续谱和间断谱两部分.现在已清楚地知道,这两部分谱的主要特征都是由恒星光球的表面温度决定的.我们先讨论连续谱.

统计物理告诉我们,严格等温的辐射场的谱由 Planck 定律描述,它被称为 Planck 谱或黑体辐射谱,如图 1.2(a)所示.近似地说来,一个等温源产生的热辐射也服从同样的分布.在今天的宇宙中,任何一个天体是不可能严格地等温的,但是其辐射谱接近 Planck 谱的情况却不少.恒星就是一类.

恒星星体内部明显地不会有统一的温度,但是其中每一部分却有着很好的局域热平衡,从而有很确定的温度.一般讲,它中心区的温度最高,越向外温度越低②.观测表明恒星的连续谱与 Planck 谱相接近.这一事实说明这部分谱主要来自恒星某一层面

---

① 公式(1.1.2)和(1.1.14)中没有考虑到介质对光的吸收,而实际上它并不是可忽略的因素,因此它们需在作消光修正后使用.我们这里只作原理性的讨论.

② 恒星结构的讨论参看本章第 4 节.

上的热辐射.天体物理上把这层面叫做恒星光球的表面.光球表面以上的气体则叫恒星大气.热辐射是从光球表面发出,穿过大气而进入星际空间的.这热辐射的温度就叫恒星光球的表面温度.它是反映恒星内禀性质的又一个重要的物理量.

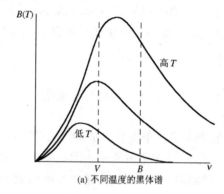

(a) 不同温度的黑体谱

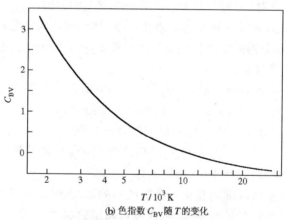

(b) 色指数 C_{BV} 随 T 的变化

图 1.2 黑体辐射谱和色指数

按 Planck 的黑体辐射定律,在温度为 T 的表面上,单位面积、单位频率间隔的辐射功率为

$$B_\nu(T) = \frac{2h\nu^3}{c^2} \frac{1}{\exp(h\nu/kT) - 1}. \quad (1.2.1)$$

因此对理想的黑体辐射源,只要测量任何小频率间隔上的辐射功率,就能把源的温度推断出来.此外,由 Planck 定律可知,黑体辐射谱的峰值波长[①]λ_{max} 与温度的关系是

$$\lambda_{max} T = 0.290 \text{ cm} \cdot \text{K}. \tag{1.2.2}$$

温度越高,辐射的峰值波长越短.这叫 Wien 位移定律.因此若测得恒星连续谱的峰值波长,也可推知其辐射温度.太阳连续谱的峰值波长是 $\lambda_{max} = 0.5 \ \mu m$,相应地推出的表面温度为 6000 K.

实际对恒星的观测常是在几个特选的波段上作的.例如取用 3500 Å 附近的 U 波段、4300 Å 附近的 B 波段或 5500 Å 附近的 V 波段.天文上把两个波段上测到的视星等之差叫色指数 C.例如某恒星在 B 波段和 V 波段上观测得到的视星等为 m_B 和 m_V 等,则

$$C_{BV} = m_B - m_V. \tag{1.2.3}$$

对理想的黑体辐射,两个不同波长上的光强差完全由温度决定(参看图 1.2(b)),且它是温度的单调函数.把恒星看成黑体,由测到的色指数 C,就能推出恒星的表面温度.值得指出,由于恒星的连续谱并不与 Planck 公式高度相符,因此用不同的方法所定出的表面温度是会有不可忽略的差别的.

对一切频率积分后,得到单位面积的辐射功率为 σT^4,其中 $\sigma = 5.67 \times 10^{-5}$ erg[②] $\cdot$ cm^{-2} $\cdot$ K^{-4} $\cdot$ s^{-1} 为 Stefan-Boltzmann 常数.设恒星的(光球)半径为 R,表面温度为 T,则该恒星的总辐射功率(即光度)是

$$L = 4\pi R^2 \sigma T^4. \tag{1.2.4}$$

对于太阳,人们已测定了它的光度 L 和半径 R.按公式(1.2.4)就可推出太阳的表面温度,记做 $T_\odot$.它的值是

$$T_\odot = 5800 \text{ K}. \tag{1.2.5}$$

对于其他恒星,要直接测量其半径很难.观测到的光斑大小主要是

---

① 若测量的是辐射强度随波长的分布,则 Planck 谱的峰值波长是不一样的.
② 1 erg = 10^{-7} J.

地球大气的抖动造成的,它并不反映恒星的自身大小.因此天文学家常把上述方法反过来用.先由其他途径来知道其表面温度和光度,然后用(1.2.4)式来推断其半径.这是间接地确定恒星半径的有效方法.

下面转向讨论恒星辐射中的间断谱.从历史讲,人们研究其间断谱要早得多.约在两百年前,Fraunhofer 先在太阳的连续光谱中发现了很多暗线,而后又在其他恒星光谱上也发现了暗线.现今它们被称为吸收线.恒星间断谱指的就是吸收线按频率的分布和它们的强弱.使天文学家感兴趣的是,在不同恒星的谱中,暗线出现的位置(即频率或波长)很不一样.

到 19 世纪后期,人们才认识到一定的谱线系列是一定的元素造成的.例如 Balmer 线系是氢造成的,5890Å 和 5896Å 的双线是钠造成的等.由此看来,恒星的吸收线来自光球表面外的恒星大气中的原子或分子对光球辐射的吸收.不同恒星的吸收谱不同有两种可能原因:一是不同恒星大气的化学组分不同;二是不同恒星的表面温度不同.现在已充分搞清,后一种因素才是主要的.

因为大部分恒星的光谱中都能观测到氢的吸收线系,于是有人按氢线的强弱,把恒星的吸收谱唯象地排成了一个序列.以拉丁字母的次序为序,A 类星的氢线最强,B 类次之等.在这样的排序中,氢以外其他原子谱线的强度则是突兀地变化的.一种唯象分类方法的成功与否,取决于它是否反映了对象的本质差别.按氢谱线强度作分类在这意义上没有成功.经由几代人的努力,才找到了不同光谱型的更合理的排序.这排序把当时所积累的 20 多万颗恒星的光谱归并为七类.按旧有的名称,次序是 O,B,A,F,G,K,M.在这排序中,所有原子或分子的吸收线强度都是连续地变化的.每一类与前一类或后一类都只有很小的差别.这唯象分类的成功在于它揭示了恒星吸收谱不同的物理原因.下面即将说明,这样所排的实际上是一个恒星表面温度逐渐下降的序列.表 1.2 中列出了各类光谱型的主要特征及相应的表面温度.

表 1.2　表面温度与吸收谱型的分类

温度/K	颜色	谱型	谱线特征
50 000	蓝白	O	有 He Ⅱ, He Ⅰ, H Ⅰ, 但都弱
25 000	蓝白	B	H Ⅰ 变强, He Ⅰ 明显
11 000	白	A	H Ⅰ 强, 出现 Mg Ⅱ, Ca Ⅱ 线
7 600	黄白	F	H Ⅰ 强, 但比 A 弱, Ca Ⅱ 大大增强, 出现许多金属线
6 000	黄	G	H Ⅰ 变弱, 金属线增强
5 100	橙	K	金属线比 G 型强很多
3 600	红	M	金属线比 K 型弱, TiO 分子带很强

让我们对恒星表面温度决定吸收线谱型的物理机理作些讨论. 恒星大气中最主要的组分是氢和氦, 前者约占 70%, 后者约占 25%. 我们先讨论氢的吸收线.

图 1.3 中画出了氢原子的能级. 从能级图看出, 基态氢原子能吸收的光子至少有 $10\,\text{eV}$ 的能量. 若光球热辐射的温度太低, 以致能量这么大的光子太少, 那么氢的吸收线将非常微弱. 从 F 型星往后, 恒星的表面温度已在 7000 K 以下①. 其热辐射中能被氢吸收的光子很少, 因此氢吸收线的强度也就很弱了, 这是事情的一方面, 它说明恒星光球的温度越低则吸收线越弱. 另一方面是氢吸收了能量超过 $13.6\,\text{eV}$ 的光子将导致电离, 因此, 在温度太高(约超过 10 000 K)的大气中, 有相当一部分氢已电离, 它们将不再能产生中性氢的吸收线. 这样看来, 表面温度在 10 000 K 左右的恒星吸收谱中, 氢的吸收线应最强. 它们就是 B 型和 A 型星. 序列中排在它前面的 O 型星的温度达到了 30 000 K 以上. 这类恒星中大气温度太高成了氢吸收线变弱的原因.

氦比氢不容易电离. 中性氦(记作 He Ⅰ)要吸收 $24.6\,\text{eV}$ 的能量才变一次电离氦(记作 He Ⅱ). 因此在 O 型星的温度下, 部分氦

---

① 温度为 T 的黑体辐射中, 光子的平均能量约为 kT. $T=10000\,\text{K}$, 相应于 $kT\approx 1\,\text{eV}$. 记得高于平均能量的光子数密度是指数下降的, 即 $n(E\gg kT)\propto\exp(-E/kT)$.

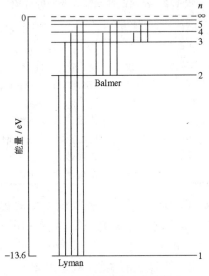

图 1.3 氢原子的能级和它的谱系

为 He I,部分氦为 He II. 相应光球热辐射中又有足够的高能光子使它们受激发. 这就使 He I 和 He II 吸收线都很强成了它的标志. 到 B 型星,表面温度降到 30 000～10 000 K,电离氦已很少,He II 线就消失了. He I 线达到最大强度. 对于表面温度更低的恒星,由于上面讲过的原因,He I 线也将消失.

从这样的分析看,虽然不同恒星大气中氢和氦的含量有小的差别,但是它不是决定吸收线强弱的主要因素. 决定性的因素是恒星的表面温度. 表面温度有两方面效果:一是影响激发程度,二是影响电离程度. 这两者对吸收线强度的效果是相反的,于是使得每种吸收线都只在一定温度范围内才会出现. 对于表面温度较低的星(F 型往后),氦线已消失,氢线也越来越弱. 于是金属离子、金属原子和简单分子的吸收线成了主要标志. 其物理机理与上面讨论的完全一样.

这样,人们对恒星间断谱的认识实质性地前进了一步:唯象地发现的恒星光谱型序列实际上是一个表面温度的序列.恒星的光谱型较易于测定,它就成了确定恒星表面温度的有效方法.为了更准确地用光谱型描述表面温度,人们又进一步把每一类细分为10个亚类,分别用0至9标记.如太阳光谱属G2型,意指它属于G0至K0排序中的第3亚类.在这样精细的分类下,光谱型几乎成了连续变量.它归根到底描述的是恒星的表面温度.

1.3 Hertzsprung-Russell 图

天文的观测研究和物理的实验研究有很大的不同.天文观测只能在地面或地球附近进行.有的观测结果与我们观测者的位置有关(例如天体的亮度),也有的结果与我们的观测方位有关(例如天体的形状).这造成了由天文观测获得的信息有局限性,而这种局限性在物理实验研究中要小得多.此外在物理实验上常能通过改变物理条件,以了解某因素对现象的影响.这在天文研究上一般也是办不到的,因为我们无法改变天体或它的环境.这些天生的局限性使得天文研究发展了一些独特的研究方法.

天文研究的第一步当然是发现新现象,并进而对同类现象或对象积累观测资料.这些资料包含的常是与主客观两方面都有关的信息.这时若能把某些对象的距离确定下来,那将是重要的进展.我们将能把上述信息转化为对象的内禀(指与观测者无关的)性质.对恒星言,光度、表面温度和质量等的确定都是例子.在掌握了一定数量的内禀性质后,天文学家进一步做的是对它们作分类或关联分析.上节对光谱型分类的讨论,使我们看到了这一步的作用.这一节要讨论的是对恒星内禀性质作关联分析的例子.它在恒星的研究上起着十分重要的作用.

20世纪初,人们已对相当数量的恒星,用观测确定了它们的内禀参数,如质量、光度、半径、表面温度、光谱型等.1907年,Hertzsprung发现了恒星的颜色和光度间有统计关联.1911年,他测定了几个银河星团①中恒星的颜色和光度,并用这两个量作为横轴和纵轴,把恒星的代表点画在图上.他发现大多数恒星都落在同一条带上.其余的是巨星或矮星,它们的代表点也集中在图上的一些特定的小区域内.1913年,Russell研究了邻近恒星光度与光谱型的关联,也独立地得到了类似的结果.今天人们把这种关联图叫Hertzsprung-Russell图,简称H-R图.

实际上正是Hertzsprung和Russell的结果的类比,使人们认识到恒星的颜色等价于光谱型或表面温度.其物理机理已在上节中讨论过.因此后来作理论讨论时,人们把表面温度作为横轴(注意与习惯相反,其大小向右递减),光度作为纵轴.两者都用对数标度.任一恒星可在这二维参量平面上找到一个代表点.图1.4示意地画出了大量恒星的代表点的分布状况.

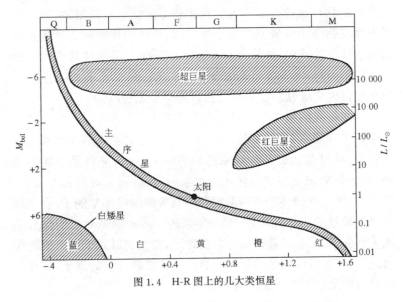

图1.4 H-R图上的几大类恒星

---

① 指银河系内大量恒星组成的集团,其中的恒星个数少至几十个,多至百万个.

实测得到的 H-R 图所显示的特征之一是,大部分恒星的代表点落在一条向右下方倾斜的窄带上.这条带因此被称为恒星的主序列,相应的恒星被称为主序星.这结果表明,光度大的主序星表面温度高,颜色偏蓝;光度小的则表面温度低,颜色偏红.其他恒星也集中在一些特定的区域内.它们分别被称为红巨星、超巨星、白矮星等.由(1.2.4)式知,恒星的半径是被其光度和表面温度决定的.按这种物理关系, H-R 图上的等 R 线是向右下方倾斜的直线,即右上方向是恒星半径的增大方向.这样,巨星都是半径很大的恒星,而白矮星则是半径很小的恒星.我们将在 1.5 节中讨论主序外的恒星.现在先集中讨论恒星中的大部分,即主序星.

主序星的代表点集中在一条窄带上表明,在它们的光度、半径、光谱型、表面温度连同颜色中,只有一个物理量是独立的.这是一个重要结果,但是这结果中没有涉及主序星的重要参量——质量.我们对恒星的质量作些补充讨论.

在地面实验室中,被研究物体的质量是比较容易测定的.与此相反,天体的质量却很难测量.天体运动时所受到的只是万有引力.由于万有引力与运动物体的质量成正比,使得其动力学方程 ($F=ma$) 两边的质量消去了.这意味着我们不可能通过天体的运动情况来确定其质量.在第一节的讨论中看到,通过地球绕太阳的运动所确定的是太阳的质量,而不是地球的质量.地球的质量需要通过月球的运动来确定.一般地讲,天体的质量不能通过它承受的引力来测定,而需要通过它产生的引力来推断.对于双星,由于两者都在对方的引力下运动,因此它们的质量就可能测定.单星的质量则是无法测量的.正因为要测量恒星的质量很难,这里关联分析又起了重要作用.

对于少数能测定质量的主序星,把质量与其光度作关联分析发现,两者近似地有一一对应关系.这经验关系常分段地用幂律表示,即

$$L/L_\odot = (M/M_\odot)^a, \qquad (1.3.1)$$

其中 $L_\odot$ 和 $M_\odot$ 分别代表太阳的光度和质量,它们在这里被作为单位看待. 这近似关系中的幂指数 α 约在 2~4 之间,随质量范围的不同而有所不同. 我们现在的兴趣不在关联的细节. 要紧的是从能测量质量的主序星中发现了这样的关联,那么对任何主序星,只要测定其光度,就能推知其质量了.

这两种关联分析的结果强烈地暗示,在物理本质上,主序星只有一个物理上独立的基本参量. 如果我们把质量当基本参量,上面的分析说明,主序星的一切物理性质都是完全被它的质量确定的. 这对人们建立主序星的物理理论是一个重要的启示. 我们将在下节中讨论它.

这里最后讨论一下 H-R 图在距离测量上的应用. 第一节中已指出,三角测距法只能测量 100 pc 之内的恒星的距离. 这对认识远处恒星的性质是很大的限制. 现在经验地知道,主序星的光度与表面温度(或光谱型)近似地有一一对应关系. 对远距离的主序星,测定它的间断谱的谱型要相对地容易. 当我们先测到了它的光谱型,由关联关系就能推知它的光度. 注意这样我们是在知道它的距离之前先得到了它的光度. 于是公式(1.1.2)就可以反过来用:借助 B 和 L 来推断其距离 d. 有了这个新方法,我们只要能测定某主序星的光谱型,就能推断出它与我们的距离. 这样我们能测量的距离范围从 10^2 pc 扩大到 10^5 pc,即增大了三个数量级. 它对于了解恒星的空间分布和我们银河系的形状,曾起过非常大的作用.

1.4 主序星的结构理论

今天人们对恒星已有了相当深入和系统的了解. 这是观测研究和理论研究相辅相成地发展的结果. 现在转向问题的理论方面.

当要用物理理论做系统研究时,总需要先对客体做简化. 若想把客体的一切真实状况都考虑在内,事情必将复杂得无法入手研究. 对于恒星,自然的简化是把它看成一团球对称的气体,它的内

部结构用密度分布 $\rho(r)$ 来描写.

恒星作为性质十分稳定的天体,它内部必有很好的力学平衡. 让我们考虑球内 r 处的任一体元,其中单位质量气体受到的引力为 $-Gm(r)/r^2$. 这里的 $m(r)$ 是 r 内的质量. 它与 $\rho(r)$ 的关系是

$$\frac{\mathrm{d}m(r)}{\mathrm{d}r} = 4\pi r^2 \rho. \tag{1.4.1}$$

为了与引力抗衡,球体内必有压强分布 $p(r)$,且 p 随 r 的增大而减小. 这样,体元表面的压强差将产生一个向外的推力(图 1.5). 这压强差与引力的平衡方程为

$$\frac{\mathrm{d}p}{\mathrm{d}r} = -\frac{Gm(r)}{r^2}\rho. \tag{1.4.2}$$

只凭一个力学平衡方程无法解出两个未知的分布函数 $\rho(r)$ 和 $p(r)$. 它说明星体的内部结构不是完全被力学平衡所决定的.

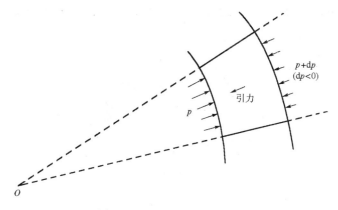

图 1.5　压强差引起向外的推力

从上节的关联分析看到,主序星只有一个独立参量. 这说明它的结构应完全被物理规律决定. 只考虑力学平衡不够,说明我们应当还能找到一些规律,它们与力学平衡规律一起决定了主序星的结构.

从气体有确定的物态方程 $p = p(\rho, T)$ 知,主序星内部一定也

有确定的温度分布 $T(r)$，它也是 r 的降函数。由于里面的温度比外面高，就必定有热量向外流动。与这能量流动过程相对应，必定还有两方面的规律需要考虑。一是能量输运的规律，二是能量平衡的规律。我们先讨论能量输运的机理和规律。

考虑球体内半径为 r 的球面。它把星体分成内外两部分。因为外部气体的温度比内部低，所以向内的热辐射能流比向外的弱。这样通过 r 面就有一个向外的净能流，记做 $L(r)$。把向外的能流看成来自 r 内的某等效面的热辐射（见图 1.6）。同样把向内的能流看成来自 r 外的某等效面的热辐射。那么净能流就是这两个等效面的热辐射之差。注意到单位面积的热辐射功率是 σT^4，按这道理可写出

$$\frac{L(r)}{4\pi r^2} = -l\frac{\mathrm{d}}{\mathrm{d}r}(\sigma T^4), \tag{1.4.3}$$

其中 l 代表两个等效面间的距离。它的大小大体与该处光子的碰撞自由程相当。

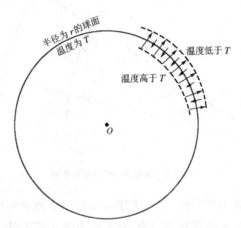

图 1.6　净辐射能流的图解

这就是通过热辐射把能量从高温处向低温处输运的机理和规律。若认真地推导，得到的方程与 (1.4.3) 一样。但是可得出等效距

离 l 与介质不透明度 κ 的关系为

$$l = \frac{3}{4\kappa\rho}. \tag{1.4.4}$$

因此辐射传能方程可写做微分方程的形式. 它是

$$\frac{dT}{dr} = -\frac{3\kappa\rho}{16\sigma T^3} \cdot \frac{L(r)}{4\pi r^2}. \tag{1.4.5}$$

气体的不透明度 κ 定义为每克气体对光子的吸收截面, 其单位为 cm^2/g. 它既与气体的化学组分有关, 也取决于气体的温度和密度. 当化学组分为已知, κ 作为 ρ 和 T 的函数在物理上是清楚的. 它可以由实验来测定, 也可以从微观理论算出. $\kappa\rho$ 的意义是单位体积内气体对光子的吸收截面, 因此其单位是 cm^{-1}. 这样也看出, 它的倒数与光子的碰撞自由程相当.

从 (1.4.5) 式看, 星体中的温度梯度 dT/dr 既与该处的净能流 $L(r)$ 成正比, 也与不透明度 κ 成正比. 当某部分星体中的不透明度太大, 或内部有太多的能量要向外输运(即 $L(r)$ 太大), 以辐射方式传能将造成一个过大的温度梯度. 过大的温度梯度会在气体中引起对流. 它是能量输运的另一种机理. 对流传输热能的效率远比辐射传能高, 因此这时辐射传能将可忽略, 对流成了主要的传能机制. 于是在这情况下, 应当用对流传能方程来代替辐射传能方程 (1.4.5) 式. 我们的目的只是扼要地说明恒星结构理论的精神, 所以不拟写出太多的方程了.

下面讨论星体内部的能量平衡. 在热稳衡(指虽有热量流动而 $T(r)$ 却不随时间变化)的星体中, 若没有热核反应作能源, 净能流 $L(r)$ 将不会随 r 变化. 在有热核反应的区域里, $L(r)$ 的变化来自该处气体内的核能释放. 它可写成

$$\frac{dL(r)}{dr} = 4\pi r^2 \rho\varepsilon, \tag{1.4.6}$$

式中的 ε 是能量释放率, 被定义为单位时间内单位质量的物质放出的能量. $\rho\varepsilon$ 则是单位时间单位体积内物质释放的能量. 这方程的意思是 r 面与 $r+dr$ 面上净能流的差别来自这两个面间物质释

放的核能,因此它其实就是能量守恒的反映.

剩下的问题是怎么知道能量释放率.原理上讲,它取决于什么元素在进行核燃烧,以及单位时间内每种核反应发生的次数.如果气体的组分是清楚的,那么能量释放率也是由密度和温度决定的,即

$$\varepsilon = \varepsilon(\rho, T). \tag{1.4.7}$$

结合实验上测定的核反应截面,上述函数关系可从理论上算出.这也是一个确定的物理关系.当然它又与气体的化学组分有关.

让我们回顾一下.设想恒星的气体组分是事先知道的.这样,气体的物态方程 $p=p(\rho,T)$,不透明度 $\kappa=\kappa(\rho,T)$ 和放能率 $\varepsilon=\varepsilon(\rho,T)$ 都是由物理学确定的关系.它们不依赖于恒星的知识.现在星体的结构问题涉及了 4 个独立的未知变量,即密度 $\rho(r)$、温度 $T(r)$、质量分布 $m(r)$ 和光度分布 $L(r)$.我们从物理规律出发得到了 4 个方程,即力学平衡方程(两个)、能量输运方程和能量守恒方程.这样看来,能求解恒星内部结构的完备方程组已得到了.换句话说,主序星的结构是完全被这些物理规律决定的.

从数学的角度看,恒星结构方程是 4 个一阶的常微分方程.为得到确定的解,须加上 4 个边条件.对这方程组,边界指 $r=0$ 或 $r=R$(指半径).在 $r=0$ 处有两个自然边条件:

$$m(0) = 0, \tag{1.4.8}$$
$$L(0) = 0. \tag{1.4.9}$$

考虑到恒星外表面上的密度和温度比中心区域要低很多量级,因此可近似地当作零.这样又写出两个外边条件:

$$\rho(R) = 0, \tag{1.4.10}$$
$$T(R) = 0, \tag{1.4.11}$$

由此看来,只要输入一个参量 R,恒星内部的结构就可以从理论上算出.主序星的一切性质也就都确定了.这正是主序星为单参族的理论体现.

注意到 $m(r)$ 是 r 的函数,处理上完全可以用 m 代替 r 作自变

量.那么相应地,只要输入恒星的质量 M,也一样能把这个质量的恒星的结构解出.实际上人们正是这样做的.当然我们上面讨论的只是这理论的一个大意.

到这地步,理论的框架已经确立.关键的问题是简化了的模型是否刻画出了真实主序星的主要性质.人们从理论上算出各种不同质量恒星的光度和表面温度,并把它们的代表点画在 H-R 图上.这些代表点构成一条线.与实际相对比,这条线与观测到的主序列是吻合的.这个一致性很关键地证明了理论的成功.

恒星结构理论得到了完美的成功.它成了系统地运用物理规律研究天体的范例.这理论的价值在两方面.首先,它使天文观测得到的丰富而局限的信息变成了系统的知识,这是人们对恒星的认识上的巨大进步;其次,恒星内部情况是不能直接观测的,而这理论却能为我们提供恒星内部的知识.下面扼要地对它的成果作些简单说明.

(1) 主序星是以核心区的氢燃烧为能源的恒星.在 H-R 图的主序列上,位置不同是主序星质量不同的体现.左上方是大质量的主序星,越向右下方质量越小.观测到的主序列不是一条线,而是一条带.这主要是主序星的化学组分和年龄上的差别的反映.

(2) 主序星的中心温度都在 10^7 K 左右,中心密度为 10^0 g/cm^3 左右.大质量星的中心温度略偏高,密度偏低;小质量星则相反.太阳的质量中等偏小,它的中心温度为 1.2×10^7 K,中心密度为 10 g/cm^3.

(3) 主序星的氢燃烧区约占总质量的 10%.小质量星的燃烧以 p-p 链为主.大质量星则以 CNO 循环为主.燃烧区外部因温度不够而没有热核反应.

(4) 大质量星的核燃烧比较剧烈(即 ε 大),大量能量的流出造成了核心区内的对流.其外部区没有对流,能量是靠辐射输运的.小质量恒星的核心区没有对流.其外包层中由于不透明度较大而造成了对流.

(5) 质量小于 $0.08M_\odot$ 的气体球达不到氢点火的温度,因此形不成主序星,这使得主序星的质量有下限.这理论上的下限与观测到的最小主序星质量相近.理论上主序星没有质量上限,而观测到的最大质量却不到 $100M_\odot$.这可能是质量太大的主序星很不稳定而难以观测到的后果.

1.5 恒星的形成

恒星是高度稳定的天体.现在我们讨论它们是怎么产生的.显然这是一个理论问题.

20 世纪初,Jeans 从理论上指出,气体有自引力不稳定性.考虑一大片均匀气体中有微小的密度起伏,即有的区域中的密度比平均密度偏高,有的偏低.Jean 论证了,若某密度偏高的区域足够大,它将会因引力而使这区域内的密度更增大.这样的正反馈造成该区域的密度越来越大.于是最后这部分气体结成一个密度比整体高出若干量级的团块.这就是恒星从稀薄气体中形成的物理机理.

形象地讲,上述机理说明恒星的形成是很大的气体云块"碎裂"的结果.由此看来,恒星不是逐个地形成,而是成批地形成的.一大片云块的碎裂,造成了大小不等的大量恒星.让我们讨论其中的某一个碎块的演化,即讨论某一颗恒星的形成.

首先,这碎块将在自身引力作用下向自身的质心坍缩.在坍缩过程中,星体内部会建立起一个密度、压强和温度的分布.它们都是中心高,向外逐渐降低.于是如上节所讨论,压力的梯度将对质元产生向外的推力.当这推力处处与引力相抵消,这块气体就在整体上形成了力学平衡,使坍缩停止.

坍缩是一个很快的过程.在达到力学平衡后,由于中心温度不够高,热核反应还不会发生,因此所形成的尚不是通常意义下的恒星.天体物理上把它叫做原恒星,意指它是恒星的前身.

由于没有核能源,原恒星在热学上是不稳衡的.温度梯度的存在使热量要从中心向外流出.这热量流动既降低了气体的温度,也削弱了温度梯度.因压强与温度有关,压强梯度也相应地受到了削弱.从平衡方程(1.4.2)看,压强梯度的减小意味着力学平衡遭到了破坏.于是占优势的引力将继续使星体缓慢地收缩.

星体的收缩要释放引力势能.统计物理中的维里定理告诉我们,所释放的引力势能部分地转化成了气体的内能.于是,内部各部分的温度将升高,并且温度梯度和压强梯度也将增大.这里出现的是负反馈,因此热量流出造成的星体收缩始终是在很接近力学平衡的条件下进行的,所以它是很缓慢的.收缩所释放的另一部分引力势能则以辐射的形式从表面放出.这样我们知道,原恒星也是一个发光的星体.

在原恒星的演化过程中,要紧的是缓慢收缩使星体内部的温度处处在逐渐升高.当然中心温度也要升高.一旦其中心温度达到10^7K左右,核心区将发生氢转化为氦的热核反应.反应的强度随中心温度的升高而增大.逐渐地,所释放的核能足够维持星体表面辐射的需要,于是星体达到了热学上的稳衡,即温度分布$T(r)$不再随时间变化.星体的缓慢收缩也停了下来.这样它才演化成了一颗恒星.

我们知道,原始气体云块的化学组分以氢为主,也有大量氦存在.氦核的电荷比氢核大一倍,相应的热核点火温度要高一个量级.因此,在原恒星演化成恒星时,首先点燃的必是氢.这也就是说,主序星是恒星形成后的第一阶段.在氢燃烧完毕后,恒星再度收缩升温,才会发生氦的点火.这是下一节要讨论的问题.

让我们以太阳为例来讨论原恒星的性质.理论计算表明,它的表面温度约为3000K,其早期的半径约比太阳大10^3倍.一般地讲,原恒星是颜色发红且很巨大的星体.图1.7中以H-R图的形式画出了太阳从原恒星阶段向恒星阶段的演化途径.这里看出,开始时其表面温度没有显著变化.它因半径缩小而光度逐渐降低.在后期,它的表面温度才有所升高,达到作为主序星所应有的状态.

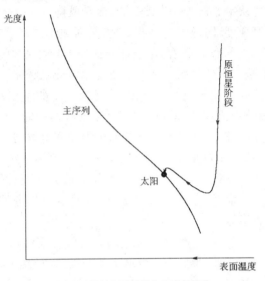

图 1.7 太阳从原恒星向主序星演化

原恒星的寿命可简单地估算. 原恒星辐射所消耗的虽是气体的热能,但是这些热能是由收缩中的势能转化来的. 所以归根到底,辐射出去的能量是来自引力势能. 原恒星的最终半径 R 就是其主序星状态下的半径. 因初始半径比它大很多,原恒星阶段所释放的总势能是

$$V = \frac{GM^2}{R}. \tag{1.5.1}$$

简单地估算,辐射消耗的是其中的一半. 另一方面,原恒星的寿命主要取决于光度较低时期的辐射,因此可用其主序光度 L 来估算. 这样,它的寿命近似地是

$$t = \frac{V}{2L} = \frac{GM^2}{2RL}. \tag{1.5.2}$$

对于太阳,其质量、光度和半径都是已知的. 代入算出,其原恒星阶段的寿命是 $t \approx 10^7$ a. 这说明太阳的原恒星阶段相对很短. 观测表

明太阳的年龄已有 5×10^9 a. 原恒星仅是其演化初期的一个短暂的阶段. 更重的原恒星的寿命要更短一些. 正因为原恒星的寿命比主序星短很多, 所以在观察上发现原恒星的机会也小了很多. 无论如何, 原恒星是能观测到且已是实际观测到了的星体.

最后讨论一下恒星的最小质量. 从上面的简单讨论看, 似乎任何质量的原恒星都能通过收缩升温, 最终引起氢的点火, 从而变成一颗恒星. 其实事情不是这样. 为此我们需要先讨论一下气体简并压强的概念. 它对理解恒星主序后演化也是必要的.

气体的压强来自组分粒子的动量. 对星体内的电离气体, 它的压强主要来自电子动量的贡献. 电子是服从 Pauli 原理的粒子. 即使电子气体处于零温, 由于 Pauli 原理的要求, 也必然有大量粒子处于动量不为零的状态下, 从而对压强有贡献. 这部分压强称为简并压强. 当气体的密度很高, 简并压强将超过无序热运动引起的压强, 而成为总压强的主要来源. 人们常把这样的气体叫简并气体.

现在值得注意的是简并气体的压强决定性地依赖于密度, 而几乎与温度无关. 按这道理, 当星体的密度已很高, 它辐射消耗的内能已不再影响压强, 于是星体的收缩将停止. 从核点火的角度看, 星体收缩是引起点火的条件. 待中心区气体已高度简并, 而氢点火尚没有发生, 那么这星体就再也变不成恒星了. 一般说, 因质量小的原恒星能释放的引力势能少, 所以氢点火发生在密度已较高的时候. 计算表明, 若原恒星的质量小于 $0.08 M_\odot$, 那么它将永远不会有核点火发生. 这就是主序星有最小质量的物理原因.

1.6 主序后的演化

一旦原恒星演化成了主序星, 它是否还继续变化呢? 回答是肯定的. 变化的驱动力是内部的核反应. 每一次氦合成都是由四个氢核变成了一个氦核. 这既是粒子数的变化, 也是化学组分的变化. 这变化微小地改变了压强 p, 不透明度 κ 和产能率 ε, 从而影响了主序星的结构.由于这种影响非常微小,所以在主序阶段的演化是十分缓慢的.但是随着时间的积累,这种演化将在 H-R 图上显现出来.图 1.8 画出了各种质量的主序星在氢燃烧阶段的演化.实测上的主序列不是一条线而是一条带,各主序星的年龄差别是一方面原因.

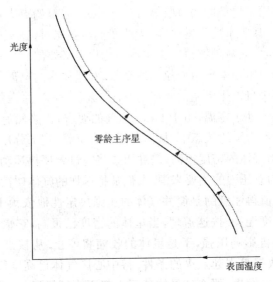

图 1.8 主序阶段的演化

当恒星核心部分的氢全部烧成了氦,核反应将熄火,主序阶段就结束了.按主序星的结构理论,主序寿命是能够认真地算出来的.我们宁愿在这里作简化的估算.氢合成氦所释放的能量是氢的静能 Mc^2 的千分之七,这是核物理知识.设整个主序阶段烧掉恒星总质量的 10%,那么主序期释放的总核能为 Mc^2 的万分之七.辐射功率在整个阶段几乎不变,可用观测到的光度 L 代表.这样它的主序寿命为

$$\tau = 7 \times 10^{-4} Mc^2/L. \qquad (1.6.1)$$

代入太阳的数据,估出 $M=1M_\odot$ 的恒星的主序寿命为 $\tau_\odot \approx 10^{10}$ a.

太阳的年龄是 5×10^9 a,它正处于它的中年期.

以前已提到过,主序星的光度与质量有关系

$$L/L_\odot = \left(\frac{M}{M_\odot}\right)^\alpha, \tag{1.6.2}$$

其中 $\alpha=2\sim 4$,因此寿命与质量的关系为

$$\tau/\tau_\odot = \left(\frac{M}{M_\odot}\right)^{1-\alpha}. \tag{1.6.3}$$

$\alpha>1$ 说明 $1-\alpha<0$,即质量越大的主序星寿命越短.对于质量超过 $10M_\odot$ 的主序星,它们的寿命小于 10^7 a.

主序星质量越大则寿命越短的道理有一个应用.星团是大量恒星组成的集团,其中的恒星很可能是同时形成的.这样随着星团年龄的增长,其中的恒星将按质量从大到小为序,先后地结束它的主序期.于是今天残留主序星的最大质量可作为星团年龄的标志.这道理将在后面讨论宇宙年龄时用到.

现在转向讨论主序期结束后的恒星演化.

恒星的演化进程主要是核燃烧的逐级交替.氢作为原子序数最小的核,即电量最少的核,热核点火需要的温度最低.电量越大,核与核间的 Coulomb 斥力越大,因此需要更高的温度才能有热核反应发生.按这道理,在氢烧成氦后,下一步应是氦变成碳的核燃烧,这种热核反应的点火温度约是 10^8 K.再下一步是碳的核燃烧,它需要的温度是 $T\approx 5\times 10^8$ K.热核燃烧的最后一步是在 $T\approx 4\times 10^9$ K 的条件下发生的把硅烧成铁.铁是平均结合能最大的原子核,它已不能再做热核反应的燃料了.

造成热核反应逐级交替的机制是恒星的收缩升温.当氢燃烧结束,恒星失去了核能源.如同讨论原恒星演化的道理一样,星体又将因继续辐射而缓慢地收缩.收缩中引力势能部分地转化成热运动的动能,从而使内部温度再逐渐升高,直至下一级点火的发生.这是使核点火能一级接一级地进行的基本道理.

那么是否任何恒星都能烧到铁为止?回答却是否定的.我们已

35

经知道,由于质量小的恒星释放引力势能的效率低,因此它要在更大的密度下才达到氢的点火温度.若星体质量太小,氢将不能点火.同样道理也会影响氦的点火.在氢燃烧结束后,核心区的温度须提高一个量级左右才能引起氦的燃烧.若在氦点火前,核心区的气体已高度简并,那么它将不能再收缩升温,氦点火也就不会发生了.模型计算表明,须有 $M>0.35M_\odot$,后继的氦燃烧才能发生.否则在氢燃烧结束后,它就开始走向死亡了.概括地讲,质量越大的恒星具有越大的势能释放能力,因此能达到更高的中心温度,并引发更高级的核燃烧.这是恒星演化的一般规律. $M>10M_\odot$ 的恒星才能逐级烧到铁.

实际上恒星中核燃烧的逐级交替过程并不这么直截了当,而是相当复杂的.这可以用 $M=1M_\odot$(如太阳)的小质量恒星为例来说明.

氢燃烧结束后,中心部分的主要元素变成了氦.外包层中的氢则因温度不够而没有点燃.情况如图 1.9(a)所示.失去了核反应作能源,恒星的辐射将再次引起星体收缩.从图上易于看出,收缩升温的结果不是先点燃核心部分的氦(这需要 10^8 K),而是先点燃分界面附近的氢,因为那里的温度很接近(氢)点火的要求.演化理

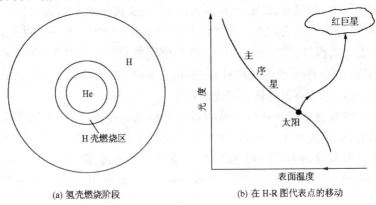

(a) 氢壳燃烧阶段　　　　(b) 在 H-R 图代表点的移动

图 1.9　主序后的太阳

论中把接着产生的状态叫恒星的氢壳燃烧相.在氢壳燃烧时,星体的核心部分因仍没有核能源而继续收缩.于是,引力势能和氢的核能同时释放,将使恒星的光度显著增大.它在 H-R 图上的代表点将迅速向上方(光度增加方向)移动.与此同时,因有大量能量从内部流出,壳外气体将在光压的驱动下发生膨胀.膨胀使恒星的表面温度下降,即颜色变红.它在 H-R 图上的代表点将向右方(表面温度减小方向)移动.综合这两方面变化,这恒星在 H-R 图上的代表点的移动如图 1.9(b)所示.这也就是说,它在氦点燃之前先演化成了红巨星.

在它的红巨星阶段,壳上的氢燃烧使以氦为组分的星核逐渐增大.星核的收缩将会达到氦点火的要求.它的氦点火过程非常剧烈,因而会引发爆炸.爆炸后留下的残骸中将继续进行稳定的氦燃烧.待这阶段再结束,因碳燃烧的条件达不到,于是它就走向死亡.这就是 $1M_\odot$ 恒星的一生的简单描述.

对于 $M<10M_\odot$ 的中小恒星,它们的逐级核燃烧都将因质量不够大,而终止在硅点火之前的某一级上.这是它们的共性.此外另一个共性也值得注意.它们在后期演化中都会有动力学不稳定的阶段出现,那时星体会发生周期性的涨缩,或爆炸.在这样的时期里,星体的部分或大部分物质将被抛向星际空间,最终剩下的质量总在 $1M_\odot$ 左右或以下.天文学家观测到的白矮星就是这类恒星的残骸.

$M>10M_\odot$ 的大质量恒星都能通过逐级核燃烧,直至核心部分形成铁星核.表 1.3 中对 $25M_\odot$ 的恒星,列出了各级核点火的温度、点火时的中心密度及该燃烧阶段的寿命.从氢燃烧到硅燃烧,中心温度要上升两个量级以上,密度要增大 8 个量级左右.另一值得注意的结果是,各级核燃烧的寿命是越来越短的.主序期寿命约占总寿命的 90%.天文观测上发现某燃烧相恒星的概率与其寿期成正比.人们观测到的绝大部分是主序星,其原因正在这里.特别是高级核燃烧相的寿期十分短,它们被看到的概率是十分小的.

表 1.3 $25M_\odot$ 的恒星模型

燃烧阶段	点火温度/K	中心密度/(g·cm^{-3})	持续时间/a
H	4×10^7	4	7×10^6
He	2×10^8	6×10^2	5×10^5
C	7×10^8	6×10^5	5×10^2
Ne	1.5×10^9	4×10^6	1
O	2×10^9	1×10^7	5×10^{-2}
Si	3.5×10^9	1×10^8	3×10^{-3}
		核燃烧总寿命	7.5×10^6

最后说明一下大质量恒星的终局. 在中心区烧成铁后, 恒星的星体形成了葱头状的结构, 如图 1.10 所示. 这时各壳层上的燃烧仍在继续, 因此恒星的核演化还没有完全结束. 硅壳的燃烧使铁核的质量在增大. 这时的星核是靠简并压强维持着平衡的. 理论计

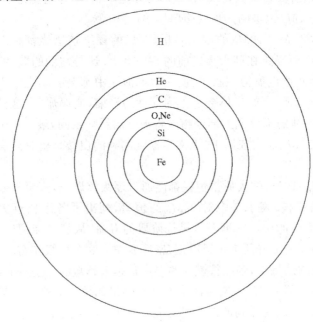

图 1.10 大质量星的葱头状结构

算表明,电子气的简并压强至多能与 $1.4M_\odot$ 的引力抗衡. 这叫 Chandrasekhar 极限. 一旦铁星核的质量超过这极限,电子压强已无法维持平衡,于是星核将发生引力坍缩.

星核的坍缩造成两方面的后果. 一方面是星核中的铁经过很复杂的核嬗变,最终变成了中子气体. 同样受 Pauli 原理制约的高密中子气体也有简并压强. 它将能与 2 至 $3M_\odot$ 的引力相抗衡. 若星核最终平衡下来,它就是一颗中子星. 如若因质量超过限度而无法平衡,它的归宿就是黑洞. 另一方面,星核坍缩后期的反弹会产生向外的激波. 激波外传至外壳时,壳中的大部分物质将被加热而一起燃烧. 这燃烧太剧烈,以致整个外壳将发生爆炸,并把其全部物质抛向星际空间. 从外观看来,在爆炸时外壳的光度猛烈增大,这就是超新星爆发. 总之,超新星爆发是大质量恒星演化的最终表演,而中子星和黑洞则是它们留下的残骸.

1.7 变星与测距

作为本章的最后一节,我们再次回到测距问题上来,讨论变星在测距上的作用.

从演化的角度看,恒星的光度总是在变化的. 但是这种变化常过于缓慢,从而在几百、上千年内是观测不到差别的. 天文观测上很早就发现,有些恒星的光度在不长时间里就会有显著的变化,它们被称为变星. 前面已提到,各种质量的恒星在主序后演化中常会出现动力学的不稳定阶段. 当星体大小出现周期星的脉动,它的光度就会有周期星的亮暗变化,这叫周期变星. 当星体发生爆炸,它的光度会在短时期内迅速上升,使原来很暗或看不到的恒星变成一颗很亮的星. 然后随着爆炸的结束,它又暗淡了下去. 中国的古天文学家把它叫做客星,术语上叫新星. 虽然出现变星的演化机理已大体清楚,但是定量的理论尚不很成熟,因此下面将限于讨论变星的观测性质.

我们先讨论周期变星.图 1.11 中画出观测得到的变星光度、颜色和半径随时间的变化.这样的变化规律是它来自星体脉动的证据.大多数周期变星是巨星,甚至有些是超巨星.它们的光度比太阳光度大好多量级,因此远处星系中的周期变星也能被观测到.其变化周期可短至几小时,也可长至几年.这样的时间间隔也是较容易测定的.

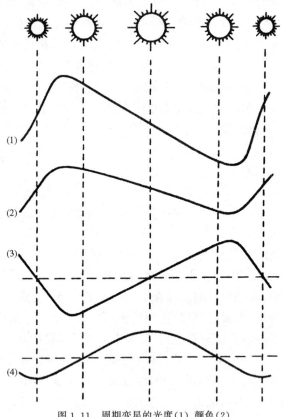

图 1.11　周期变星的光度(1)、颜色(2)、
径向速度(3)、半径(4)的变化

仙王座(Cepheus)δ 星的中文名称是造父一.它是一颗著名的

周期变星. 人们以它为代表,把同类型的变星统称为造父变星(Cepheid variables). 例如北极星也是其中之一. 造父变星的光变周期在 2 至 80 天之间. 光变幅度少至 10%, 多至 10 倍, 相当于视星等有 0.1 到 2 等的变化. 在最亮时, 它们的光谱型是 F 或 G.

1910 年, Heavitt 在研究大、小麦哲伦云中的造父变星时首先发现, 它们的平均视星等与光变周期有密切的关联. 这些同处于大、小麦哲伦云中的变星与我们的距离接近相同, 因此 Heavitt 所发现的, 实际上是造父变星的绝对星等 M(即光度 L 的对数)与其周期 T 的关联. 图 1.12 中画出了这两个量之间的关系. 这样, 人们在发现一颗造父变星后, 只要测量它的光变周期, 就能借助关联来推断其绝对星等了.

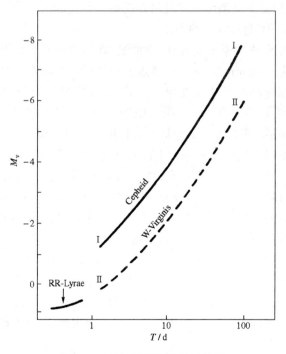

图 1.12 三类周期变星的周-光关系

在讨论主序星时我们已看到过用天体物理关系来测量距离的方法.方法的精神是这样的:若能在知道距离前先把某天体的光度(绝对星等)确定下来,那么结合能直接测量的天体亮度(视星等),该天体的距离就可推断出来(参看(1.1.2)或(1.1.14)式).对于造父变星,上面指出其光度与光变周期有近似的单值关联.它的光变周期相对地容易测量,于是在测定其变化周期后,造父变星的距离就可以知道了.

当然,知道某一颗造父变星离我们多远,这本身的意义并不大.重要的是当我们在某个恒星集团中找到了造父变星,这变星的距离实际上代表了那个集团的距离.在这意义上,造父变星成了恒星集团的距离指示器.它们特别被重视的原因正在这里.后面将陆续看到,造父变星测距对发现河外星系的存在,以致对了解宇宙膨胀的快慢[1]都起过重要的作用.

变星周-光关系的研究在20世纪50年代有了重要的进步.天文学家从它们的光度、光谱和速度的变化行为上的差别看出,并非一切周期变星都是造父变星.它们还需分成几个亚类.各亚类的周-光关系并不一样.这样,原来以造父一为代表的亚类被称作经典造父变星,或 I 型造父变星(Cepheid I).另一很接近的亚类被称为 II 型造父变星(Cepheid II),或室女座 W 变星(W-Virginis).它们的差别主要是星体中化学组分不同所致.再一重要的亚类叫天琴座 RR 变星(RR-Lyrae).它是质量较小的恒星进入脉动不稳定阶段时的产物.图 1.12 中已画出这三个亚类的周-光曲线的差别.从测距的角度讲,把不同亚类的周期变星区分开非常重要.若错把 II 型造父变星当成了 I 型,那么由实测周期定出的绝对星等将高出约 1.5 等左右.相应地推出的距离将大了近一倍.

在这三个亚类周期变星中,经典造父变星最亮.它们的绝对星等在 -2 等到 -7 等之间.当一颗 -3 等的星处于 1 Mpc 远时,其

---

[1] 指对 Hubble 常数 H_0 的测定.

视星等为 16 等.因此经典造父变星可用来测定几个 Mpc 以内的星系的距离.近年人们把望远镜放在人造卫星中做观测,这样能把测距范围扩大到十几个 Mpc. Ⅱ型造父变星的光变周期范围与经典造父变星很近,绝对星等相对约低 1.5 等.它们只能用来测定不太远的星系的距离. RR-Lyrae 变星的绝对星等约是 0.5 至 0 等.除了几个最近的星系之外,绝大部分星系中的 RR-Lyrae 变星是观测不到的.但是对于银河系中的球状星团,它们是重要的距离指示器.历史上,它们对确定银河系的形状起过重要作用.

然后我们讨论爆发变星.周期变星的光度变化是其表面温度和半径有不十分强烈的变化造成的.爆发变星则是由恒星的爆炸造成的,因此其光度的变化要强烈得多.一颗普通的新星出现时,其光度会在一两天时间内增大 5 个数量级(12.5 等).同时能观测到其表面有很大的径向膨胀速度,从而清楚地表明恒星中发生的是爆炸现象.随爆炸的原因和条件不同,新星的最大光度有很大的差别.一般新星的最大绝对星等达到 -6 到 -10 等,即其最大光度为 $10^5\sim 10^6 L_\odot$.人们把最大光度超过 $10^8 L_\odot$ 的叫超新星.最亮的超新星可达到 $10^{10} L_\odot$.

我们不讨论新星或超新星爆发的物理机制,而只讨论它们作为距离指示器的作用.原则上,它们的最大光度主要是由爆炸释放的能量决定的.在适当的分类下,每一类新星或超新星都有较确定光变曲线和最大光度,因此都能作为距离指示器.意指当在远处星系中发现了一颗某类的新星或超新星,若能接着把它光变过程中的视星等变化测到,就可以把该星系的距离推导出来.下面只讨论 Ia 型的超新星(SN Ia),因为经验已表明它们是很有用的距离指示器.

SN Ia 在最明亮时的绝对星等是 -19 至 -20 等,即它的最大光度是 $10^9 L_\odot$ 左右.图 1.13 画出的是对近邻 SN Ia 定出的绝对星等随时间的变化曲线.从图可见,这类超新星的最大光度弥散较小,且峰值光度高的 SN Ia 在达到峰值后变暗较慢,而峰值光度低的则变暗较快.利用这一特性,测定达到最大亮度及其后 15 天的亮度变化,就能很好地把它的最大绝对星等推断出来.再把它与实测到它最亮时的视星等相比,就能定出它所在星系的距离了.

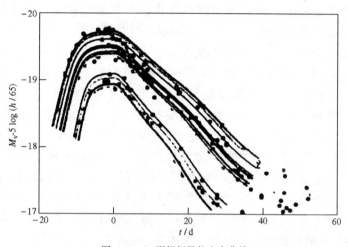

图 1.13 Ia 型超新星的光变曲线

因为 SN Ia 很亮,所以用它能测定较远星系的距离.目前大家认为它是测量几十至几百 Mpc 的星系距离的最好的方法.当然也有不利的一面.超新星爆发是一种罕见的天文现象.要按上述方法测距,首先需有机会发现超新星,且肯定它属于 SN Ia 型.无论如何,在最近 10 年中,人们已用它取得了极有价值的结果.后面我们将在讨论宇宙学基本参量的测定时再谈到它.

# 第二章 星系的性质

2.1 银 河 系

夜晚的天空中有一条巨大的银带,这是很引人注目的天象.中国人称它为银河,欧洲人叫它 Milky Way. 伽里略制备了简单的望远镜后开始知道,这条银河是由密集的恒星组成的.这也就是说,它是一个很大的恒星系统.这巨大的系统一定是扁平的,且我们的太阳处于其中,它才会表观地呈带状.这是人们对银河的初步认识.

18 世纪后期,W. Herschel 开始用望远镜研究了银河系的形状.从那时算起,人们花了约一个半世纪,即到 20 世纪初,才对银河系的形状、大小和我们在其中的位置等有了正确的了解.

因为还没有办法测量距离,Herschel 采用的方法是朝银河的不同方向统计恒星的个数. 希望用不同方向上恒星的多少,来了解这扁平系统的形状. 结果他发现各方向上的记数差别不显著,于是错误地以为银河像一个外沿很不规则的圆盘,而我们近似地处在盘的中心. 到 1906 年,Kapteyn 作了类似的记数研究,并得到了类似的结果. 他还结合一些恒星距离的测量,估出银盘的半径约为 4 kpc. 但是 Kapteyn 已意识到, 由于恒星际介质对星光的吸收, 远处的恒星是看不到的. 观测记数所涉及的只是银盘中能被我们看到的那一部分, 而不是全部银盘. 这样, 银盘近似为圆盘及太阳处于其中心的结果都只是星际介质的消光效应产生的误导.

在 20 世纪初,周期变星的周期-光度关系被发现. Shapley 用它测量了银盘之外的球状星团①与我们的距离,从而知道它们也应算作银河系的一部分. 1918 年,他在测定了 100 多个球状星团的距离后,进一步发现它们分布在一个球形的区域内,但太阳的位置远不与这球形区的中心相一致. Shapley 的这一进展,对正确认识银河系奠定了一块重要的基石.

我们将不拘泥于认识过程,而直接来描述银河系的形象. 图 2.1 画出了银河系形状的侧视图和顶视图. 从侧面看,银盘的形状像铁饼,中间有一个球状隆起,这部分叫银核或核球,其直径约是 5 kpc. 近核球处银盘的厚度约是 2 kpc. 由银核向外,盘逐渐变薄. 银盘的形状确接近圆形,它的直径为 25 kpc. 太阳的位置与银心的距离是 8.5 kpc. 这扁平系统之外(即其上面和下面)的球状星团也是银河系的一部分,称为银晕. 银晕中有球状星团,也有单个或多重的恒星. 晕的直径为 30 kpc,即它延伸的范围比银盘大. 从垂直银盘方向看来,核球外面是四条旋臂. 旋臂内与旋臂间的物

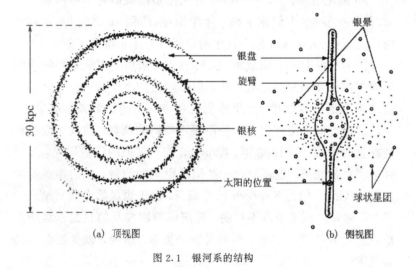

图 2.1 银河系的结构

---

① 球状星团是上百万颗恒星组成的很密集的恒星集团. 银晕中有大量这样的集团,银盘和银盘附近也有.

质密度约差十倍.太阳处是在一条旋臂上.从这图像看,太阳在银河系中的位置没有任何特殊性.

银河系中约包含有一两千亿颗恒星.银盘和银晕中的恒星数之比约为10:1,即恒星主要地集中在银盘上.恒星是银河物质的主要部分.除恒星之外,银河系中还有稀薄气体和尘埃弥散地分布在星际空间中.稀薄气体的平均密度不到每立方厘米一个氢原子的质量.银盘中的气体相对稠密些.有些地方的气体密度大 3~5 个数量级,但范围较小.它们是星际气体中的云块.许多巨大的云块中主要是氢分子,因此被叫做分子云.其典型的大小是十几秒差距,质量约为太阳质量的十万倍.这类星云是新一代恒星诞生的摇篮.当它物理条件成熟而碎裂,它将一次形成许多质量不同的恒星.有的较小的云块则是恒星死亡前留下的遗迹.总的说来,星际气体的密度很低.由于星际空间的容积很大,气体总质量仍占到银河系总质量的1%左右.

整个星际介质是气体和尘埃的混合物.尘埃是直径为 10^{-6}~10^{-5} cm 的固态颗粒.它们包括水、氨、甲烷的冰状物,二氧化硅、硅酸镁等矿物,以及石墨晶粒等.在银河系中尘埃的总质量占星际介质总质量的1%左右.星际尘埃的总质量很少,但对星光有不可忽视的吸收作用.这就是上面提到的星际消光.尘埃的消光对不同波长很不一样.它对可见光的吸收较显著,使我们在银盘上只能看到 1~2 kpc 范围内的恒星.它对射电、红外或紫外光的吸收很弱.借助这些波段,我们能观测银盘的全貌.

在上面讨论的尺度内,恒星和星际介质是银河系物质的两种主要形式.到 20 世纪后半叶,天文学家进一步发现"发光的"银河系范围之外还有一个更大的暗晕.它也应当算做银河系的一部分.在这暗晕中,稀薄气体是主要组分.由于暗晕的体积很大,所以其中气体的总质量比发光区的总质量还大了好几倍.这也就是说,一切恒星的质量在整个银河系中只是次要部分,弥漫在发光区外的稀薄气体才是主体.这问题在后面还会讨论到.

2.2 河外星系的发现

认识银河之外还有星系存在，人们花了很长的时间．最初是在 18 世纪，一些科学家或哲学家提出过自然界有等级秩序的观念．如同太阳之外有大量类似的恒星存在一样，银河之外也有大量类似的恒星集团．这是自然界的另一个"等级"．当时这仅是哲理的推测．这推测是否符合事实？长时间里，不同人有不同的看法．在知道了银河系的大小和形状后，天文学家迫切地想用观测澄清：银河系是否就是宇宙的全部？把这问题具体化，那就是要弄清楚：天穹上一切光点是否都是银河系的一部分？

天文学家用望远镜从天穹上看到的光点可分为点光源和面光源两类．恒星的大小与距离之比太小，它将表现为点光源．点光源的像是一个衍射光斑，它的大小并不反映光源的大小．面光源的像是一个光盘，它的形状和大小是由光源的形状和大小决定的．天文学家很早就意识到这一点．他们知道，像呈现模糊形状的面光源不是恒星．因为它们很像是星际空间中的云块，所以被称为星云．实际上，天上大部分能被肉眼看见的光点都是恒星．通过距离测定知道，它们都在银河系范围之内．于是问题集中到星云上，即是否一切星云也都是银河系的成员？

星云的观测研究开始得很早．1759 年 Halley 彗星按理论预言如期回归，引起了研究彗星的热潮．彗星出现时，因它离我们已很近，所以形象上也像一个云块．一位彗星研究者 Messier 为避免星云与彗星的混淆，他把当时知道的星云罗列起来，编成了一张表．这就是现在仍常被提到的 Messier 星云表，它收集了 109 个星云．例如仙女座大星云（实际是一个旋涡星系）在 Messier 星云表中列于第 31 位．今天人们仍用 M31 作为它的代号．至 19 世纪末编撰的新星云总表（简记为 NGC）和星云总表补充（简记 IC）中，收集的星云数已达到了 5000 多个．重要的问题是：星云本质上是什么？

在 19 世纪后半期，人们应用光谱研究了星云，发现星云的名称下包含着若干类不同的天体．有一类绿星云以明显而强烈的发射线为特征．它是气体云的荧光现象的反映，因此这才是真正的星际云块．另一类白星云的光谱是带吸收线的连续谱，表明它们是由恒星和弥漫气体组成．但是当时尚不能肯定这种结论．

后来有了较大的望远镜，才分辨出了某些"星云"内部的恒星组成，于是肯定了它们实际上不是云块，而是恒星集团．Shapley 用其中的周期变星测距，证认出它们依然处在银河系范围之内．这样的"星云"是银晕中的球状星团．在被泛称为"星云"的天体中，除了这些肯定属于银河系的星团和发荧光的气体云块外，还有许多"白"星云，当时难以判断它们是恒星系统或气体云．于是它们引起了天文学家特别的注意．其中最引人注意的是一些呈旋涡状的星云．例如仙女座大星云 M31 和三角座大星云 M33 就是旋涡星云的著名例子．

在 20 世纪 20 年代初，天文学家对旋涡星云的本质展开了一场激烈的争论．争论的核心在两方面：一是旋涡星云是否由恒星和气体组成？二是旋涡星云到底有多远？以 Shapley 为首的一方论证旋涡星云是银河系内的天体，以 Curtis 为首的另一方则论证旋涡星云是在银河系之外，与银河系类似的恒星集团．尽管双方的论证都是用观测事实作基础的，但是当时大家对观测事实的理解都还很不确切，所以争论没有结果．但是这场争论对深入地研究星系产生了十分积极的影响．

在 1923 年，即在那场辩论后三年，美国天文学家 Hubble 用刚投入观测的 2.5 米望远镜，把仙女座大星云 M31 的外边缘区分解成了一颗颗的恒星，又从中找到了一颗周期变星．这变星的光变周期为 45 天．利用造父变星的周期-光度关系，知道它的光度是太阳光度的 2.5×10^4 倍，即绝对星等为 -6 等．结合视星等的大小，推断出它与我们的距离为 1.5Mpc. 这距离[①]远远地超出了银河系的尺度,于是决定性地表明,仙女座大星云是一个银河系之外的星系. 此后几年内,Hubble 又陆续发现了若干个银河之外的恒星集团. 这样人们才开始知道,我们的银河系只是巨大的恒星集团之一,而在更远处,类似的集团还很多. 今天人们把这样的恒星集团统称为星系. 知道星系的大量存在,无疑是人们认识宇宙过程中又一块重要的里程碑.

2.3 星系的分类

从 1923 年起,Hubble 很快证认出了很多个星系,并且它们的形态不同. 1926 年,他开始按形态对星系作了分类. 星系在形态上的差别是表观的,但这是分别研究不同星系性质的第一步. 经后人的发展,星系的形态分类已分得很细. 从大局看,它们可分成三个大类,即椭球星系、旋涡星系和不规则星系.

椭球星系(简记 E)在外形上很规则. 它看起来呈圆形或椭圆形,且无明显的内部结构. 不同椭球星系被看到的扁度不同,从而又被分成 E0 到 E7 等八个亚类. E0 最圆,E7 最扁. 因为看到的二维形象与它和我们间的相对方位有关,所以这扁度并不是实际形状的确切描述.

旋涡星系(简记 S)是以有旋臂结构为特征的. 银河系是典型的旋涡星系. 河外旋涡星系的外形与观测它的方位有关. 若我们看到的是它的侧面,它的形状就像一个铁饼. 从正面看,才能看到它的旋臂结构. 不同旋涡星系按其核球的相对大小和旋臂的松紧程度分 Sa,Sb,Sc 三个亚类. Sa 类中心区最大,旋臂卷得最紧. Sc 类中心区仅为一小亮核,旋臂大而松弛. 银河系的形状居中,属 Sb

---

① 这颗变星其实是 II 型造父变星,而不是经典造父变星. 当时这区别还不清楚. 由此当时对距离的推算大了一倍. 实际上仙女座大星云和我们的距离是 0.8Mpc.

型.后来又发现一种介乎椭球星系和旋涡星系之间的类型.它没有旋臂,像椭球星系;但它呈扁平状,像旋涡星系的盘面.这类星系被称为透镜星系,简记为 SO 类.

星系中的大部分可归属于椭球型和旋涡型.但是有些星系既没有核球,也没有旋臂.它们的形状很不规则,因而被统称为不规则星系,简记为 Irr.

Hubble 最初把这分类理解为星系的演化序列,如图 2.2 所示.人们把它叫做 Hubble 序列,并把从左到右叫早型到晚型.在后来的研究中,这序列作为演化序列的观念已被事实所否定.

椭球星系　　　SO　　　旋涡星系　　　不规则星系

图 2.2　星系的 Hubble 序列

不同类的星系不仅在外形上不同,它们在许多物理性质上也有很大不同.例如旋涡星系中有较多的星际气体,恒星依然在星际气体中逐渐形成,因此年轻恒星仍较多;而椭球星系中星际气体极少,而且看不到晚近形成的主序星.这些事实表明椭球星系无法演化成旋涡星系.另外,椭球星系的比角动量①较小,而旋涡星系则相对较大.考虑到单体演化过程中,星系的角动量不会有显著的变化,这也表明旋涡星系和椭球星系之间难以有单体的转化关系.

近 20 年,人们从观测到理论两方面都认识到,因为星系际碰撞的概率并不很小,所以星系演化是一个很复杂的过程.每个星系的个体演化仅是事情的一方面.大星系可能吞并过若干小星系,大星系间的碰撞和并合也是频繁地发生着的.从这角度看来,因旋涡星系的盘面易碎裂,所以它不能是类似大小的星系并合的产物.相反地,旋涡星系经碰撞而并合成椭球星系倒是可能的,因为椭球星

---

① 指星系的角动量和质量之比,即单位质量的角动量.

系的结构更无序.总的说来,今天人们对不同类型星系间的演化关系还很不够清楚.这里仅是把星系的分类当作进一步讨论星系性质的手段.

2.4 星系质量的测定

天体质量的测定,只能利用它所产生的引力的动力学效果.两体在相互引力下的动力学行为是 Kepler 运动,这是我们熟悉的.星系作为多体系统,一般只能利用其组元的动力学行为的统计效果.相应的规律是 Clausius 首先导出的.

把星系看成由 n 个质点构成的质点组,其质心为静止.在质心系中,每一组元的运动都满足 Newton 第二定律:

$$m_i \ddot{r}_i = F_i, \quad i = 1, 2, \cdots, n, \tag{2.4.1}$$

其中 F_i 是所有其他质点对第 i 个质点的作用力之和.两边点乘 r_i,然后把微分关系

$$r_i \cdot \ddot{r} = \frac{1}{2} \frac{\mathrm{d}^2(r^2)}{\mathrm{d}t^2} - v_i^2 \tag{2.4.2}$$

代入,再对整个质点组求和,所得结果可整理成如下形式,

$$\frac{1}{2} M \frac{\mathrm{d}^2(R^2)}{\mathrm{d}t^2} = 2T + \Omega. \tag{2.4.3}$$

式中已用系统的整体参量代替了组元粒子的变量.其定义为

$$\text{总质量:} \quad M = \sum m_i, \tag{2.4.4}$$

$$\text{总动能:} \quad T = \frac{1}{2} \sum m_i v_i^2, \tag{2.4.5}$$

$$\text{维里:} \quad \Omega \equiv \sum F_i \cdot r_i, \tag{2.4.6}$$

$$\text{维里半径:} \quad R = \left(\sum m_i r_i^2 / M \right)^{1/2}. \tag{2.4.7}$$

这里的维里(virial)是 Clausius 为这个物理量所起的名.维里半径是各质点与质心距离的方均根值,它可作为质点组范围大小的标

志.方程(2.4.3)可看成质点组的维里半径 R 变化的动力学规律.

当各质点在运动而整体参量 R 保持不变,可以理解为这质点组达到了统计平衡.从方程(2.4.3)看出,这时质点组应满足
$$2T + \Omega = 0. \tag{2.4.8}$$
这结果在统计物理中叫维里定理.

在天体物理感兴趣的问题中,质点组各成员间的作用力是万有引力.这引力是保守力.质点组中任何两个质点间的引力势能是
$$V_{ij} = -\frac{Gm_im_j}{r_{ij}}, \tag{2.4.9}$$
其中 $r_{ij} = |\mathbf{r}_i - \mathbf{r}_j|$.质点组的总引力势能 $V = \frac{1}{2}\sum_{i \neq j}\sum V_{ij}$.对于这样的自引力系统,可证明它的维里与总势能是一致的.下面不加解释地写出这证明:

$$\Omega = -\sum_{i \neq j}\sum \mathbf{r}_i \cdot \nabla_i V_{ij} = -\frac{1}{2}\sum_{i \neq j}\sum (\mathbf{r}_i \cdot \nabla_i + \mathbf{r}_j \cdot \nabla_j)V_{ij}$$
$$= -\frac{1}{2}\sum_{i \neq j}\sum r_{ij}\frac{dV_{ij}}{dr_{ij}} = \frac{1}{2}\sum_{i \neq j}\sum V_{ij} = V. \tag{2.4.10}$$

因此,自引力系统的维里定理写作
$$2T + V = 0. \tag{2.4.11}$$
维里定理的导出没有对质点的运动情况做任何假定,所以它对自引力下达到统计平衡的任何天体系统是普遍适用的.现在我们把它用于星系.

远处星系中的恒星相对我们参与着两部分运动,即随质心的整体运动和相对质心的(无序)运动.我们只能用 Doppler 效应测量总速度在视线方向上的分量 $v_{i/\!/}$,其垂直视线方向的速度分量很难测量.因此,为知道星系在质心系中的的总动能,需要作如下的处理.先对各恒星的视向速度作加权平均,得到其质心速度 $v_{c/\!/}$(相对于观测者),即
$$v_{c/\!/} = \frac{1}{M}\sum m_i v_{i/\!/}, \tag{2.4.12}$$

扣除质心速度后,得到 $v_{ci\parallel}=v_{i\parallel}-v_{c\parallel}$ 是恒星 i 在质心系中的速度的视向分量. 假定质心系中的运动是无序的,则视线方向的分量的平方和应与其他两个方向相同. 于是系统在质心系中的总动能可表成

$$T=\frac{1}{2}\sum m_i v_{ci}^2 = \frac{3}{2}\sum m_i v_{ci\parallel}^2, \quad (2.4.13)$$

这是通过测量各恒星视向速度来算出其总动能的方法. 若把总动能写作 $T=\frac{1}{2}Mv^2$,这 v^2 是质心系中恒星速度平方的加权平均值.

系统的总势能难以确切地用整体参量表示. 当引入等效半径 R_{eff},而把它写作

$$V=-\frac{GM^2}{R_{\text{eff}}}, \quad (2.4.14)$$

其中 R_{eff} 应与系统的实际大小或维里半径 R 相当,因此是近似地可测定的. 当采用了这些近似考虑,按照维里定理,系统的总质量应是

$$M=\frac{Rv^2}{2G}, \quad (2.4.15)$$

它是推定椭球星系(或球状星团)质量的依据.

旋涡星系的情况有些不同. 在研究银河系内恒星的运动时,天文学家已认识到,太阳与邻近恒星间的相对速度是次要的(仅为 30 km/s);而大家一起绕银河中心的转动速度是主要的(它是 220 km/s). 研究河外旋涡星系光谱的 Doppler 移动表明,它们的盘面也在转动. 因此,天文学家把把旋涡星系当主要靠转动维持平衡的系统来考虑. 这样通过对视向速度的测量不仅能推断其总质量,而且能更细致地知道系统的质量分布.

简化起见,把旋涡星系看成一个绕质心转动[①]的球对称的质点组. 由 Newton 定律知,离中心 r 处恒星的转动速度满足

---
① 注意不是指刚性转动.

$$\frac{v^2}{r} = \frac{GM(r)}{r^2}, \qquad (2.4.16)$$

其中$M(r)$是半径为r的球形区内的质量.因此,测量r处恒星的转动速度$v(r)$,就能推断出r内的质量.转动速度随r的分布叫旋涡星系的转动曲线.它是能够直接测量的.测到其转动曲线,即可用(2.4.16)式推算出这旋涡星系内的质量分布了.

让我们考虑它的总质量.星系作为由恒星组成的发光体,它具有可视的边缘.在边缘R之外,恒星显著减少,但是稀薄气体依然存在.人们原以为那里气体的质量将不占重要比例.若旋涡星系的总质量M确实主要集中在恒星分布区内,从(2.4.16)式看出,在$r > R$处,转动曲线应反比于$r^{1/2}$而下降.这是Kepler转动的特征.但是70年代以来的测量却发现,转动曲线在$r > R$处是大体平坦地延伸的,如图2.3中的实线所示意.这是旋涡星系发光区外的暗晕对总质量有很大贡献的有力证据.

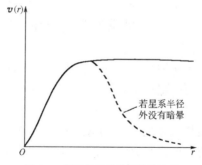

图2.3 旋涡星系转动曲线的示意

理想地把$v(r > R)$当常数,代入(2.4.16)式,得到

$$M(r > R) \propto r. \qquad (2.4.17)$$

观测表明转动曲线平坦地延伸至R的若干倍.这意味着把发光区外的暗晕考虑在内,星系的总质量是发光区内的质量的若干倍.由此看来,星系的光主要来自恒星,而它的质量却主要来自暗晕.为确切知道其总质量,需要能测到全部转动曲线,直至它按Kepler

规律下降,这可不是容易做到的事.

在球对称的简化假定下,暗晕中的密度分布为

$$4\pi r^2 \rho(r) = \frac{\mathrm{d}M(r)}{\mathrm{d}r} = \mathrm{const.}. \tag{2.4.18}$$

这说明晕的密度反比于 r^2 而下降.气体依然是越远越稀薄的.暗晕的转动速度须通过氢原子的 21 cm 谱线[①]的 Doppler 红移来测定.当气体太稀薄,这条谱线就测不到了.事实上在能测量转动曲线的范围内,我们没有看到它按 Kepler 规律下降的趋势.这表明旋涡星系的暗晕到底有多大,还依然是一个不很清楚的问题.

由转动曲线的研究看到,旋涡星系的暗晕很大,而且它是星系总质量的主要贡献者.这已是肯定的结果.对于椭球星系,现在也有证据表明它有很大的暗晕存在.因此在谈论星系总质量时需小心.天文学上讲的总质量常仅指恒星集中区,即发光区内的质量.把暗晕算在内,总质量则要放大若干倍,以至于一个数量级.

2.5 星系的距离测量

我们在讨论恒星时已充分看到距离测量的重要性.为了认识恒星的内禀性质,如光度和大小等,需先测定其距离.此后为了解恒星的空间分布,即认识银河系的面貌,距离的确定更是关键.我们课程的目标是借助银河系外的大量星系来认识宇宙,这样自然需要解决如何确定星系距离的问题.这既是研究星系性质的需要,同时也是了解星系空间分布的需要.

测量星系距离的初步方法是用其中的恒星做距离指示器.只要我们能在远处的星系中把某类恒星或变星分辨出来,这方法就能适用.从这意义上讲,造父变星的光度较大,它是一种好的星系

[①] 氢原子中电子与原子核的自旋同向或反向,能级有微小的差别.这两个能级间的跃迁,放出的谱线的波长是 21 cm.当气体有转动,这谱线的波长就会有红移或蓝移.因此由波长的变化程度可测定气体的转动速度.

距离指示器. 可是用它能测量的距离较小, 只在 10 Mpc 之内. 虽然用超新星能测量更远的距离, 但是超新星爆发很少出现, 因此它不是普遍能用的方法. 实际上, 银河系附近的星系间的平均距离是 0.1 Mpc 的量级, 因此在 10 Mpc 范围内已有不少的星系. 但是这范围外的星系更大量. 为研究星系在宇宙空间的分布, 人们还需要寻找新的距离指示器.

寻找指示器的精神在上章讨论用变星测距时已谈到过. 但是研究的历史并不是沿某一思路单线地发展的. 为此这里插入讨论 Hubble 定律在测量星系距离中的作用.

在 1930 年前后, Hubble 从已测定距离的十几个星系中发现, 星系光谱的红移量 z 与星系的距离 d 有正比关系. 用今天的方式来写, 它是

$$z = \left(\frac{1}{c}\right) H_0 d. \tag{2.5.1}$$

这关系被称为 Hubble 定律. 其中的比例系数写成 H_0/c, H_0 被称为 Hubble 常数, c 是光速. Hubble 定律是现代宇宙学的事实基础, 因此在本书第二部分中将对它做详细的讨论. 这里只把它看作测距方法.

星系光谱的红移量 z 较易于直接测量. 因此, 在 Hubble 定律适用的范围内, 由 z 就能推断出它与我们的距离 d. 从这意义上讲, Hubble 定律构成了一种测距的依据, 光谱的红移量成了距离的指示器. 当要用这样的方法测距, 须澄清两个问题. 一是 Hubble 定律的适用范围, 二是把比例系数 H_0 的值定下来.

Hubble 定律是否普遍适用? 这是宇宙学的理论问题. 我们将在第二部分中专门讨论. 理论告诉我们, 经验的 Hubble 定律仅是低红移下的近似. 当红移 z 不很小, 它与距离的关系不是线性的. 这一结果已得到实测的证实. 在实测结果与理论的比较中看出, 当 $z < 0.2$, Hubble 定律才是好的近似. 这样从测距的角度讲, 它能测量的距离约在 1000 Mpc 以下. 此外, Hubble 定律对太近的星

系也不能直接应用.观测到的光谱红移来自两部分运动,即宇宙的膨胀和星系的本动.必须本动引起的红移可忽略[①]时,Hubble 定律才会成立.否则要扣除本动的影响也是一个困难的任务.

要使用 Hubble 定律测距的另一要点是须先确定 H_0 的值.值得强调,为定出 H_0 的值,又需要先能用其他方法测出某些星系的距离.最初 Hubble 和他的合作者用一些不成熟的测距方法,定出的值是 $H_0 = 500 \text{ km} \cdot \text{s}^{-1} \cdot \text{Mpc}^{-1}$.到 20 世纪 50 年代,天文学家才意识到,Hubble 在星系距离的测量上犯了若干错误,使所得到的 H_0 值显著地偏大了. 50 年代的天文学家在修正了测距方法后,重新对 H_0 的值做了测定,但是他们遇到了新问题.不同的研究组用不同方法测距,所定出的 Hubble 常数的大小差别仍不小.有的方法定出的 H_0 的值在 $50 \text{ km} \cdot \text{s}^{-1} \cdot \text{Mpc}^{-1}$ 左右,而有的方法得到的 H_0 的值却在 $100 \text{ km} \cdot \text{s}^{-1} \cdot \text{Mpc}^{-1}$ 左右.每种测量的统计误差都只有约 10%.这表明测距方法带来的系统误差依然太大.十来年后,宇宙学出现了蓬勃发展的高潮,它当然成了被人们关注的重要遗留问题.

从 70 年代起,几种用星系本身的物理性质测距的方法逐渐发展了起来.下面仅以 Tully-Fisher 方法为例,作些示意性的阐明.

1975 年,Tully 和 Fisher 发现对于旋涡星系,氢原子 21 cm 谱线的宽度 ΔV 与星系 B 波段(蓝光)的光度 L_B 有强烈的关联,即
$$L_B \propto \Delta V^\alpha, \tag{2.5.2}$$
其中 $\alpha = 2.5$. 1983 年,Aaronson 和 Mound 用更多的样品做分析,发现 α 值与观测 L 所用的波段有关.对 B 波段的光度 L_B,他们的研究得出了一个更大的斜率:$\alpha = 3.5$.当改用红外 H 波段(以 $1.65 \mu\text{m}$ 为中心)的光度 L_H 作研究,则有 $\alpha = 4.3$.他们进一步认识到,旋涡星系的蓝光要受星系内的尘埃的影响,而尘埃对红外光却是透明的,所以观测到的红外光度 L_H 与 ΔV 有更强的关联.这样

[①] 星系的本动速度是 10^2 km/s 的量级,它引起的红移约为 10^{-3}.若星系的距离远超过 10 Mpc,本动的红移效果就可忽略了.

才建立了用红外 Tully-Fisher 关系的测距方法. 测量旋涡星系的 21 cm 谱线的宽度 ΔV, 然后由 Tully-Fisher 关系推出其红外绝对星等. 再与红外波段的视星等相比, 即可以定出该星系的距离.

后来又类似地建立起了若干种测距方法. 例如 1976 年 Faber-Jackson 发现椭球星系的光度与星系中心的速度弥散有幂指式的关联. 用这种关联, 可对椭球星系测距. 用这些方法测距的统计误差都不大(例如 10%), 但是用他们定出的 Hubble 常数 H_0 却仍然有显著的差别. 这说明测距方法的可靠度问题还是没有解决. 每一种测距方法的可靠程度涉及关联的准确程度和有关常数的校准等问题. 这些问题都相当复杂, 我们不拟深入讨论. 总之, 此后很长的时间里, 人们只知道 H_0 值的大致范围是

$$H_0 = 50 \sim 80 \, \text{km} \cdot \text{s}^{-1} \cdot \text{Mpc}^{-1}. \qquad (2.5.3)$$

与 20 世纪 50 年代末的局面相比, 在精度上的改进不大.

总体说来, 人们意识到用星系光度的关联性质测距, 都需要先以恒星测距方法为基础, 因此这样的"二级"方法总是把误差放大了. 最终的结果差了近一倍, 可能是并不严重的误差的积累效果. 因此, 用恒星为指示器的"一级"方法应更可靠. 90 年代初升空运作的 Hubble 空间望远镜的目标之一, 就是用造父变星测距, 以在 20% 的误差范围内把 H_0 值定下来. 此外有的研究组开始了用超新星 SN Ia 测距的努力. 至今为止, 虽然问题尚未完全解决, 人们倾向于接受的 H_0 值范围缩小为

$$H_0 = 65 \sim 70 \, \text{km} \cdot \text{s}^{-1} \cdot \text{Mpc}^{-1}. \qquad (2.5.3)$$

当写下这些数字时, 我必须提醒读者, 这并不是说超过 70 或小于 65 的可能性已被排除.

最后, 我们十分粗略地概括一下星系的测距问题. 图 2.4 中画出了不同方法能测距的范围, 这就是所谓的测距阶梯. 对于距离不显著地超过 1000 Mpc 的星系, 用 Hubble 定律测距是方便而有效的方法. 特别是对于一群星系, 所测得的相对距离是很可靠的. 因此, 这方法对研究星系在较大尺度上的分布很有用. 在需要测定绝

对距离时，H_0 的确切值才重要. 当要测量更远的星系的距离,其他的测距方法依然是必须的.

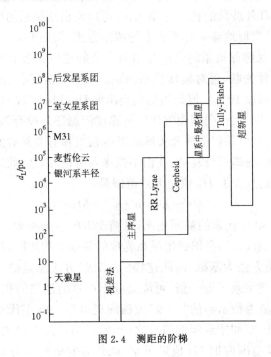

图 2.4 测距的阶梯

2.6 星系的一般性质

由于对恒星的形成和演化已有了较清楚的了解,才使得我们能扼要而又系统地讨论它们的性质. 对于星系的物理性质和不同类型星系的差别,我们远还没有知道得那么清楚. 下面仅着眼于认识宇宙的需要,对星系的一般性质作些简单讨论.

(1) 星系的大小

星系的尺度大小差别很悬殊. 小的星系叫矮星系,直径在

0.1～1 kpc 之间.矮星系都是椭球星系.最巨大的星系也是椭球星系.它们的直径超过 100 kpc.旋涡星系都偏大,直径在 5～50 kpc 的范围内.当这样描述星系时,它的暗晕没有考虑在内.下面的讨论也一样.椭球星系和旋涡星系是星系中的大部分,不规则星系很少.在椭球星系中,矮椭星系是主要的.银河系在旋涡星系中是中等的,在全部星系中属于数量较少的巨星系.

(2) 星系的质量

旋涡星系的大小差别不大,其质量差别自然也不大.一般在 $10^9 \sim 10^{12} M_\odot$ 之间.椭圆星系的质量范围很弥散,大体在 $10^6 \sim 10^{13} M_\odot$ 的范围内.不规则星系一般比旋涡星系小,比矮椭星系大.它们的质量在 $10^8 \sim 10^{10} M_\odot$ 之间.

(3) 星系的质光比

质量越大的星系包含恒星越多,因此其光度自然也越大.但是不同类型星系的质量和光度之比并不一样.椭圆星系的质光比比旋涡星系或不规则星系大.表 2.1 列出了部分星系的类型及质光比.它们之间的差别虽然显著,但是相差不到一个数量级.

表 2.1 星系的质光比

星系名	类型	质光比
M32	E2	27
NGC3379	E0	12
NGC4111	S0	11
M31	Sb	8.0～8.4
M33	Sc	3～8
NGC6503	Sc	0.7
NGC972	Sb	1.2
NGC681	Sa	3.6
NGC3623	Sa	7
小麦哲伦云	Irr	3
NGC4605	Irr	2

为理解这差别,可回顾以下恒星的质光比 M/L. 以太阳质量和太阳光度为单位,太阳的质光比为 1. 我们已知道,质量很大的主序星的质光比远小于 1(参看式(1.3.1)).因此,不规则星系的质光比小,是它们有较多大质量主序星的后果.椭球星系的质光比大,则是它没有大质量主序星的体现.

(4) 星系的颜色

星系所发的光绝大部分来自其中的恒星,因此星系的颜色(辐射谱)是由其恒星组分决定的.我们知道:大质量恒星的颜色偏蓝;太阳作为中等偏小的恒星,其颜色是黄的;质量更小的恒星的颜色则偏红.此外,大星的光度虽然大但数目[①]很少,小星的光度暗但数目要多得多.这些是定性地理解星系颜色的基础.

椭圆星系的颜色偏红,反映了其中大星已死亡,只剩下了小星.反过来,不规则星系的颜色偏蓝,这是其中的恒星较年轻,大星尚没有死亡的反映.旋涡星系晕中的恒星偏红,而盘中有蓝星存在.这些差别与质光比的差别是一致的.

(5) 关于星系的形成和演化

在讨论星系的 Hubble 分类时已提到,这是至今尚不够清楚的问题.粗略地讲,早期宇宙是含有微小密度扰动的均匀气体,星系是引力不稳性造成气体碎裂的产物.在碎裂后,每一碎块的变化将由自身内部及近处环境决定.按习惯的观念,宇宙介质的整体行为属于宇宙学的范畴,而局部物体的行为则属于天体物理的研究对象.因此,本书的第五部分将专门讨论星系及其层次性结构如何产生的问题.星系形态的演化及恒星在星系中的形成将不在我们感兴趣的范围之内.

---

① 恒星是云块碎裂时成批形成的.一批同时形成的恒星中,质量越大的恒星越少.此外,由于大质量恒星的寿命短,因此它们将先死亡.

2.7 星系群和星系团

了解星系的空间分布是认识宇宙面貌的基础. 在理论上,由于万有引力是长程力,它能使恒星结团,也能使星系结团,因此星系的分布不会完全无序. 通过星系距离的测量知道,它们之间确实也有结团性. 让我们先从银河系出发往外看.

在最邻近处,银河系有两个伴星系,即大麦哲伦云和小麦哲伦云. 它们与银河系的距离分别是 52 kpc 和 63 kpc. 这两个星系都是不规则星系,质量分别为 $1\times 10^{10} M_\odot$ 和 $2\times 10^9 M_\odot$. 因为它们是离我们最近的星系,所以在天文研究中有特殊的作用. 例如造父变星的周-光关系就是通过对麦哲伦云的研究而发现的.

再往远处,银河系与约 30 个星系结成一个松散的集团. 它被称为本星系群(简称本群). 表 2.2 列出了本群主要成员的距离和性质. 本群没有规则的形状. 银河系、M31 和 M33 是本群中最大的三个成员. 它们形成一个很扁的三角形,并各有若干小星系伴随在周围(图 2.5). 整个本群的延伸范围约 1 Mpc,其成员星系的总质量为 $6\times 10^{11} M_\odot$. 与本群最邻近的是南天的玉夫座星系群和北天的大熊座星系群. 它们与我们的距离分别约是 2 Mpc 和 2.5 Mpc. 这表明各星系群之间是隔开了的.

表 2.2 本星系群的主要成员

星系名	类型	距离/kpc	直径/kpc	质量/$M_\odot$
大麦哲伦云	Irr	52	8	1×10^{10}
小麦哲伦云	Irr	63	5	2×10^9
M31	Sb	680	52	4×10^{11}
M32	E2	680	2.1	2×10^9
NGC205	ES	680	4.2	8×10^9
M33	Sc	720	18	2×10^{10}
NGC147	E	680	2.4	1×10^9
NGC185	E	680	2.9	1×10^9

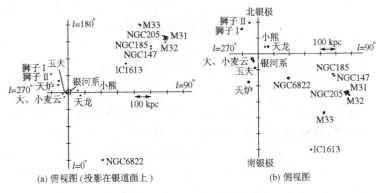

图 2.5 本群主要成员的空间分布

由于引力作用,星系团的成员都相对其公共质心运动,即有本动. 银河系对本群质心的运动速度为 170 km/s. 在扣除银河系运动后,得出 M31 和 M33 对质心的速度视向分量为 -68 km/s 和 -11 km/s. 这样使人们注意到,三个星系速度的方均根值超过 100 km/s. 这速度超过了按维里定理估出为维持平衡所须的速度. 这情况在其他星系集团中也有. 它被认为是星系集团总质量显著地超过其成员星系质量[①]和的旁证之一.

天文上把几十个星系组成的集团叫星系群,几百或上千个星系的集团叫星系团. 这两者没有实质的区别,也没有明确的界限. 在银河系所属的本群范围外,最近的星系团在室女座的方向上,因而称室女团(Virgo cluster). 室女团的成员星系估计有 2500 多个. 它与我们的距离是 16~19 Mpc. 其角直径为 12,表明其延伸范围约 5 Mpc.

我们已理解,对银河系外的星系集团,借助红移测得它的成员星系的速度是两部分运动之和,即整体随宇宙膨胀的运动和星系团内部的本动. 实际测得,室女团对我们的整体速度为

---

① 注意星系质量中没有把暗晕包括在内.

64

1200 km/s；内部本动速度的平均为 670 km/s. 可见室女团成员相对我们的膨胀速度与本动速度是同量级①的. 从宇宙学看，这意味着它尚是"不太远"的星系集团.

上面讨论的是银河系附近的情况. 这里已看到，星系的分布也有结团性，但是星系比恒星的结团性要弱. 总体讲，大约只有 10% 的星系处于星系团内. 包含上千个星系的室女团已是一个偏大的星系团了. 大部分星系只结成小得多的星系群，甚或仅二五成群地结成多重星系. 也有人认为大部分星系属于星系团，只不过它们太远，以致其中的小质量星系观测不到.

在发现大量的星系群和星系团后，人们自然想知道，是否还有更大层次上的结团，即超星系团的存在. 回答是肯定的. de-Vaucouleurs 在 20 世纪 50 年代首先发现，本星系群周围 15 Mpc 的范围内有近 50 个星系群和星系团处于一个扁平的圆盘面上. 这被认为是它们构成一个转动系统的征状. 后来这看法得到了证实. 这就是本超星系团概念的雏形. 本超团实际上不呈圆盘状，而呈扁平的带状. 它的长径达 30 Mpc，厚度为 2 Mpc. 所包含的星系有 10^6 个.

研究更远的超团需要很大量的星系距离的数据，所以很困难. 无论如何，已有清楚的观测证据表明超团的存在是普遍现象. 超团一般都呈扁长形，长径可达 100 Mpc，长短径之比平均约为 4：1. 质量范围为 $10^{15} \sim 10^{17} M_\odot$. 有趣的是与超团相应，人们也发现了空洞. 这指的是在巨大的范围内没有（或极少）星系存在的现象. 有一个已被确切证认了的大空洞，其直径达 50 Mpc. 类似的较小的空洞已看到不少. 如果把星系群和星系团叫做星系的一级结团，那么超团和空洞就是星系的二级结团现象.

对于更大尺度上的宇宙面貌，至今尚研究得不十分清楚. 从大

---

① 前节中讲测距时提到，对不够远的星系，必须在扣除本动引起的红移后，才能应用 Hubble 定律. 这里说明，室女团的成员正是这样的星系.

范围的巡天资料看出,超团分布在空洞的"壁"上.人们结合宇宙结构的理论分析推测,星系在宇宙空间中的分布呈泡沫状的结构.这就是我们今天对宇宙面貌的大致认识.

第二部分 宇宙学基础

第三章 宇宙学基本事实

3.1 宇宙学原理

要用物理规律系统地研究宇宙,必须先对它的整体面貌有一个基本的了解.我们从前面已看到,要建立对宇宙的整体认识很不容易.历史上,Einstein 做第一个物理的宇宙模型时是 1917 年.那时人们尚不知道银河系仅是宇宙中不胜计数的星系之一,因而对宇宙全貌还完全没有了解.在这样的情况下,他只能作先验的假设:宇宙物质是充满全空间的,并且是均匀和各向同性的.上述假设在当时只是 Einstein 的没有证据的猜想.无论如何,后来研究宇宙学的人们把这猜想当方便的工作假设而沿用了下来,并称它为宇宙学原理.因此,宇宙学原理是否符合事实,一直是宇宙学研究中的基本问题.

现在的天文学已使我们清楚地知道,一个星系在宇宙中的地位,只能与空气中的一个分子相比拟.因此形象地说,宇宙介质可看成由星系为"分子"所构成的"气体".至于太阳系,它只是某一个"分子"中的细节而已.它已完全不是研究宇宙时值得关心的内容了.星系的空间分布才是宇宙面貌的重要体现.

宇宙学原理认为宇宙介质是均匀的.这里的均匀性当然应当是一个宏观概念.让我们取宏观很小而又包含大量星系的范围做体元.若把这体元取在不同的地方而内部有相同的质量,这才应该是均匀的含义.需要用观测证实的也正是这一点.

我们把问题定量化.取定半径为 R 的球形体元.对全部气体平均后,这体元内的质量为 M.当把这体元的中心放在某一位置 r 上时,测得其中的质量必对平均值有偏离,因而记做 $M+\Delta M$.偏

离量 ΔM 当然是体元中心位置 r 的函数. $\Delta M(r)$ 的全空间平均值必为零,所以只能研究它的方均根值 δM,即

$$\delta M = [\langle \Delta M(r)^2 \rangle]^{1/2}, \qquad (3.1.1)$$

定义式中的尖括号代表对全空间取平均. 平均后的 δM 已与 r 无关,而是 R 的函数. 人们把相对偏离度 $\delta M/M$ 作为尺度取 R 时介质偏离均匀程度的标志.

这里需注意的是宇宙"气体"与普通气体有重要的差别. 普通气体的分子间只有短程力. 当分子的平均间距超过力程,它们的空间分布就完全是随机的. 因此只要 R 内有大量分子,上述偏离度 $\delta M/M$ 将随 R 的增大而指数地降低. 这就是我们对均匀气体的常规理解. 宇宙介质的不同在于其"分子",即星系之间有长程力(引力),因此其空间分布不是随机的. 这样不管 R 取多大,偏离度 $\delta M/M$ 都不会随 R 的增大而迅速降低,而只会缓慢地下降. 那么,对有长程力存在的气体何谓均匀,我们需要重新明确它的含义. 对这样的气体,只要偏离均匀的程度 $\delta M/M$ 随体元尺度 R 的增大而减小并趋于零,就可以认为整个气体是均匀的.

要对宇宙作这样的统计,需要在较大的天区内具备深度的[①]巡天观测资料. 无论如何,天文学家已利用较大的统计样品做了偏离均匀程度的研究.

由于星系的空间分布有结团性,如把星系团的尺度取为基本体元,统计分析得到的平均偏离度将大于 1. 这是意料之中的. 分析给出的重要结果[②]是,当取 $R=12$ Mpc,偏离均匀的程度已降至 $\delta M/M=1$. 这尺度介于星系团和超团的大小之间. 在超团或大空洞的尺度上,平均偏离已比 1 小了. 20 世纪 90 年代初,有人用红

---

① 这里的深度指巡天资料的红移范围较大,即在较大的空间区域内完整地测定星系的远近.

② 用 CfA 深度巡天资料定出 $\delta M/M=1$ 的尺度为 $R=8h^{-1}$ Mpc,其中 h 是量纲一的 Hubble 常数. 注意用不同的样品或不同分析方法得到的结果是有些差别的,不能直接比较.

外天文卫星(IRAS)的巡天资料做统计,算出了更大尺度上宇宙介质对均匀的偏离. 表 3.1 中取用了它们的结果. 从这样的结果看,当体元的尺度取为 60 Mpc, $\delta M/M$ 下降到 10% 左右. 这对宇宙学原理是一个有力的支持.

表 3.1 IRAS 巡天测到的 $\left(\frac{\delta M}{M}\right)_\lambda^2$

尺度 λ/h^{-1} Mpc	$\left(\frac{\delta M}{M}\right)_\lambda^2$ (90% 置信度)
10	0.68～1.10
20	0.31～0.57
30	0.17～0.38
40	0.14～0.32
60	0.017～0.11

上面讨论的是对宇宙介质均匀性的直接检验,但是检验并不必须这样做. 由动力学能证明,尺度 R 内的平均本动速度 v 是与密度的平均偏离 $\delta M/M$ 相关联的. 因此,本动速度的测量也能检验介质的均匀程度. 我们不再引用数据. 总之,在近二三十年中,宇宙学原理已从一种猜想或工作假设变成了得到观测认证了的事实,从而使由此引申出的理论有了可靠的基础. 这是宇宙学研究的重要进展.

值得提前指出,按大爆炸宇宙理论,在一切星系形成之前,宇宙介质应是由微观粒子组成的普通气体. 若宇宙学原理是正确的假设,那么那时的气体应当是高度均匀的. 宇宙背景辐射的观测研究已发现,在宇宙年龄为 10 万年时,偏离均匀的程度[①]仅为千分之几,实际上这是宇宙学原理的更重要的证据. 背景辐射的讨论将在第六章中进行.

---

① 这问题上用的偏离量是 $\delta\rho/\rho$.

3.2 Hubble 膨胀

1912 年，Slipher 首先测量到旋涡星云 M31(当时还不知道它是河外星系)的谱线有频率红移．后 10 年里，他对十几个旋涡星云做了谱线的测量，发现大多数都有频率红移，很少几个有蓝移．到 1923 年后，人们开始认识到这些星云其实都是银河系外的星系．如在引言中谈历史时已指出，若理解谱线频率的变化是 Doppler 效应，那么大多数星系有红移表明它们都在向远离我们的方向退行．这结果使一些敏感的理论家意识到，这是宇宙在膨胀的迹象．

Hubble 在 1929 年进一步发现，河外星系的红移与它的距离有近似的线性关系．由 Doppler 效应的红移公式[①] $v=cz$ 知，这经验规律反映的是星系对银河系中心的退行速度与距离成正比，其中的比例系数就是已讨论过的 Hubble 常数．Hubble 发现的规律被后人写成

$$v = H_0 R. \qquad (3.2.1)$$

下面，我们来分析这规律的含义．

考虑一大片接近零温[②]的均匀气体．若气体在膨胀，从其中某一点看，其他分子都应向远离它的方向退行．用运动学容易论证，如果退行运动满足 Hubble 定律，那么气体将在膨胀的过程中保持均匀．图 3.1 中画出了这情景．设 O 是我们所处的星系．O 与 A_1, A_2, A_3 为等间距．为使得在运动中保持等间距，由图看出，当 A_1 退行了距离 $s(=\overline{A_1 A_1'})$，则 A_2 必须同时退行了 $2s$，A_3 须退行了 $3s$，等等．这正是 Hubble 定律所给出的运动方式．因此 Hubble

---

① 按狭义相对论，光频 ω 与光源速度 v 的关系为 $\dfrac{\omega}{\omega_0}=\sqrt{\dfrac{1+v/c}{1-v/c}}$. 在 $v\ll c$ 时有红移 $z=\dfrac{\omega-\omega_0}{\omega}\approx \dfrac{v}{c}$.

② 指分子的热运动速度接近为零．

定律给我们的启示是,宇宙介质在按保持其均匀性的方式膨胀.如果宇宙的膨胀永远满足着规律,那么它不仅在今天是均匀的,而且它在过去和将来都是均匀的.

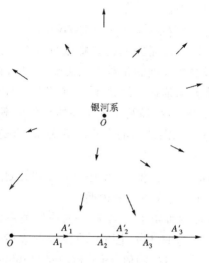

图 3.1 按 Hubble 定律的膨胀

Hubble 定律所示的运动图像可能给人以错觉,似乎宇宙以我们为中心而向外膨胀.我们不加证明地指出:当从某点看来膨胀满足 Hubble 定律,那么换一个参考点看,膨胀将满足同样的规律.换句话说,其他星系上的天文学家也一样会发现,宇宙在以他为中心按 Hubble 定律膨胀.其实,考虑到宇宙介质均匀地充满了全空间,在这样的介质中一切位置是平等的,没有一个点能充当"中心"的角色,或者讲,任何一点都可以当"中心".银河系在宇宙中完全没有特殊地位,这被称为宇宙学的 Copernius 原理.在认识了地球在太阳系中没有特殊地位,以及太阳在银河系中没有特殊地位后,这结果已不会引起意外的感觉了.

Hubble 定律中的比例系数是一个重要的宇宙学参量.这里先

看清它直接的物理意义. Hubble 定律直接说明的是,远近不同的星系有不同的距离 R 和退行速度 v,但是两者之比一样. 这也就是说, Hubble 常数与星系无关,而是描述宇宙整体运动的参量,就像角速度是描写刚体转动的整体参量一样. 把退行速度 v 理解为 dR/dt,则 Hubble 定律可化成

$$H_0 = v/R = (dR/R)/dt \qquad (3.2.2)$$

的形式. 这样看来, H_0 是空间的线膨胀百分率,它的大小反映宇宙中任何一条线段的长度的相对变化快慢. 对于无限的宇宙,没有一个合适的长度量来描述它的整体. 为了直观,可以辅助地设想一个半径为 R 的球体. H_0 描写了这半径的百分变率. Hubble 定律告诉我们这变率与辅助球体的大小没有关系,但是不要误把这球体当作全宇宙.

H_0 值的测定问题在第 2.5 节中已初步讨论过. 由于它在宇宙学中的重要性,这里再作些补充说明.

原则上,当观测肯定了 v 与 R 间的线性关系,那么不同星系在 v-R 图(现称它为 Hubble 图)上的代表点落在一条直线上. 这直线的斜率就决定了 H_0 的值. 图 3.2(a)是 Hubble 本人画出的第一张距离-退行速度关联图. 当时已测定红移 z 并测出或估出距离 R 的星系有 46 个. Hubble 的样品中最大的红移量仅为 0.004. 红移小说明距离近[①]. 如前面已讨论过,邻近星系的红移中来自本动的贡献不能忽略. 这张图上星系的代表点对拟合曲线的弥散很大,这是基本原因. 图 3.2(b)是 Hubble 和 Humason 在 1931 年发表的关联图. 这里最大的星系红移已到 0.07,因此新的统计呈现出了更好的线性关联. $H_0 = 500$ km·s^{-1}·Mpc^{-1} 的结果正是从这张图上得出的. 此后 20 年中, Hubble, Humason 和 Mayall 的统计样品积累到了 850 个星系,最大红移达到了 1/3. 但是所定出的 H_0 值没有多大变化.

---

① 用 $H_0 = 65$ km·s^{-1}·Mpc^{-1} 估计, $z = 0.004$ 的星系的距离为 18.5 Mpc.

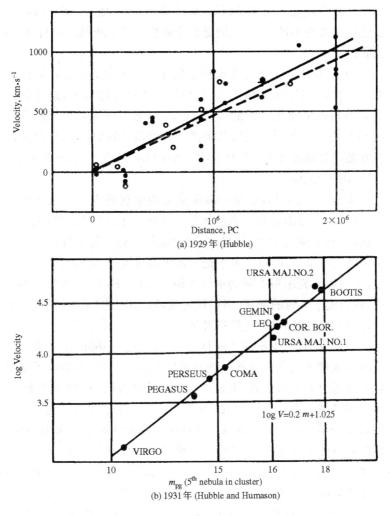

图 3.2 早期的 Hubble 图

如已提到过,Hubble 的距离测量中包含着若干严重的错误. 例如用周期变星测距时,他尚不知道不同类型周期变星的周-光关系有差别. 又如有的测距中他用星系中最亮恒星做指示器,但是他错把很亮的热星云当作了恒星,如此等等.结果他们定出的 H_0 值显著地偏大并不足奇,奇怪的是他竟依然发现了正确的退行-红移关联.

1952 年 Baade 开始认识到造父变星有两类,其周期-光度关系不一样,而 Hubble 却把它们混同了. 如已讨论过的,这样使所测定的距离可能有 1 倍的误差. 1956 年起 Sandage 又陆续发现 Hubble 在距离测量上还有其他严重的错误,因而推定 H_0 值的研究方案需要重新审视. 到 1958 年,Sandage 得到了 $H_0 = 75 \text{ km} \cdot \text{s}^{-1} \cdot \text{Mpc}^{-1}$ 的结果.

从 50 年代末起,星系距离测量上的争议进入了一个新的层次. 事情的一方面是若干新的测距方法建立了. 例如 Tully-Fisher 方法,已在上章讨论过. 这样,天文学家就掌握了若干种测量远处星系距离的手段,即有了若干把宇宙级的量天尺. 事情的另一方面是,不同的研究组用不同的手段测距,推出的 Hubble 常数很不一样. 这构成了尖锐的问题. 用俗话说就是:不同的"量天尺"长短不一,人们无法判断哪一把尺更可靠.

在最近 10 年里出现了两种努力. 一种是 Hubble 空间望远镜 (HST) 从地球大气外寻找远处星系中的造父变星,希望能可靠地测定较远的星系的距离,从而在 20% 的精度内把 H_0 值确定下来. 90 年代中期,HST 在 10 Mpc 远处的若干星系中成功地找到了很多造父变星,并定出了 H_0 值. 但是在扣除本动影响上很有争议,预期的目标并没有完全达到. 另一种努力是想用 Ia 型超新星来测量红移为 0.1 左右的星系的距离. 这样做的困难在于在星系中出现超新星爆发的概率很小. 图 3.3 画的是用这方法测定的距离-红移图. 初步定出的值是 $65 \text{ km} \cdot \text{s}^{-1} \cdot \text{Mpc}^{-1}$. 无论如何,这些努力的结果还没有被公认为是最终的.

Hubble 常数 H_0 作为描述今天宇宙膨胀快慢的参量,它的大小对许多宇宙学问题的理论结果都有影响. 长期来,因为其值尚没有可靠地测定,人们常把它写做

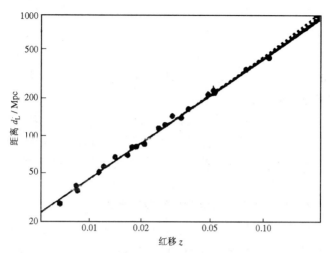

图 3.3 用 SNIa 测距得到的红移与距离关系($z \lesssim 0.1$)

$$H_0 = 100h \text{ km} \cdot \text{s}^{-1} \cdot \text{Mpc}^{-1}. \quad (3.2.3)$$

这样引入的 h 是以 $100 \text{ km} \cdot \text{s}^{-1} \cdot \text{Mpc}^{-1}$ 为单位的 Hubble 常数. 它是没有量纲的量. 当后面做理论讨论中要确定的结果时, 我们将采用的值是

$$h = 0.65 \sim 0.7. \quad (3.2.4)$$

3.3 宇宙年龄的测定

宇宙在膨胀时, 它的密度必在减小. 逆时间方向往过去追溯, 宇宙的密度必在增大. 经过有限时间 t_0, 将追溯到密度为无穷的状态. 这说明宇宙的膨胀必有一个起点. 若把宇宙密度为无穷的时刻规定作时间的零点, 则 t_0 就是今天的宇宙年龄. 我们的宇宙有一个有限的年龄. 不管这结果如何使有些人感到困惑, 它几乎是一个不可避免的推论. 这推论的正确与否是只能由事实来回答的. 这里我们先讨论宇宙年龄的测量. 有关理论研究在下一章中.

这样定义的宇宙年龄无法直接测量. 实际能测量的是古老天

体的年龄.设某天体形成于宇宙年龄为 t_1 时,设它今天的年龄为 τ,则有

$$t_0 = t_1 + \tau. \tag{3.3.1}$$

这里的"古老"指它形成得很早,以至 $t_1 \ll \tau$. 对这样的天体,它的年龄 τ 就是宇宙年龄 t_0 的近似.

自 Rutherford 以后,人们常用放射性元素为"钟"来测量古代遗迹的年龄.考虑到宇宙年龄约在 $10\,\mathrm{Ga}$ 左右,因此适合于测龄的放射性元素的寿命应与此在量级上接近.于是被采用的是 $^{233}\mathrm{Th}$(寿命 $\tau=20.3\,\mathrm{Ga}$);$^{235}\mathrm{U}(\tau=1.02\,\mathrm{Ga})$;$^{238}\mathrm{U}(\tau=6.45\,\mathrm{Ga})$ 等放射性重元素.测龄的原理可用简化的例子来说明.

地球上 $^{235}\mathrm{U}$ 和 $^{238}\mathrm{U}$ 的丰度比是可直接测量的,它的值是 $[^{235}\mathrm{U}/^{238}\mathrm{U}]_0 = 0.00723$. 因为 $^{235}\mathrm{U}$ 的寿命比 $^{238}\mathrm{U}$ 短,所以两者的丰度比越早越大.人们从理论上算出这两种同位素在形成时的丰度比是 $[^{235}\mathrm{U}/^{238}\mathrm{U}]_p = 1.71$. 我们知道

$$[^{238}\mathrm{U}]_0 = [^{238}\mathrm{U}]_p \exp(-\Delta t/\tau_{238}), \tag{3.3.2}$$

$$[^{235}\mathrm{U}]_0 = [^{235}\mathrm{U}]_p \exp(-\Delta t/\tau_{235}), \tag{3.3.3}$$

式中的 Δt 是从元素形成到现在的时间间隔,即这元素的年龄.我们一直用加下标 0 代表它在今天的值.这里加下标 p 代表其原初值.从这两个关系式容易解出

$$\Delta t = \frac{\ln[^{235}\mathrm{U}/^{238}\mathrm{U}]_p - \ln[^{235}\mathrm{U}/^{238}\mathrm{U}]_0}{\tau_{235}^{-1} - \tau_{238}^{-1}} \approx 6.6\,\mathrm{Ga}. \tag{3.3.4}$$

要利用这类同位素钟,须先能在理论上算出有关同位素在产生时的相对丰度,然后测量出它们在今天的相对丰度.问题在于这样得到的 Δt 说明什么?若这些同位素是在银河系形成之初产生的,那它代表的是银河系的年龄.但是我们并不能肯定这一点.若这些同位素是从银河系之初开始陆续地产生的,那么银河系的年龄就比这个 Δt 要长很多.由于至今尚无法澄清这疑问,所以这样

测宇宙年龄总有较大的不确定性.虽然人们已作了很多努力,由此只能推知银河系的年龄在 10～20 Ga 之间.

20 世纪 80 年代以来,人们试用了白矮星的冷却来推断银河系的年龄.我们已经知道,白矮星是质量不太大的恒星在结束核燃烧阶段后留下的遗迹.它的力学平衡是由电子的简并压强维持的.在开始形成白矮星时,其内部温度尚很高,因此它仍会发光.由于已没有核能源,热辐射将使星体内部逐渐冷却,其辐射光度也相应地逐渐降低.越暗的白矮星内部越冷,年龄也越老.因为冷却过程比核燃烧过程慢,所以很暗的白矮星的年龄几乎就是该恒星的年龄.按这道理,银河系的年龄可以用其中最暗的白矮星的年龄来代表.

白矮星的冷却理论已研究得很多,但至今尚不十分成熟.无论如何,冷却过程是越来越慢的,因此更暗的白矮星应当更多.观测上对白矮星按其光度计数,发现光度在 $3\times 10^{-5} L_\odot$ 以下的数目骤减,而冷却理论却表明更暗的白矮星仍应很多.用几乎没有更暗的白矮星存在的事实,可推算银河系的年龄.80 年代初,人们用这样的方法定出的年龄为 10 Ga 左右.2002 年有人按类似的道理,定出银河系的年龄为 12～13 Ga.

更为宇宙学家重视的是球状星团年龄的测定.球状星团被认为是银河系中最古老的天体之一.测量球状星团年龄的道理在 1.6 节中已提到过.假定星团中的恒星是同时形成的,那么随星团年龄的增大,其中的恒星将按质量大小为序先后退出主序列.这样,通过测量画出某星团的 H-R 图,利用残存主序星的最大光度,结合主序星理论,就能推断该星团的年龄.

银河系中球状星团很多,但实际测量得到的年龄很弥散.人们有理由相信,这种弥散主要不是由于它们形成的早晚,而是来自测量方法和技术上的误差.按这方法,较普遍地被接受的银河系年龄是

$$\tau = (15\pm 3)\,\text{Ga}. \qquad (3.3.5)$$

近年来各种因素对年龄的影响讨论得很多,使大家感到,银河系的

实际年龄应在 15 Ga 左右或以下.

要进一步用银河系的年龄来推断宇宙年龄,还需对银河系形成时间作出估计. 对此可先作粗略估算. 若星系的形成红移[①]为 z_f,则 $t_1/t_0 = (1+z_f)^{-3/2}$. 有理由相信银河系的形成红移不会比 10 小太多. 以此简单估算, t_1/t_0 不超过 10%. Peebles(1984)和 Fowler 等人(1986)曾用理论得出过 $t_1 = (1.0 \pm 0.4)$ Ga 的估计, 它与我们的粗略结果是一致的. 这样看来,银河系年龄知道得不很确切并不会对宇宙年龄带来严重的影响.

综合上述几方面研究的情况看到,天文测量肯定宇宙年龄在 $10 \sim 20$ Ga 的范围之内. 人们相信实际值较可能在 $14 \sim 15$ Ga 之间或差得不远. 由于问题涉及若干复杂因素,要准确而可靠地测定宇宙年龄是很困难的.

3.4 宇宙密度的测量

对于膨胀宇宙,它的平均密度是随时间降低的. 今天的平均密度 ρ_0 是决定宇宙演化过程的基本参量. 这个量如同今天的宇宙膨胀速率 H_0 一样,是只能由实测来推定的. 下一章中将论证,宇宙演化的动力学过程只依赖于两个参量,就像质点动力学过程只依赖两个初条件一样. 我们以后将把 H_0 和 ρ_0 当作两个基本参量.

按平均密度的定义,它是

$$\rho_0 = M \cdot \frac{N}{V}, \quad (3.4.1)$$

其中 V 是一个大体元, N 是其中的星系个数, M 是星系的平均质量. 我们知道不同星系质量的差别很大,因而难以可靠地确定其平均值. 考虑到星系的质光比的差别小得多,于是把密度公式

[①] 如果它形成时所发的光正好今天被观测到,相应的频率红移叫形成红移. 红移量与发光时间的关系将在下一章中讨论.

(3.4.1) 改写为

$$\rho_0 = \frac{M}{L} \cdot \frac{NL}{V}, \qquad (3.4.2)$$

其中 L 是星系的光度. 这样,等式右边后一因子是单位体积内的总光度,即光度密度,前一因子是星系的平均质光比.

宇宙中的光度密度能直接测量. 从蓝色波段测量,得到它的值是

$$NL/V = 2.4 \times 10^8 h L_\odot/\text{Mpc}^3. \qquad (3.4.3)$$

这里的 h 是量纲一的 Hubble 常数,其定义参看(3.2.3)式. 把这光度密度值代入(3.4.2)式,并用太阳质量 $M_\odot$ 和太阳光度 $L_\odot$ 分别作为 M 和 L 的单位,得到

$$\rho_0 = 7.5 \times 10^{-33} h \cdot \frac{M}{L} \text{ g/cm}^3$$
$$= 2.4 \times 10^8 h \cdot \frac{M}{L} M_\odot/\text{Mpc}^3. \qquad (3.4.4)$$

得到后一式时利用了转换关系:$1 M_\odot/\text{Mpc}^3 = 6.8 \times 10^{-41}$ g/cm^3. 这样只要测定星系在蓝波段下的平均质光比,就能推算出宇宙介质的平均密度.

在宇宙学理论中,人们用 Hubble 常数 H_0 定义一个密度量纲的量 ρ_c,

$$\rho_c = \frac{3H_0^2}{8\pi G}, \qquad (3.4.5)$$

它被称为临界密度. 理论上常用它作为度量实际密度的单位,即把今天的密度记作

$$\Omega_0 = \frac{\rho_0}{\rho_c}, \qquad (3.4.6)$$

这是一个没有量纲的量. 仍用 h 代替 H_0,临界密度的大小为

$$\rho_c = 1.88 h^2 \times 10^{-29} \text{ g/cm}^3$$
$$= 2.77 h^2 \times 10^{11} M_\odot/\text{Mpc}^3. \qquad (3.4.7)$$

把式(3.4.4)及(3.4.7)代入式(3.4.6),得到

$$\Omega_0 = 8.6 \times 10^{-4} h^{-1} \cdot \frac{M}{L} \tag{3.4.8}$$

记得,式中的质光比以太阳质量与太阳光度之比为单位.

回到星系的质光比问题上来.星系的光度较容易测定,困难在于星系的质量有很大不确定性.星系的发光区外有很大的暗晕存在,而它的总质量尚并不清楚.如果先不管暗晕,我们已讨论过,星系平均质光比大致是 10,即每 $10M_\odot$ 的物质发出 $1L_\odot$ 的光.把这结果代入(3.4.8),推知一切星系的发光区对宇宙密度的贡献为

$$\Omega_{0\text{光}} = 0.01. \tag{3.4.9}$$

这显然不是宇宙总密度,因此记做 $\Omega_{0\text{光}}$.

讨论星系质量时已指出,天文学家至今并没有发现其暗晕的"边",但是知道计入暗晕后星系的质量要加大 3~10 倍.这样,星系的质光比将达到 30 至 100.同样用(3.4.8)估算,得到宇宙平均密度为

$$\Omega_{0\text{晕}} = 0.03 \sim 0.1. \tag{3.4.10}$$

如果星系际暗物质的质量可以忽略,它就是宇宙总密度了.可事实不是这样.

历史上,大量暗物质的存在是在星系团的层次上先发现的.1933 年,Zwicky 用星系团内成员星系的弥散速度推断,若系统处于维里平衡下,导出的总质量比所有成员星系质量和大 10~100 倍.现在看来,其中部分原因是他当时还不知道星系有很大的暗晕存在.但即使把暗晕算在内,他的结果仍说明星系际物质的总质量是很大的.

在 20 世纪 70 年代发现暗晕后,人们测量了星系集团的质光比.集团的总光度是成员星系光度之和,而质量却计及了星系际物质.对于富星系团,人们定出的值是

$$\left(\frac{M}{L}\right)_{\text{团}} = 100 \sim 300. \tag{3.4.11}$$

把这样的星系团当单元,相应地推出宇宙平均密度为

$$\Omega_{0\text{团}} = 0.1 \sim 0.3. \quad (3.4.12)$$

这结果是否反映了宇宙总密度,取决于更大尺度上更弥漫、更稀薄的气体是否重要.由于在更大尺度上作类似的测量很困难,长时间里这问题没有明确的答案.人们只能说,已测到的是实际密度的可靠下限,即宇宙总密度 $\Omega_0 \gtrsim 0.1 \sim 0.3$.

上面讲的方法是对典型区作局域测量,然后推广而得到宇宙的总体密度.当这样做时,各典型区(星系或星系团)间存在的物质总是被忽略了.例如星系团的总质量是通过它内部物质产生的引力来测定的.如果宇宙空间中还弥漫地存在更稀薄的气体,那么星系团之外那部分气体的对内部引力没有贡献,因而其质量是没有被包括的.这样看来,更好的办法是不靠局部测量,而作宇宙学性的测量.简单地讲,宇宙密度是整个宇宙状况的一个基本参量.理论上,任何宇宙学现象都与这参量有关,因此通过整体性情况的测量能定出它.在宇宙学深度上做星系记数就是可行的方法之一.

这方法要测量的是某一天区内星系数目随红移的分布.红移不同反映远近不同,因此所得到的是星系数密度随距离的变化.宇宙学原理说星系数密度应与距离无关,但这是对同一时间而言的.因光的传播需要时间,我们从远处测到的是过去的星系的数密度.越远处测量的是越早的宇宙,所以星系的数密度自然也越大.这样看来,星系数密度随距离的变化反映的是宇宙的膨胀过程.理论上讲,宇宙膨胀进程与今天的宇宙密度 Ω_0 有关,因此把理论上算出的变化与测到的结果相对比,就能把 Ω_0 定出来.

这测量的原理很简单,但是要把一个天区内大量星系的红移都测出来是很艰巨的任务. Loh 和 Spillar 在 1986 年首先做了这样的统计研究.他们的统计样品是红移在 0.5 以内的 1000 个场星系.从统计结果推断的宇宙密度是

$$\Omega_0 = 0.9^{+0.7}_{-0.5} \quad (95\% \text{ 的置信度}). \quad (3.4.13)$$

这结果显著地超过了局部测量提供的下限 $0.1 \sim 0.3$,从而暗示了宇宙尺度上还有大量暗物质存在.可是对他们的工作有很大的争

议.的确这种统计研究涉及很多很难做的修正.例如我们在较近处能测到很小的星系,而同样的星系在远处就看不到了.作统计分析所用的样品很难完备.另外因星系是在演化的,星系的逐渐形成使其数密度的变化并不只由于宇宙的膨胀.如此等等的原因使这类结果难以令人信服.直到最近两三年里,宇宙密度的推断才有了巨大的进展.

近年来,名叫 Boomerang 和 Maxima 的两个气球在高空测量了微波背景辐射上的温度各向异性.理论上假定了扰动的幂律谱后,今天应观测到的温度的各向异性分布可以算出.当然,这分布依赖于宇宙密度 Ω_0 等若干参量.利用观测结果与理论的比较,这些参量的取值可以被定出.用这样的测量和理论分析,研究者才较令人信服地得到了宇宙的总密度.若把等效真空能密度[①]Ω_λ 包括在内,它是

$$\Omega_0 = \Omega_{m0} + \Omega_\lambda = 1.0 \pm 0.005, \quad (3.4.14)$$

式中的 Ω_{m0} 是实物密度.同一测量给出

$$\Omega_{m0} = 1/3. \quad (3.4.15)$$

它仅比用星系团做单元测量的结果略大.这些新结果尚是初步的,但是无疑都是十分重要的.至于实物的组分,将在下节中继续讨论.

3.5 物质的组分

上节讨论的是宇宙物质的总量问题.由于宇宙的总容积可能是无穷大,所以物质总量只能通过总密度来刻画.我个人感到近年得到的初步结果已不会有大的变化,那就是说总密度 $\Omega_0=1$.用普通单位制讲,即

$$\rho_0 = \rho_c = 1.9 h^2 \times 10^{-29} \, \text{g/cm}^3. \quad (3.5.1)$$

---

① 理论讨论看第四章.

记得没有量纲的 Hubble 常数 h 的值约是 0.65,这密度相当于每立方米内有 4 个质子的质量. 现在要进一步讨论,宇宙物质的主要组分是什么?

首先,总密度 ρ_0 来自两部分的贡献,即"常规"物质和真空. 在利用对微波背景辐射的各向异性的观测来推断宇宙学参量时,这两部分的贡献是能分别得到的. 近年的结果告诉我们:总密度中等效真空能约占[①]2/3,"常规"物质约占 1/3. 等效真空能的物理含义将在下一章中研究. 现在只讨论常规物质的组分. 它的密度是

$$\rho_{m0} = \rho_c/3 = 2.7 \times 10^{-30} \text{ g/cm}^3. \tag{3.5.2}$$

宇宙中物质的形态很多样,但是可粗分为两大类. 一类是静质量不为零的粒子组成的物质,一切由原子或分子构成的恒星或气体等都属于这一类,它们被统称为实物. 另一类是静质量为零的粒子构成的物质,目前所能测到的是各种不同频率的光子(即电磁波). 若自然界还有其他零质量粒子,它们也归入这类. 人们把这类物质统称为辐射.

宇宙中各种不同的天体都在辐射,使光子气体自然地成了宇宙物质的组分之一. 辐射的波长范围很宽. 除可见光外,还有射电、微波、红内、紫外、X 射线和 γ 射线等. 天文学家估出:恒星的可见光的密度为 10^{-35} g/cm³,X 射线的密度为 10^{-37} g/cm³,射电波的密度为 10^{-40} g/cm³. 在宇宙背景辐射(参看第六章)被观测到后,人们才意识到它是宇宙中最主要的辐射.

背景辐射是高度热平衡的光子气体. 测到它的温度,就能可靠地算出其能量(质量)密度. 背景辐射温度的最准确的测定是宇宙背景探测者(COBE)卫星作的. 按 1996 年的结果,它是

$$T_{\gamma 0} = (2.728 \pm 0.002) \text{ K}. \tag{3.5.3}$$

用 Planck 公式易于由此算出,光子的数密度为

---

① 近年的初步结果中尚有 10%~20%的不确定性. 仅为讨论的方便,我们采用简单化了的数值.

$$n_{\gamma 0} = 400 \text{ 个}/\text{cm}^3, \qquad (3.5.4)$$

质量密度是

$$\rho_{\gamma 0} = 4.66 \times 10^{-34} \text{ g}/\text{cm}^3. \qquad (3.5.5)$$

它比所有天体的辐射总量大几十倍.这样在考虑宇宙中的辐射时,一切天体的辐射都将被忽略,要的仅是 2.73 K 的背景辐射.它是早期宇宙留下的遗迹.

把辐射总密度 $\rho_{\gamma 0}$ 与 ρ_{m0}(见 3.5.2)相比,前者仅是后者的万分之二.这结果表明辐射对宇宙密度的贡献很小.今天的宇宙是以实物为主[①]的.

上面已指出,实物指由静质量不为零的微观粒子组成的物体.按对地球上物体的研究,形态纷杂的一切实物都是由不同化学元素组成的.它们的质量主要来自各自的原子核中的质子和中子,因而都是重子[②]物质.人们由此产生一个朴素的观念.宇宙中有的物质表现为发光的可见天体,有的是不发光的暗物质.归根到底它们都应当是重子物质.可是从 20 世纪 80 年代起,宇宙学的理论工作者已意识到这朴素的观念是不对的.今天宇宙中的主要实物不仅是暗的而且是非重子构成的.这一判断的直接证据在近年内才出现.

Boomerang 和 Maxima 的气球实验在推定宇宙总密度的同时,把重子物质的总密度 Ω_{b0} 也单独地定下来了.暂且把这些测定中的分歧和争议撇开不谈,所得到的结果大致是

$$\Omega_{b0} \approx 0.04. \qquad (3.5.6)$$

它仅是 $\Omega_{m0}(\approx 1/3)$ 的 10% 左右.这结果证实了实物不能全是普通的重子物质,而且非重子物质占着大得多的比重.至于非重子物质的微观本原是什么,它当然是新的重要问题.这问题的理论研究已有二十余年,实测探测也已有十余年,但是至今尚没有肯定的答

---

① 当这样说时,真空已除外了.
② 重子是粒子物理中的术语.它指一切参与强作用的费米子.质子和中子是其中最轻并最稳定的两种,因此宇宙中可能长期大量地存在的重子只有这两种.

案.这里就不打算讨论了.

让我们集中注意在宇宙中仅占 4% 左右的重子物质.重子物质再分类,那就是讨论它的化学成分了.普通气体中每种化学元素的含量用丰度 Y 描写,它指该元素在气体中占的质量百分比.要测定各种元素在宇宙中的平均丰度是很困难的事.无论如何,到 1937 年,开始有人在资料积累的基础上画出了太阳系的元素丰度曲线,如图 3.4 所示.图中横轴是核的质量数 A,纵轴画的是相对丰度 Y,硅丰度被定义为 10^6.纵轴用对数标度是因为不同元素的丰度差很多数量级.

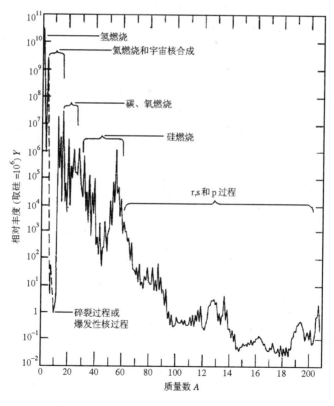

图 3.4 太阳系元素按质量数分布图

这丰度曲线揭示的最重要的事实是：氢为最丰富的元素，占 70%以上；氦占第二位，占 25%以上；其他所有元素的丰度之和仅为 5%以下. 为什么宇宙中不同元素会按这样的比例分布？这实质上是元素的起源问题. 我们将在第七章中讨论. 这里只指出一点. 甚早期宇宙中曾没有化学元素，最早的元素产生于宇宙年龄为 3 min 前后，所合成的仅是氢、氦、锂、铍和硼等最轻的几种元素. 碳及比碳重的元素都是宇宙中有了恒星后才产生的.

第四章 宇宙膨胀的动力学

4.1 基本假设

现在转向对膨胀宇宙的理论研究. 我们已认识到宇宙是一个相当复杂的系统. 当想要从基本物理规律出发来研究它, 就必须先对它作简化. 若不先把它的次要性质略去, 人们是无法入手做系统研究的. 由于这原因, 理论家研究的将不是对象本身, 而是被简化了的客体的模型. 在这样做时, 最要紧的是保持模型的主要特征仍与实际客体相一致. 否则这模型就没有价值了.

现代宇宙模型的基本简化假设是把宇宙看成充满全空间的均匀、各向同性的(宇观)介质. 这就是前面一再提到过的宇宙学原理. 当采用这样的假设, 宇宙就成为一个很简单的物理对象了. 至于它是否是真实宇宙的合理简化, 关键在于模型的主要性质是否与事实相符. 因此, 从理论上研究模型的物理性质是一个重要方面, 用实际观测来检验它是另一个同等重要的方面.

当把宇宙介质看成均匀"气体", 它的动力学行为只能是膨胀或收缩. 能影响这过程的主要作用力只有引力. 初一看, 宇宙膨胀的动力学问题似乎不会很复杂. 可是实际不是这样. 毛病出在 Newton 引力定律不适用于宇宙.

按照 Newton 理论, 空间是平坦的, 从而必定是无限的. 在无限的均匀气体中, 任一质元的地位是平等的; 从任一质元看, 不同方向是没有区别的. 这样由对称性告诉我们, 质元受到的总引力不应指向任何特定方向, 从而其大小只能为零. 当用引力势来描写, 它只能是常数. 下面将立即论证, 这个推论与 Newton 引力定律却是冲突的.

按照 Newton 引力定律，引力势 ϕ 应满足的微分方程是
$$\nabla^2 \phi = 4\pi G \rho, \tag{4.1.1}$$
右边的 ρ 是引力源的密度. 在我们的问题中，$\rho=$const. $\neq 0$. 容易看出，这情况下 $\phi=$const. 不是方程的解，而且这时方程没有解. 这矛盾是在 19 世纪末由 Sielinger 首先发现的，因而被称为 Sielinger 佯谬. Newton 引力理论对宇宙的不适用性也可用更直观的方法来说明.

在均匀的宇宙介质中任取一个小质元 O，并计算其他部分作用于它的 Newton 引力. 图 4.1 画出一个立体角中的两层同厚度的薄壳 1 和 2，它们与 O 的距离分别为 r_1 和 r_2. 按 Newton 引力定律，引力反比于距离平方，而正比于源的质量. 由于壳 1 和壳 2 的体积正比于距离平方，而密度又相同，因此两个壳内的物质对 O 点的质元有同样的引力. 这样，这立体角内一切物质对 O 的总引力是无穷大. 我们知道，动力学方程中的作用力出现无穷大时是无法计算其效果的. 若介质确是理想地均匀，那么对称的立体角内物质的引力将与它抵消. 结果得出质元 O 受到的引力为零. 这结果就导致了 Sielinger 佯谬. 实际上，介质不会理想地均匀，因而来自两个对顶方向上的引力之差不会真的是零. 可是两个无穷大之差是没有确切含义的. 这就是 Newton 引力理论无法作为宇宙膨胀动力学的基础的物理原因.

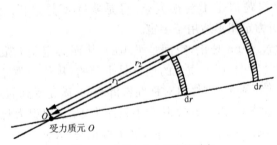

图 4.1 来自一个小锥内的引力

20世纪初,Einstein建立了广义相对论.按这理论,Newton引力定律仅是静态引力场的近似规律,而不是一般规律.广义相对论的引力场方程才是引力的一般规律.因此人们在研究宇宙时常假定:宇宙介质的动力学行为服从广义相对论.这是研究宇宙模型时的又一个基本假设.

到现在为止,对宇宙的绝大部分研究都是以上述两条假定为前提的,因此这样的模型被称为标准模型.在建立宇宙模型的理论框架前,我们首先应对什么是广义相对论有一个初步的了解.

4.2 相对论性的引力

广义相对论是狭义相对论的延伸.狭义相对论包含两重内容.一是断言基本的物理规律在不同惯性系中有相同的方程形式.二是指出两个惯性系间的时空关系由Lorentz变换描述.改用数学的语言讲,基本的物理规律应当能用4维时空中的张量方程表示,即它应与惯性系间的时空变换相协变.Newton引力定律的微分方程形式是上节写过的(4.1.1)式.这方程中不含时间变量,因此不可能在Lorentz变换下保持协变.这说明了它不能是引力的一般规律.

借助电磁规律做类比,事情会容易明白得多.当电荷在一个惯性系中静止,它在另一惯性系中必在运动.基本的电磁规律要对一切惯性系适用,它必定同时描述了静止电荷和运动电荷产生场的规律.如所周知,这就是Maxwell的电磁理论,而Coulomb定律只是其特殊情形.Coulomb定律对运动电荷产生的场是不适用的,因此我们说它不是电磁场的基本规律或一般规律.在引力问题中,Newton的万有引力定律只与Coulomb定律相当,它必定不能描述运动物体产生的引力,所以不是引力物理的一般规律.

Einstein在建立狭义相对论后意识到,他应当能把普遍适用的引力规律找出来.这是他接着研究广义相对论的动机之一.但在当时,这是一个十分困难的任务.

让我们再借助电磁学的类比来理解. Einstein 当时面对的问题相当于: 在完全没有关于磁场的概念和知识时,能否一步到位地从 Coulomb 定律引申出 Maxwell 方程? 因电磁规律已很清楚,事后回头来分析比较容易. 从 Coulomb 定律到 Maxwell 方程包含着两重跳跃. 首先要在概念上从静电场引申出一般电场[①],即今天所谓的电磁场. 现在大家知道,前者是用静电势 ϕ 描写的,后者却需要用标量势 ϕ 和矢量势 A 联合描写. 这是认识上的一重飞跃. 跃过了这一关,问题才是要找出用 ϕ 和 A 联合描述的一般电场所满足的微分方程. 若没有静磁规律和电磁感应规律作指引,这又是一个很难的难关.

要在 Newton 引力定律的基础上去发现引力场的普遍规律,需要做的是同样的两件事. 一是推广 Newton 的(静)引力势,以把运动物体产生的引力场一并描述在内. 二是找出这推广了的引力势所满足的微分方程. 当时 Einstein 的困难在于完全没有经验性的规律可借鉴,于是他更多地需要凭理性的思维和推断.

在 Einstein 思考这问题时,Eötvös 刚完成了他的很精密的实验,证实了物体的惯性质量与引力质量在 8 位有效数字上是相等的. 我们注意到,力学第二定律中的 m 叫惯性质量,它描述的是物体不易被加速的程度. 万有引力定律中的 m 叫引力质量,与电磁作用中的电荷类似,它反映物体间引力耦合的强度,因而是引力作用中的"荷". 物体的这两种完全不同的性质竟肯定地由同一物理量 m 刻画[②],给了 Einstein 以深刻的印象. 他由此在 1907 年找到了推广引力概念的线索.

---

① 静止电荷产生的场叫电场,那么运动电荷产生的场也可叫电场. 这就是这里的一般电场的含义. 强调的是电场和磁场在本质上是同一种场.

② Newton 已意识到引力质量和惯性质量的一致是意外的事. 他用单摆实验在 3 位有效数字上证明了两者的一致是物理事实,尽管没有道理能解释它. Eötvös 的动机是在更高的精度上看清两者的一致是否是事实.

在采用非惯性参考系时,力学第二定律中将出现惯性力.惯性质量 m 正是这种力的荷.惯性质量与引力质量的等同性告诉我们,任何物体的引力荷与惯性力荷是同一个荷.这样,实验上将不能区分这两种力.它们可被认为本质上是同一种力.这就是 Einstein 提出的等效原理的思想.用我们的话讲,这意味着 Newton 静引力和惯性力只是"一般引力"在不同场合的不同表现.基于这样的认识可以进一步论证,一般引力应当用 4 维时空的度规张量 $g_{\mu\nu}(\mu,\nu=0,1,2,3)$ 来描写.它是 Newton 静引力势 ϕ 的推广.

什么是 4 维时空的度规?当任意地采用时空的广义坐标[①] $x^{\mu}(\mu=0,1,2,3$ 下略$)$,两相邻时空点的 4 维距离 $\mathrm{d}s$ 平方可写成

$$\mathrm{d}s^2 = \sum\sum g_{\mu\nu}\mathrm{d}x^{\mu}\mathrm{d}x^{\nu}, \qquad (4.2.1)$$

这里的 $g_{\mu\nu}$ 就是四维时空的度规.它是一个刻画时空几何性质的基本量.要是能用坐标变换把 $\mathrm{d}s^2$ 化成

$$\mathrm{d}s^2 = -c^2\mathrm{d}t^2 + \mathrm{d}x^2 + \mathrm{d}y^2 + \mathrm{d}z^2 \qquad (4.2.2)$$

的形式,这时空在几何上就是平坦的.反之若没有可能化成 (4.2.2) 式的形式,则反映时空是弯曲的.这些都是数学上的结果.然后我们结合物理事实来讨论.

广义相对论前的物理学中,人们先验地认为时空是平坦的.按上述数学道理,总可以找到一组时空坐标,使 $\mathrm{d}s^2$ 有 (4.2.2) 式的形式.这组坐标就代表了一个狭义相对论所要的惯性系.可是考虑到引力的普遍存在,人们对时空的认识变了.作为参考系的一群相对静止物体必会受到其他物体的引力,它使得任何参考系都不可能是严格的惯性系.把这物理结论与数学相结合,表明实际的时空必是弯曲的.它的 $\mathrm{d}s^2$ 只能取 (4.2.1) 式的复杂形式,而原则上不

---

① 非惯性系中的笛卡儿坐标也可看作广义坐标,所以这样处理意味着把惯性系与非惯性系放在了平等的地位上.更深层的含义是在弯曲时空中不一定存在正交的坐标,那时的物理理论只能在广义坐标下来做.

能化成(4.2.2)式的简单形式.度规$g_{\mu\nu}$的具体形式固然与所用的坐标有关,本质上是时空弯曲情况的描述.再把等效原理的结果结合进去,时空的弯曲则是引力场的反映.这就是广义相对论的引力概念.

在认识到一般引力场由弯曲时空的度规描写后,进一步的目标是找出度规满足的微分方程,也就是引力的普遍规律.静引力场的源是静态物质的密度ρ,那么一般引力的源应是能量-动量张量[①]$T_{\mu\nu}$.它描述物质及其运动.这样,一般引力场方程可抽象地写成

$$L(g_{\mu\nu}) = T_{\mu\nu}, \tag{4.2.3}$$

其左方代表由度规$g_{\mu\nu}$及其各阶微商组成的任意函数.考虑到它应当是二阶张量方程,左边也应是二阶张量.问题就在于如何把它确定下来.

没有经验规律作限制,写法太随意了,很难确定它.Einstein花了多年的时间,才在数学家的协助下找到了答案.从数学上看,曲率$R^{\rho}_{\mu\nu\lambda}$是由度规及其一、二阶微商构成的惟一基本张量.这样,要把(4.2.3)式左边变成二阶张量是很受限制的.若再附加地要求这场方程是二阶偏微分方程,而且对二阶偏微商项为线性,那上述方程的形式就完全确定了.它只能是[②]

$$R_{\mu\nu} + \frac{1}{2}Rg_{\mu\nu} - \lambda g_{\mu\nu} = -\kappa T_{\mu\nu}, \tag{4.2.4}$$

其中$R_{\mu\nu}$和R是由曲率张量$R^{\rho}_{\mu\nu\lambda}$缩并而成的张量.这里不写出表达式的细节[③].归根到底,(4.2.4)式是$g_{\mu\nu}$的二阶非线性偏微分方程.方程中出现的两个任意常数κ和λ都应当由引力实验来推定.

从上面的讨论看来,把方程(4.2.4)当作引力场一般规律是带有猜测性的.它是否能经得住实践的检验才是判断其正确与否的

[①] 能量-动量张量的分量是物质密度、能流密度(即动量密度)和动量流密度.
[②] 还须考虑到物质的能量-动量张量的4维散度是等于零的.
[③] 感兴趣于表达式具体形式的读者可参看我的《广义相对论引论》一书.

关键.

4.3 宇宙常数和真空能

广义相对论作为一般的引力理论,它必须以 Newton 引力定律为自己的特例或近似. 实际上正是这样. 在静止的弱场近似下,Newton 的静引力势 ϕ 与度规的分量 g_{00} 相联系,即

$$\phi = -(g_{00} + 1)/2, \qquad (4.3.1)$$

场方程(4.2.4)的相应分量简化为[①]

$$\phi = \frac{1}{2}\kappa\rho + \lambda. \qquad (4.3.2)$$

与微分方程形式的 Newton 引力定律((4.1.1)式)比较,看出两者是一致的,并从对比可定出

$$\kappa = 8\pi G, \qquad (4.3.3)$$
$$\lambda = 0. \qquad (4.3.4)$$

这样地取定了系数的方程(4.2.4)被称为 Einstein 引力场方程.

Einstein 引力场方程中已没有任何不确定性,因此它能够提出确切的理论预言,以交给实验或天文观测来检验. 在早期,正是这方程在水星近日点的进动和近日光线的弯曲等问题上的成功,使带有很大猜测性的广义相对论赢得了人们的信任. 到现在,广义相对论的特征性的预言,即引力波和黑洞的存在,也已有了许多间接证据. 至此,这理论在宏观尺度上的正确性已很少争议了.

宇宙学感兴趣的是宇观尺度上的引力问题. 为此值得强调,Einstein 引力场方程中取 $\lambda = 0$ 并不是必须的.

从(4.3.2)和(4.3.3)式看,我们可以引入一个密度量纲的量,

$$\rho_\lambda \equiv \frac{\lambda}{8\pi G}. \qquad (4.3.5)$$

[①] 在作理论讨论时,我们将一直采用 $c=\hbar=k=1$ 的自然单位制. 它的定义及它与普通单位制的关系可参看本书的附录 1.

并可以把(4.3.2)重写为

$$\nabla^2\phi = 4\pi G(\rho + 2\rho_\lambda). \tag{4.3.6}$$

这样清楚地看出,若 $\lambda \neq 0$,等效于空间多了一种密度为 $2\rho_\lambda$ 的均匀介质. 只要这密度足够小,它产生的引力是可以忽略的. 这里值得注意的是,它的影响的大小与所考虑的范围有关. Newton 引力在太阳系范围内的成功表明,它在这范围内的总质量必定远小于太阳的质量,即

$$\frac{4\pi}{3}R^3(2\rho_\lambda) \ll 1 M_\odot. \tag{4.3.7}$$

把 R 取作冥王星的轨道平均半径(即 40 AU),估出

$$\rho_\lambda \ll 10^{-12}\ \text{g/cm}^3. \tag{4.3.8}$$

如果 $\lambda \neq 0$ 而 ρ_λ 如此地小,它完全不会妨碍 Newton 引力定律在太阳系内的成功,但是在宇观尺度上却可能有重要的贡献. Einstein 是认识到这道理的,他因此把 λ 称为宇宙常数,意指它只对宇宙的研究才有用. 它的值只能由宇观尺度上的引力现象来推定.

在引力场的基本方程中是否要把宇宙项 $\lambda g_{\mu\nu}$ 包括在内？这是宇宙学理论必须面对的问题. Einstein 本人基于哲理考虑,倾向于取 $\lambda = 0$. 长时期里,多数对宇宙学的研究也都以 $\lambda = 0$ 的引力场方程为出发点,其原因并不是追随 Einstein. 若把宇宙项包括在内,而对 λ 的大小又不知道,宇宙学的理论预言将十分不确定. 实测将更难证实或证伪它. 近年来,宇宙学的观测已为 $\lambda \neq 0$ 提供了可信的证据,并得出了初步结果(参看 3.5 节):

$$\rho_\lambda \approx 8 \times 10^{-30}\ \text{g/cm}^3. \tag{4.3.9}$$

这样,把含宇宙项的场方程作为研究宇宙的出发点将是大势所趋. 为此,下面再对宇宙常数问题的物理内涵作些补充讨论.

在现今的宇宙学中,人们也把 ρ_λ 叫等效的真空能密度. 真空会具有能量的概念来自量子物理. 在经典物理中,真空被理解为没有物质的状态. 既然没有物质,空间的能量密度自然是零,这是自然而朴素的观念. 有了微观理论后人们才意识到,真空是一个很复

杂的对象.量子场论告诉我们,只有当量子场受到激发,人们才看到了相应的粒子.光子、电子或质子等一切基元粒子都是这样.人们把没有粒子出现的状态叫真空.按这概念,真空就是一切量子场都处于基态的表现.有趣的是这样的真空会有涨落出现,涨落会引起可观测效果,且是已被实验证实了的.这种证实清楚表明真空不是空无一物.既然如此,真空态就可能具有能量密度.

从能量守恒的意义上讲,能量只有其可变化部分才有物理意义.量子场的基态能量已不可能放出,因此它没有物理意义.这才使得人们可以在量子场论中把基态的能量密度规定为零.当仅在守恒性的意义上讨论能量,这样做不会导致任何歧义.事情就像在经典力学中可以任意地选取重力势能的零点一样.要紧的是相对论的质能关系已使能量概念复杂化了.质能关系讲能量与质量是同一个物理量[①].它既在能量守恒意义下量化地描述物质运动的剧烈程度,也同时描述着物质的引力荷.从后一意义上看,越大的能量会产生越强的引力场.若真空有能量,它作为引力源是同样会产生引力的,因而是不允许任意地被规定为零的.这样看来,真空是否有能量不能在能量守恒的意义下研究,澄清这疑问的惟一办法是研究它的引力.

真空作为弥漫于全空间的物质,只能在广义相对论的框架下研究它的引力.为此须先写出它的能量-动量张量.按协变性的考虑,其形式只能是

$$T_{\mu\nu}(\text{vac}) = -\rho_v g_{\mu\nu}, \tag{4.3.10}$$

其中ρ_v是一个任意常数.让我们注意,理想气体的能量-动量张量是

$$T_{\mu\nu}(\text{gas}) = (\rho + P)U_\mu U_\nu + P g_{\mu\nu}, \tag{4.3.11}$$

其中的U_μ是气体质元的4维速度矢量,ρ和P分别是气体的密

---

① 用$c=1$的自然单位,质能关系写成$E=m$.这样更清楚地表明质量与能量的同一性.

度和压强.对比两者看出,真空相当于满足

$$P = -\rho \qquad (4.3.12)$$

的理想气体.这样,式(4.3.10)中的 ρ_v 是真空的能量密度,真空的内压强为 $-P_v$.

把真空当引力源的一部分考虑进去,含宇宙项的场方程(4.2.4)变成

$$R_{\mu\nu} + \frac{1}{2}Rg_{\mu\nu} - \lambda g_{\mu\nu} = -8\pi G(T_{\mu\nu} - \rho_v g_{\mu\nu}). \quad (4.3.13)$$

这里值得注意的是:附加的真空项和原来的宇宙项有一样的张量结构,从而是可以合并的.物理上讲,这表明两者在产生引力上的效果是分不开的.引进等效真空能密度

$$\rho_{eff} = \rho_v + \frac{\lambda}{8\pi G} = \rho_v + \rho_\lambda \qquad (4.3.14)$$

代替 ρ_v,相当于把宇宙常数的效果已包含进去了.当然若引进等效宇宙常数

$$\lambda_{eff} = \lambda + 8\pi G\rho_v = 8\pi G(\rho_v + \rho_\lambda) \qquad (4.3.15)$$

以代替原来的宇宙常数 λ,则真空能也已包含进去了.这样一来,借助实验与理论的比较所定出的(见(4.3.9)式)是等效真空能 ρ_{eff}(或等效宇宙常数 λ_{eff}),而不是 ρ_λ.

从宇宙研究讲,把观测推定的 ρ_λ 值引入基本方程就够了.我们不能也不必去辨别它到底是来自宇宙常数或真空能.在名称上,有人叫它宇宙常数,有人叫它真空能,这都是随意的,而不是认真的.归根到底,观测到的是两者的综合效果.从物理学讲,这里引申出了两个很深刻的问题:一是 λ 作为基本物理常数,它怎么去确定?二是真空到底是否有能量?这两个问题已有很多理论探讨,我们不打算涉及了.

4.4 Robertson Walker 度规

宇宙的时空度规(即引力场的分布)是由物质决定的.物质的

均匀和各向同性保证了时空度规的空间部分也是均匀和各向同性的. 这样用数学能证明, 取任何一点做原点, 宇宙的时空度规必能化成如下的形式:

$$ds^2 = -dt^2 + dL^2$$
$$= -dt^2 + R^2(t)\left\{\frac{dr^2}{1-kr^2} + r^2 d\theta^2 + r^2\sin^2\theta d\phi^2\right\},$$

(4.4.1)

它被称为 Robertson-Walker (R-W) 度规. 式中的 $R(t)$ 是 t 的任意函数, k 是任意常数. 注意由于采用自然单位制, 因此光速 c 是 1. 我们对推导不感兴趣, 只想弄清它的含义.

R-W 度规中的 r,θ 和 ϕ 是固定在介质质元上的随体坐标, 或叫共动坐标. 意指在宇宙膨胀或收缩时, 每一质元的空间坐标都是不变的. 这度规中的 t 是时间坐标. 它相当于任一质元上的静止时钟的走时. 两相邻点间的三维距离 dL 的变化通过 $R(t)$ 描写. $R(t)$ 的增大反映宇宙在膨胀, 反之则是在收缩. 这 $R(t)$ 被称为宇宙的尺度因子, 它整体地描述了宇宙的运动. 为了方便, 我们可把 r 与角坐标 θ 和 ϕ 一样, 作为没有量纲的坐标, 而让 $R(t)$ 具有长度的量纲.

我们不熟悉弯曲空间的 Riemann 几何. 下面讨论距离、面积和体积.

在广义相对论中把同一时刻两点间的距离叫固有距离. t 时径向坐标为 r 的质元与原点的固有距离 L_p 按 (4.4.1) 式为

$$L_p = R(t)\int_0^r \frac{dr}{\sqrt{1-kr^2}} = R(t)k^{-1/2}\text{sinn}^{-1}(k^{1/2}r),$$

(4.4.2)

这里为书写方便而引进了一个新符号 sinn. 它的含义是

$$\text{sinn} \equiv \begin{cases} \sin, & \text{当 } k > 0; \\ 1, & \text{当 } k = 0; \\ \sinh, & \text{当 } k < 0. \end{cases}$$

(4.4.3)

注意径向距离一般不与坐标 r 成正比,但是它与 $R(t)$ 正比.

看这空间里等 r 面的面积 S. 按这度规对一切角度作积分,得出

$$S = R^2(t)r^2\int_0^\pi \sin\theta d\theta \int_0^{2\pi} d\phi = 4\pi R^2(t)r^2. \quad (4.4.4)$$

这结果与欧几里德几何中半径为 $R(t)r$ 的球面相当,因此 $R(t)r$ 称该等 r 面的等效半径. 在半径前加上等效二字是因为这里的 3 维空间一般为弯曲的,几何为非欧几里得的. 与(4.4.2)式对比看到,仅在 $k=0$ 时,球面上的点与原点的距离才和等效半径一致. 这时的 3 维空间是平坦的. 在 $k\neq 0$ 的情况下,3 维空间是弯曲的,这两者并不相等.

R-W 度规中的常数 k 是反映 3 维宇宙空间弯曲程度的参量. 为定量地讨论,需对度规式(4.4.1)的结构做写补充说明. 对一认定的质元,它与原点的距离是客观地确定的,但是它的径向坐标 r 却是有任意性的. 若把(4.4.1)式中的 r 任意地换成 Cr,同时把 k 换成 k/C^2, $R(t)$ 换成 $R(t)/C$,那么(4.4.1)式完全没有变. 这说明由于径向坐标值的任意性,k 和 $R(t)$ 的大小也没有客观性,但是 $k/R^2(t)$ 的大小却没有任意性. 人们常把 k 叫曲率因子. 确切地讲, $k/R^2(t)$ 的绝对值描写了空间的弯曲程度. 在宇宙膨胀过程中 $R(t)$ 在增大,空间的弯曲度是越来越小的.

然后回到宇宙空间的容积问题上来. 为了简单,我们讨论 $k=+1$ 的情形. 它其实代表了 $k>0$ 的一切情形. 从(4.4.1)式看,r 的取值只能在 0 到 1 之间. 直接计算体元的积分得到总容积为

$$V = R^3(t)\int_0^{2\pi} d\phi \int_0^\pi \sin\theta d\theta \int_0^1 \frac{dr}{\sqrt{1-kr^2}} = 2\pi^2 R^3(t),$$

(4.4.5)

这是一种有限大的宇宙. 因介质密度必有限,所以这宇宙中物质的总量也是有限的.

人们容易对有限宇宙产生有边界和有中心的联想,并会提出

有限宇宙之外是什么等疑问.这是错误地把它想像成 3 维平坦空间中的有限宇宙的后果.我们注意到,宇宙可能有限的概念纯粹由于空间的弯曲.虽然 3 维弯曲空间无法直观想像,但是可以去理解它.

在 $k=+1$ 的宇宙中,可引入一个角度坐标 χ 来代替原来的径向坐标 r,即令 $r=\sin\chi$. χ 的取值在 0 到 $\pi/2$ 之间.这样,空间部分的度规化成

$$dL^2 = R^2(t)\{d\chi^2 + \sin^2\chi\, d\theta^2 + \sin^2\chi \sin^2\theta\, d\phi^2\}. \quad (4.4.6)$$

作为想像上的辅助,考虑 4 维欧氏空间①中半径为 R 的 3 维球面.它满足

$$x^2 + y^2 + z^2 + w^2 = R^2. \quad (4.4.7)$$

若引用三个球面角坐标 χ, θ 和 ϕ,即令

$$\begin{aligned} x &= R\sin\chi\sin\theta\sin\phi, \\ y &= R\sin\chi\sin\theta\cos\phi, \\ z &= R\sin\chi\cos\theta, \\ w &= R\cos\chi, \end{aligned} \quad (4.4.8)$$

则(4.4.7)式已自动满足.若写出这球面上相邻两点的距离,易发现结果与(4.4.6)式完全一样.这就证明了 $k=+1$ 的 3 维空间与 4 维欧氏空间中的 3 维球面是一样的.其实 3 维球面一样不好想像,只有 2 维球面才好想像.无论如何,借助 2 维球面可直观理解:全部球面的总面积怎么会是有限的,以及有限之外为什么是没有意义的.还有,球面上的一切点是平等的,它既没有中心也没有边界.

对 $k<0$ 的情形难以获得直观的认识.这里只指出,这种空间是弯曲的,而其总容积是无穷大.

把上面的讨论简单地归纳一下. R-W 度规描述了三类不同的宇宙,它们可由 k 取正值、零值或负值来区分. $k>0$ 的情形是 3

---

① 它纯指把空间扩展成 4 维.不要与 4 维时空混淆.

维空间为弯曲的有限宇宙. $k=0$ 的是空间部分平坦的无限宇宙. $k<0$ 则是空间部分弯曲的无限宇宙. 这三类包括了理论上的一切可能. 实际宇宙当然属其中之一. 至于它属哪一种,这只能通过实测来判断,而不是理论能回答的问题.

得出 R-W 度规只利用了宇宙学原理,因此 $R(t)$ 可以是任意函数. 尺度因子 $R(t)$ 的函数形式具体地描写了宇宙的膨胀进程,它需要由动力学规律和初条件来确定. 这是在下节中要讨论的课题.

4.5 宇宙动力学方程

为得到宇宙膨胀的动力学方程,需要做的是把 R-W 型的时空度规代入引力场方程(4.2.4),再把引力源的能量-动量张量具体地写出. 关于引力源我们知道应当把真空能包括在内,这相当与用 ρ_{eff} 代替 ρ_λ, 后者与宇宙常数 λ 的关系是(4.3.5)式. 除了真空能外的物质分为实物和辐射两类. 它们的密度和压强分别记做 ρ_M 和 P_M. 近似地把这混合介质当作理想气体,它的能量-动量张量有形式①

$$T^\mu_\nu = \begin{bmatrix} -\rho_M & 0 & 0 & 0 \\ 0 & P_M & 0 & 0 \\ 0 & 0 & P_M & 0 \\ 0 & 0 & 0 & P_M \end{bmatrix}. \tag{4.5.1}$$

介质的均匀性体现为 ρ_M 和 P_M② 都与地点无关,而只是时间 t 的函数. 这样看来,宇宙动力学问题中涉及到三个只随时间变化的量. 它们是 $R(t)$, $\rho(t)$ 和 $P(t)$.

在把 R-W 度规和上述能量-动量张量都代入(4.2.4)式后,得

---

① 它与(4.3.11)式是一致的,现在这样写只为看起来简单.
② 解释一下我们的记号,我们用下标 M 代表真空之外的物质,用下标 m 代表实物. 这样有 $\rho_M = \rho_m + \rho_\gamma$, 其中 ρ_γ 代表辐射组分的密度.

出两个独立的常微分方程.它们可写作

$$\ddot{R} = -\frac{4\pi G}{3}(\rho_M + 3P_M - 2\rho_{\text{eff}})R, \qquad (4.5.2)$$

$$\dot{R}^2 + k = \frac{8\pi G}{3}(\rho_M + \rho_{\text{eff}})R^2, \qquad (4.5.3)$$

式中用上加点号代表变量对时间的微商.(4.5.2)和(4.5.3)式就是宇宙动力学的两个基本方程.直到 20 世纪末,人们讨论宇宙动力学问题时常假定 ρ_{eff} 等于零.习惯上把相应的(4.5.3)式叫 Friedmann 方程.以后我们将把含 ρ_{eff} 的(4.5.3)式也叫 Friedmann 方程.

方程(4.5.2)和(4.5.3)完全来自广义相对论,但是它们的含义却可以借用 Newton 力学的类比来理解.前面已讨论过,Newton 引力不能用于无限的全宇宙.为此只能在弥漫宇宙介质中研究一个半径为 $R(t)$ 的球状区域,并假定外部对它的总引力可忽略.

（4.5.2)式左边是这区域表面上的质元的加速度,按照 Newton 第二定律,右边应当是单位质量物体所受的力.实际上右边第一项正是区域内物体按万有引力定律在表面上产生的场强,即该处单位质量物体所受到的引力.第二、三两项则是气体热动能和真空贡献的引力,它们没有 Newton 力学的对应.值得提到从(4.5.2)式看出,真空产生的引力的符号为正,即其方向向外.这引力是排斥力[①],它更没有 Newton 定律的结果可类比.

Friedmann 方程(4.5.3)式与 Newton 力学中的总机械能守恒类似.等式左边第一项乘 1/2 是单位质量的动能,右边乘 1/2 是单位质量在球面处的引力势能(反号).(4.5.3)式说这两者之和是常数,因此类似于机械能守恒.注意一个不同点.按这样理解,$-k/2$ 应是单位质量的总能,而实际上 k 却是空间的曲率因子.这差别提醒我们,这方程归根到底来自广义相对论.上述解释只不过

---

① 我们把 gravitational force 叫引力,把 attractive force 也叫引力.于是在出现排斥性的 gravitation 时,用语上有些尴尬.人们难以理解"排斥性引力"的说法.

是一种 Newton 类比而已.

然后讨论由这两个基本方程引申出来的一个推理. 把(4.5.3)式两边对时间求微,再与(4.5.2)联立以消去 R,整理后可得到一个新的方程,

$$d(\rho_M R^3) = - P_M d(R^3). \qquad (4.5.4)$$

它的物理意义是:任一区域内质量的变化来自表面上压强所作的功. 这式子与热力学第一定律相当[①]. 人们有时把(4.5.4)式叫质量守恒方程.

上面写出的三个方程中只有两个独立,而问题却涉及三个未知函数,所以方程组尚不完备. 所缺的就是介质的性质方程. 它需要分情况讨论.

我们已论证过,今天的宇宙物质中实物是压倒性的主要组分. 为此先讨论实物为主的情形. 实物的特点是组分粒子的能量主要来自静能,它远大于其热动能. 从(4.5.4)式看,压强作功改变的是这微不足道的热动能,由此引起的总质量 $\rho_M R^3$ 的变化可忽略. 按这道理,对实物为主的宇宙,从(4.5.4)式可导出

$$\rho_m R^3 = \text{const.}, \qquad (4.5.5)$$

直观意义是 R 增大或减小时内部的质量不变. 它与 Friedmann 方程(4.5.3)结合在一起构成了一组完备的动力学方程组. 它们是本章后面讨论问题的出发点.

顺便指出,在自然单位制下气体的压强等于它的热动能密度,因此实物气体满足

$$P_m \ll \rho_m. \qquad (4.5.6)$$

人们有时把 $P_m = 0$ 叫实物气体的物态方程.

然后讨论辐射为主的宇宙. 让我们用光子气体为代表来讨论. 光子的静质量为零,热运动速度是光速,因而光子气体的密度全来自动质量. 由光子服从 Planck 统计可证明,这气体的物态方程是

---

① 宇宙膨胀时,由于各部分温度相同,彼此间是没有热量流动的.

$$P_\gamma = \rho_\gamma/3, \qquad (4.5.7)$$

把它代入质量守恒方程(4.5.4),并略去实物组分,解出的结果是

$$\rho_\gamma R^4 = \text{const.}. \qquad (4.5.8)$$

这结果告诉我们,当宇宙膨胀时,坐标为 r 的共动球面内的质量(正比于 $\rho_\gamma R^3$)在减小.从能量守恒的角度讲,这是膨胀时要克服外部压强而作功的后果.

对比式(4.5.8)和(4.5.5)看出,辐射密度与实物密度随 R 的变化规律不同,前后两者之比是随 R 的增大而反比地减小的.正是这道理决定,早期宇宙一定曾是以辐射为主的.我们将从第五章起讨论这样的宇宙.现在限于指出,把(4.5.8)式与 Friedmann 方程联立,构成了求解早期宇宙膨胀过程的完备方程组.

4.6　Einstein 的静态模型

在 4.1 节中已讨论过,牛顿 Newton 引力理论对宇宙动力学不适用,因此广义相对论的建立才使得物理地研究宇宙有了可能.事实上,第一个用它做宇宙研究的是 Einstein 本人.

记得当时是 20 世纪初,人们对宇宙的实际状况尚很不了解,迫使 Einstein 做了两个假定.一个是宇宙的均匀性,这就是前面已讨论得很多的宇宙学原理;另一个是宇宙为静态的.他这样想的根据是恒星间相对速度都远小于光速.他认为"这是我们从经验中知道的最重要的事实".

Einstein 于 1915 年建立广义相对论时,把引力场方程(4.2.4)式中的参量 λ 取作零.这是基于哲理的推测.从相应的宇宙动力学方程(4.5.2)看,若去掉 ρ_{eff} 项,加速度 R 永远是负的,宇宙不能处于静态.这就是说,广义相对论的后果与他对宇宙的判断是冲突的.于是他把含 λ 的项拾了回来.上节中已看到,这项的动力学效果相当于排斥力.让这斥力与物质间的引力正好相抵消,宇宙才能静止.

按他的静态假设,(4.5.2)式中的 $\ddot{R}$ 应为零,由此把 λ 的值定了下来. 考虑到宇宙以实物为主,即 $P_M \ll \rho_M$,它是[①]

$$\lambda = 4\pi G \rho_M. \qquad (4.6.1)$$

宇宙的物质密度是被宇宙常数决定的. 再由另一动力学方程 (4.5.3) 看, $\dot{R}=0$ 表明 $k>0$. 这静态宇宙的空间部分是正曲率的,从而是有限的. 它是等效半径为

$$r = \lambda^{-1/2} = (4\pi G \rho_M)^{-1/2} \qquad (4.6.2)$$

的 3 维球面. 用总容积公式(4.4.5),算出总质量为

$$M = 2\pi^2 r^3 \rho_M = (16 G^3 \rho_M/\pi)^{-1/2}. \qquad (4.6.3)$$

这些就是 Einstein 的静态宇宙模型的基本性质. 归根到底,宇宙的性质全是由基本物理常数 λ 决定的.

如我们已经知道,随后不久,天文学家发现了宇宙在膨胀的迹象, Einstein 很快作出了反应. 他在致 Weyl 的信中写道:"若没有准静止的宇宙,那么把宇宙项去掉吧."在几年时间里,他对要或不要宇宙常数问题上完成了一个反复. 据后人回忆,晚年时的 Einstein 曾把宇宙常数的引入说成是他"一生中最大的失误". 注意从逻辑上讲,宇宙的膨胀并不推断宇宙常数为零. 历史的发展常常很具有戏剧性. 再过 50 年后的观测竟表明,宇宙常数项确实是应该要的.

在 Einstein 再次决定不要宇宙常数前,Friedmann 做出了一个 $\lambda=0$ 的膨胀宇宙模型. 它就是后来被研究得非常多的"标准"模型. 现在看来,含宇宙常数的动态模型将是新一代的标准模型.

最后指出,从纯理论方面看,Einstein 的静态模型也是有缺陷的. 若实际的宇宙密度不严格地满足(4.6.1)式,而略偏大,那么过剩的引力将使宇宙收缩. 收缩又加大了密度,过剩引力变得更大. 由于这正反馈,宇宙会越来越猛烈地收缩下去,密度将越来越

[①] 当不考虑真空能的贡献,式(4.5.2)中的 ρ_{eff} 应是 $\rho_\lambda = \dfrac{\lambda}{8\pi G}$.

大.反之,若实际密度略偏小,宇宙将越来越猛烈地膨胀,密度将越来越小.这就是说,静态宇宙模型是一个不稳定解.它既要求密度 ρ_M 严格地符合(4.6.1)式,也要求严格的静止,微小的偏差会导致巨大的偏离,这样的模型是很不现实的.

4.7 宇宙整体参量的推定

现在我们开始具体地讨论宇宙的膨胀过程. 在 Friedmann 方程(4.5.3)中,曲率因子 k 是以微分方程中的常参量出现的. 在用这方程求解 $R(t)$ 前,我们先讨论如何用实测来确定 k 的问题.

原则上,曲率因子作为描述宇宙空间的几何参量,它是能通过几何测量来确定的,但是实际上还远做不到.这样,我们需要把它与其他可观测量联系起来,以便通过其他量的测量间接地推定它.

先不把 Friedmann 方程当微分方程,而把它看成今天的物理量间的一个代数关系. 用加下标 0 代表变量在今天的值,经整理后,这关系可写成

$$\frac{3H_0^2}{8\pi G} - \rho_0 = -\frac{3k}{8\pi G R_0^2}, \qquad (4.7.1)$$

其中 $H_0 = \dot{R}_0/R_0$,$\rho_0 = \rho_{M0} + \rho_{\text{eff}}$. 4.10 节中将会论证,这 H_0 就是 Hubble 常数. 从(4.7.1)式看到,$\rho_c = \dfrac{3H_0^2}{8\pi G}$ 是一个临界密度. 当宇宙的实际总密度[①]ρ_0 与 ρ_c 相等,则 $k=0$,即宇宙空间是平坦的. 若实际密度 ρ_0 大于 ρ_c,则 k 为正值,宇宙空间是弯曲而有限的. 反之,若 ρ_0 小于 ρ_c,则 k 为负值,宇宙空间是弯曲而无限的.

在引入没有量纲的密度 $\Omega_0 = \rho_0/\rho_c$ 后,临界值变成 $\Omega_0 = 1$. 上述关系改写成

$$1 - \Omega_0 = -\frac{k}{R_0^2 H_0^2}, \qquad (4.7.2)$$

[①] 注意这里的总密度是把等效真空能密度 ρ_{eff} 包括在内的.

Ω_0 大于或小于 1 分别是 k 为正或负的标志.

在 4.4 节中曾指出,由于径向坐标 r 的选取有任意性,k 和 $R(t)$ 的大小也没有绝对意义,但是 k/R_0^2 没有任意性,它反映的是今天宇宙空间的弯曲程度.通过对今天宇宙密度 Ω_0 和 Hubble 常数 H_0 的测定,用 (4.7.2) 式就能推断出 k/R_0^2 的符号和大小. Ω_0 偏离 1 越大,空间几何的弯曲性越显著.

另一个有关的可观测量是宇宙膨胀的加速度.宇宙学中引入量纲一的量

$$q \equiv -\frac{\ddot{R}R}{\dot{R}^2} \tag{4.7.3}$$

来描写宇宙膨胀的加速程度.原来以为在引力影响下的膨胀是减速的.定义中引入负号,以使 q 取正值.考虑到真空产生的斥力,加速膨胀是可能的.这时 q 取负值.

现在把动力学方程 (4.5.2) 当作今天物理量间的代数关系.考虑到今天实物为主而把压强项忽略掉,再把它参照 q 的定义的样子改造一下,容易导出 q_0 和密度的关系是

$$q_0 = \frac{\Omega_{m0}}{2} - \Omega_{eff}, \tag{4.7.4}$$

其中

$$\Omega_{eff} \equiv \frac{\rho_{eff}}{\rho_c}. \tag{4.7.5}$$

从 (4.7.4) 看出,若等效真空能密度 Ω_{eff} 大于实物密度 Ω_{m0} 的一半,宇宙的膨胀将是加速的.

在含宇宙常数的模型中,q_0 与 k 没有单值联系.上面的讨论使我们看到,动力学规律为可观测量 $k/R_0^2, \Omega_{m0}, \Omega_{eff}, H_0, q_0$ 之间提供了两个关系,即 (4.7.2) 和 (4.7.4).这说明其中只有 3 个是独立的.当人们能够测量出任 3 个量,其他两个量可由理论推断出来.

长期以来,人们对宇宙密度只肯定知道 $\Omega_0 > 0.1 \sim 0.3$,所以对宇宙为有限或无限的问题没有答案.近年测量表明宇宙密度 Ω_0

接近等于1,及其中约2/3来自等效真空能的贡献.这样引申出两个推断:一是今天的宇宙空间很接近于平坦,即k/R_0^2很接近于零;二是宇宙今天的膨胀是加速的,即$q_0<0$.

4.8 实物为主宇宙的膨胀解

现在我们要在实物为主的前提下,用动力学方程把宇宙的膨胀过程解出来.为了看清等效真空能的影响,下面先讨论不含宇宙常数的模型,后讨论含宇宙常数的模型.

考虑到$R(t)$的大小是相对的,因此引入

$$a(t) \equiv \frac{R(t)}{R_0} \qquad (4.8.1)$$

来代替它.按这定义,今天有

$$a(t_0) = 1. \qquad (4.8.2)$$

去掉宇宙常数项,$a(t)$满足的Friedmann方程可写成

$$\dot{a}^2 - \frac{8\pi G}{3}\rho a^2 = -\frac{k}{R_0^2} = H_0^2 - \frac{8\pi G}{3}\rho_0. \qquad (4.8.3)$$

后一等式是利用k/R_0^2是常数,所以可用左边今天的值来代替,其中$H_0=(\dot{R}/R)_0=\dot{a}_0$是Hubble常数,式中的$\rho$指实物密度,没有加下标,因这里不涉及别的密度,实物密度就是总密度.另一方程是质量守恒式,

$$\rho a^3 = \rho_0. \qquad (4.8.4)$$

这里已利用了式(4.8.2).用两式消去变量ρ,并用量纲一的密度Ω_0代替ρ_0,(4.8.3)式化成

$$(da/dt)^2 = H_0^2(1 - \Omega_0 + \Omega_0/a(t)), \qquad (4.8.5)$$

这是$a(t)$所满足的一阶常微分方程.方程(4.8.5)中包含两个参量,即H_0和Ω_0.它们需用实测结果来输入.上节中已指出,今天的宇宙可观测参量有三个是独立的.这模型已令$\rho_{\text{eff}}=0$,所以剩下了两个.

微分方程(4.8.5)可容易地解出.所得到的是$a(t)$的反函数形式:

$$t = \frac{1}{H_0}\int_0^a \frac{\mathrm{d}x}{\sqrt{1-\Omega_0+\Omega_0/x}}. \tag{4.8.6}$$

在$\Omega_0=1$即$k=0$的临界情形下,积分后的结果很简单.它是

$$a(t) = \left(\frac{3}{2}H_0 t\right)^{2/3}. \tag{4.8.7}$$

对于Ω_0大于或小于1的情形,(4.8.6)式右边的积分也能解析地积出[①].由于表达式较复杂,这里不拟写出.其实用积分式定义函数对于数值计算是很方便的.

图4.2中以Ω_0为参量示意地画出了$a(t)$的三类行为.当

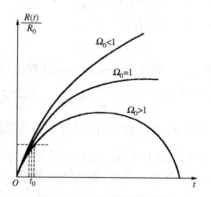

图4.2 $\lambda=0$的实物为主宇宙

$\Omega_0=1$,公式(4.8.7)已清楚地表明$a(t)$是单调增长的函数,即宇宙将永远膨胀直至介质无限地稀薄.待a趋向无穷,膨胀速度$\dot a$才趋于零.这是临界情形.当$\Omega_0<1$,$a(t)$的定性行为一样.宇宙也将单调地膨胀.因为引力弱了一些,速度的减小就慢了一些.$\Omega_0>1$情形下的全过程不大一样.它在$t=H_0^{-1}(\pi/2-1)$时达到极大值

---

① 例如可从Kolb and Turner: The Early Universe(1990)书的Chapter 3中查到.

$a_{\max}=\Omega_0/(\Omega_0-1)$,而后转向收缩,直至回到 $a=0$.这是物质密度过大,以致速度减小过快造成的.这运动图景与一块上抛的石头很相似.若引力很小,它会永远向上,直至无穷.若引力大,它上升到一定高度将会回落.

从这解的行为中看出一个有趣的联系.4.4 节中讨论过,k 取正值的情形是体积有限的宇宙.现在看到这情形下宇宙的膨胀也是有限的.k 取零或负值相应于体积无限的宇宙.现在看到它们的膨胀也是无限的.

然后讨论含宇宙常数模型中的实物为主解.

同样用 $a(t)$ 代替 $R(t)$,这种模型下的 Friedmann 方程写成

$$\dot{a}^2 - \frac{8\pi G}{3}(\rho_m + \rho_{\text{eff}})a^2 = H_0^2 - \frac{8\pi G}{3}(\rho_{m0} + \rho_{\text{eff}}), \quad (4.8.8)$$

它仅比(4.8.3)式多了一个真空项.介质密度写成了 ρ_m,因为现在要用 ρ 表示包括等效真空在内的总密度.介质的质量守恒仍写做

$$\rho_m a^3 = \rho_{m0}. \quad (4.8.9)$$

注意 ρ_{eff} 是常数,这两个方程仍是完备的.如上节分析,方程中包含三个独立参量,即 H_0, ρ_{m0} 和 ρ_{eff}.解的行为与这三者都有关.

用与上面同样的处理方法,由式(4.8.8)和(4.8.9)可导出

$$\left(\frac{da}{dt}\right)^2 = H_0^2\left(1 - \Omega_{m0} + \frac{\Omega_{m0}}{a} + \Omega_{\text{eff}}a^2 - \Omega_{\text{eff}}\right).$$
$$(4.8.10)$$

与(4.8.5)式一样,这是 $a(t)$ 满足的一阶常微分方程.它的解是

$$t = \frac{1}{H_0}\int_0^a \frac{dx}{\sqrt{1 - \Omega_{m0}\left(1 - \frac{1}{x}\right) + \Omega_{\text{eff}}(x^2 - 1)}}. \quad (4.8.11)$$

这解描写了标准模型下实物为主宇宙的一切可能行为.除了若干特例外,(4.8.11)右边的积分不能解析地积出.无论如何,相对尺度因子 $a(t)$ 对时间 t 的依赖关系已完全解出.

我们感兴趣于讨论 Ω_{eff} 的影响.若它任意取值,宇宙的演化过

程与上面讨论的结果可有本质的不同.幸好事实没有这么复杂.人们在十多年前已由一些观测结果排除了Ω_{eff}为负或大于 1 的可能.在这个可能范围内,宇宙的定性行为与$\Omega_{\text{eff}}=0$的模型没有实质区别.近年初步定出的值是$\Omega_{\text{eff}}\approx 2/3$.图 4.3 中定性地画出了相应范围内的$a(t)$函数.我们讨论它与$\Omega_{\text{eff}}=0$的模型的差别.

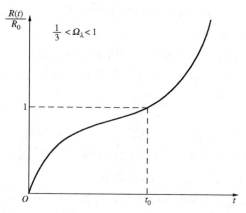

图 4.3 含宇宙常数模型下的膨胀行为($\Omega_{\text{eff}}\lesssim 1$)

为分析这差别,借助另一动力学方程(4.5.2)更方便.注意那里的压强项应略去.先讨论$a<1$的过去.当追溯到$a=0.1$,ρ_{m}比今天大 3 个数量级(参看(4.8.4)),而ρ_{eff}是不变的,所以ρ_{eff}对那时及更早的宇宙几乎没有影响.只在较晚近的时期,等效真空的斥力才逐渐把减速膨胀转化成了加速膨胀.这正是$a(t)$曲线会向上扬起,而标准模型下不会这样的原因.再看$a>1$的将来.今天的$2\rho_{\text{eff}}$已约是ρ_{m}的 4 倍,这仅是加速膨胀的初期.到例如$a=10$,真空的斥力将比实物的引力大几千倍.一旦实物的引力可以忽略,尺度因子a将指数地增长.可是对于遥远将来的宇宙行为,研究者是不大感兴趣的.后面要讨论的仍是等效真空(或叫等效宇宙常数)对过去的影响.

4.9 宇宙的年龄

在讨论宇宙膨胀过程时把尺度因子 a 等于零当起点,并令当时的时间为 $t=0$. 这样在 $a=1$ 的时刻 t_0 就是今天的宇宙年龄. 有了上面的动力学解,理论上的宇宙年龄就很容易得出.

仍先讨论 $\rho_{\text{eff}}=0$ 的模型. 由(4.8.6)式知,宇宙年龄可写成
$$t_0 = H_0^{-1} f(\Omega_0), \qquad (4.9.1)$$
其中
$$f(\Omega_0) = \int_0^1 \frac{\mathrm{d}x}{\sqrt{1 - \Omega_0 + \Omega_0/x}}. \qquad (4.9.2)$$
若 $\Omega_0=1$,易于积出 $f(\Omega_0)=2/3$. 宇宙年龄满足
$$H_0 t_0 = 2/3. \qquad (4.9.3)$$
对任意 $\Omega_0 \neq 1$ 把 $f(\Omega_0)$ 积出,得到的年龄公式是
$$H_0 t_0 = \frac{\Omega_0}{2(\Omega_0 - 1)} |1 - \Omega_0|^{-1/2} \text{coss}^{-1}\left(\frac{2}{\Omega_0} - 1\right) + \frac{1}{1 - \Omega_0},$$
$$(4.9.4)$$
这里引进的新符号 coss 与前面用过的 sinn 类似. 它被定义为
$$\text{coss} = \begin{cases} \cos, & \text{当 } \Omega_0 > 1; \\ \cosh, & \text{当 } \Omega_0 < 1. \end{cases} \qquad (4.9.5)$$
图 4.4 中画出了 $H_0 t_0$ 对 Ω_0 的依赖关系. $\Omega_0=0$ 时 $H_0 t_0=1$,即若没有引力减速,H_0 的倒数就是宇宙年龄. 按这道理能理解,Ω_0 越大,则理论上的宇宙年龄越短,因为引力越大使得膨胀过程变得越慢. H_0^{-1} 是宇宙年龄的安全上限.

要具体地得出宇宙年龄的大小,需输入从观测得到的 H_0 和 Ω_0. 把 Hubble 常数写成 $H_0 = 100h$ km·s^{-1}·Mpc^{-1},有
$$H_0^{-1} = 9.78 h^{-1} \text{ Ga}. \qquad (4.9.6)$$
这里利用了 1 Mpc $= 3.09 \times 10^{19}$ km 和 1 Ga $= 10^9$ a $= 3.16 \times 10^{16}$ s,理论年龄公式(4.9.1)可具体地写成

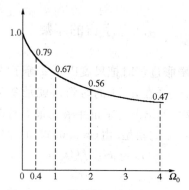

图 4.4 $\lambda=0$ 模型中 $H_0 t_0$ 对 Ω_0 的依赖

$$t_0 = 9.78 h^{-1} f(\Omega_0) \text{Ga}. \tag{4.9.7}$$

长期以来,因 h 和 Ω_0 的值很不确定,所以理论上的宇宙年龄无法准确. 若接受 $h=0.5\sim0.8$ 和 $\Omega_0=0.2\sim1.0$,宇宙年龄的理论值为

$$t_0 = 8 \sim 17 \text{Ga}. \tag{4.9.8}$$

它与球状星团定出的年龄 (15 ± 3) Ga(参看 3.3 节)是相洽的. 人们把它看作是支持标准模型的证据之一.

值得提起一段历史. 20 世纪 80 年代由于暴胀理论的初步成功,使理论家相信 $\Omega_0=1$. 这样,理论年龄是 $6.52h^{-1}$ Ga. 要它不和球状星团年龄矛盾, h 需很接近其低值 0.5. 但是近年来,特别是用 Hubble 空间望远镜测量 H_0 的结果没有出现这样的倾向. 理论家明白,在宇宙年龄上理论与实测可能会有矛盾,而这矛盾是宇宙常数不为零的迹象.

从含宇宙常数模型的膨胀解 (4.8.11) 式得出宇宙年龄公式是

$$H_0 t_0 = F(\Omega_{m0}, \Omega_{eff})$$
$$= \int_0^1 \frac{dx}{\sqrt{1 - \Omega_{m0}\left(1 - \frac{1}{x}\right) + \Omega_{eff}(x^2 - 1)}}, \tag{4.9.9}$$

右边的积分不能解析地积出. 有人发现,在 $0<\Omega_{m0}+\Omega_{eff}<1$ 的实用范围内有一个不错的近似公式:

$$H_0 t_0 \approx \frac{2}{3|1-\Omega_a|^{1/2}}\text{sinn}^{-1}\left|\frac{1-\Omega_a}{\Omega_a}\right|^{1/2}, \quad (4.9.10)$$

其中 $\Omega_a=0.7\Omega_{m0}-0.3\Omega_{eff}+0.3$. sinn 作为代替 sin(若 $\Omega_a<1$)或 sinh(若 $\Omega_a>1$)的符号可参见公式(4.4.3). 对于人们最感兴趣的 $\Omega_{m0}+\Omega_{eff}=1$ 的情形(这时 $\Omega_a=\Omega_{m0}$),这公式是严格的.

产生斥力的真空能会使宇宙年龄变长的物理原因很清楚,已不需讨论. 图 4.5 中用 Ω_{m0} $\Omega_0(=\Omega_{m0}+\Omega_{eff})$ 平面上的等 $H_0 t_0$ 线画出了这效果. 从近年的观测进展看, Ω_0 的值确在 1.0 左右. 若取用 $h=0.65$, 按 $\Omega_{eff}=0$ 的模型算出的宇宙年龄仅是 10 Ga, 而用 $\Omega_{eff}=2/3$ 的模型则给出的宇宙年龄为 14 Ga. 前者已明显偏小,而后者与球状星团年龄符合得更好. 从这角度讲,宇宙年龄上的检验是支持 $\Omega_{eff}\approx 2/3$ 的.

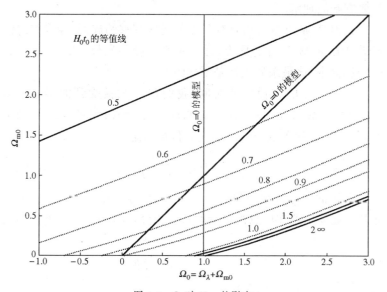

图 4.5 Ω_λ 对 $H_0 t_0$ 的影响

最后作一点补充.上面对宇宙年龄的讨论基于实物为主的前提,而实际上早期宇宙是以辐射为主的.考虑到这辐射为主的早期只持续了 10^4 年左右(参看下一章),因此它对于已长达 10^{10} 年的宇宙年龄没有重要影响.

4.10 红移-距离关系

宇宙膨胀概念所依据的最基本的事实是 Hubble 发现的星系退行规律

$$v = H_0 d, \qquad (4.10.1)$$

这里实际测量的不是星系的速度 v,而是其光谱的红移 z. v 是按 Doppler 效应公式 $v=cz$ 折算出来的.因此,实际发现的是红移与距离的关系.现在我们要在理论上导出这两个量之间的关系.下面这样做时将看到,对于膨胀宇宙中红移的起源和星系间的距离都需要有新的理解.

先用 R-W 度规分析远处星系的光频红移的起因.令我们的银河系处在 R-W 坐标的原点,远处星系的径向坐标为 r. 在宇宙的膨胀过程中,该星系的坐标是不变的①.

考虑到光的传播需要时间,我们在 t_0 时接受到的是它在 t_1 ($<t_0$)时所放的光.按光速不变原理,光的传播满足 4 维间隔不变,即 $ds=0$. 代入 R-W 度规,光的传播满足

$$dt = -R(t)\frac{dr}{\sqrt{1-kr^2}}, \qquad (4.10.2)$$

等式右边的负号反映所研究的光是朝着 r 减小的方向运动的.对光从 r 处发出到在原点被接受的过程积分,并在 $k \neq 0$ 时把它的大

---

① 这意味着我们暂时不考虑星系的本动.

小[①]取做 1,得到

$$\int_{t_1}^{t_0} \frac{\mathrm{d}t}{R(t)} = -\int_r^0 \frac{\mathrm{d}r}{\sqrt{1-kr^2}} = \mathrm{sinn}^{-1} r, \quad (4.10.3)$$

符号 sinn 在前面已用过. 对于 $k=1,0,-1$,它分别代表 $\sin,1,\sinh$. 由这式子看到,对于某个认定的星系,t_1 与 t_0 的关系完全由它的径向坐标 r 决定.

设星系放出频率为 ν_1 的光,则从 t_1 到 $t_1+\mathrm{d}t_1$ 发出一个周期的光,其中 $\mathrm{d}t_1=1/\nu_1$. 若我们接收到它的时间相应为 t_0 到 $t_0+\mathrm{d}t_0$,则接收到的频率为 $\nu_0=1/\mathrm{d}t_0$. 我们想知道发射频率 ν_1 与接收频率 ν_0 的关系.

按上面的道理,$t_0+\mathrm{d}t_0$ 与 $t_1+\mathrm{d}t_1$ 的关系也由同一个 r 决定,因此有

$$\int_{t_1}^{t_0} \frac{\mathrm{d}t}{R(t)} = \int_{t_1+\mathrm{d}t_1}^{t_0+\mathrm{d}t_0} \frac{\mathrm{d}t}{R(t)}, \quad (4.10.4)$$

注意到 $\mathrm{d}t_0$ 和 $\mathrm{d}t_1$ 都是很小的量,由积分等式推出

$$\frac{\mathrm{d}t_0}{R_0} = \frac{\mathrm{d}t_1}{R(t_1)}. \quad (4.10.5)$$

光频的红移量 z 定义为 $\nu_1-\nu_0$ 与 ν_0 之比. 于是得到

$$1+z = \frac{\nu_1}{\nu_0} = \frac{\mathrm{d}t_0}{\mathrm{d}t_1} = \frac{R_0}{R(t_1)} = \frac{1}{a(t_1)}. \quad (4.10.6)$$

这说明红移量取决于接收时与发射时的宇宙尺度因子之比. 宇宙的膨胀使 $a(t_1)$ 小于 1,因此 z 是正值,即 $\nu_0<\nu_1$. 这就是 R-W 度规下产生红移的物理机理. 红移大意味着发光时间早,而这是发光体离我们远所造成的.

人们常把这宇宙学红移也叫做 Doppler 效应,因为这问题中光源和接受器之间也有相对运动. 确切地说,它应当被称为引力红

[①] 对确定的星系,其径向坐标 r 的选取有任意性(参看 4.4 节),因此曲率因子 k 的大小也有任意性. 为书写方便把 k 的取值固定为 $1,0,-1$,这完全不妨碍讨论的一般性.

移.从上面的分析看,这红移来自空间度规随时间的变化.

然后讨论问题的另一方面,即距离.这在宇宙学中并不是简单的问题.(4.4.2)式中已定义了 R-W 度规下的固有距离.它是时间的函数.这样,除非质点用无穷大速度运动,否则它从 0 至 r 的运动路程的长度并不等于两点间的固有距离.引申下去,固有距离的微商也不代表运动的速度.总之,有有限坐标差的两点间的距离概念变模糊了.我们现在感兴趣的不是距离概念,而是实际测定的"距离"是什么含义.

在用观测得到 Hubble 定律时,所指的距离 d 是由

$$B = \frac{L}{4\pi d^2} \tag{4.10.7}$$

(即(1.1.2)式)来定义的.如若时空为平坦,这样定义的 d 就是普通意义下的距离.可是实际宇宙时空是服从 Riemann 几何的弯曲时空,因此这样定义的 d 不是距离.现在人们改叫它光度距离[①](记做 d_L),以说明它是借助光度来定义的、反映光源远近的可测量.让我们用 R-W 度规来重新分析,作为实测量的 d_L 与星系的径向坐标 r 是什么关系.

这问题中采用光子的观念要更方便.设 t_1 时该星系在 Δt_1 内放出 N 个频率为 ν_1 的光子,那么它当时的光度为

$$L = \frac{Nh\nu_1}{\Delta t_1}, \tag{4.10.8}$$

在 t_0 至 $t_0+\Delta t_0$ 间这些光子到达我们这里.因为整个这 N 个光子是散布在以该星系为中心,面积为 $4\pi R_0^2 r^2$ 的大球面上(参看 4.3 节对球面积的讨论),所以我们接收到的亮度是

$$B = \frac{Nh\nu_0}{4\pi R_0^2 r^2 \Delta t_0}. \tag{4.10.9}$$

这里已注意到两点:一,光的频率有了变化;二,时间间隔有了变

---

① 在不引起误会时也仍简称为距离.

化. 利用 $\nu_1/\nu_0 = 1+z$. 按同样道理能推知 $\Delta t_0/\Delta t_1 = 1+z$. 于是得到 L 与 B 之比为

$$L/B = 4\pi R_0^2 r^2 (1+z)^2. \qquad (4.10.10)$$

把它与光度距离的定义式(4.10.7)相比较,立即看出,

$$d_L = R_0 r(1+z), \qquad (4.10.11)$$

它与固有距离或等效半径都不是一回事. 要紧的是: 它是反映光源远近的可观测量.

现在离开本节初提出的目标已不远了. 为在理论上导出 d_L 与 z 的关系,从(4.10.11)式看,还需要知道星系的坐标 r 与它的红移 z 是什么关系. 找后一关系的思路也已清楚. 当星系的坐标 r 确定,我们接收到的光的发射时间 t_1 能用(4.10.3)式算出,而 $a(t_1)$ 是 $1+z$ 的倒数(见(4.10.6)). 按这思路,把(4.10.3)式左边对 t 的积分换成对 a 的积分. 注意 $dt = da/\dot{a}$,它被化成

$$\operatorname{sinn}^{-1} r = \frac{1}{R_0} \int_{(1+z)^{-1}}^{1} \frac{da}{a\dot{a}}, \qquad (4.10.12)$$

这里已用到积分上限 $a(t_0)=1$,积分下限 $a(t_1)=(1+z)^{-1}$. 把 Friedmann 方程(4.8.10)代入等式右边的被积函数,然后把相应对 a 的积分积出,就得到了 $r=r(z)$. 最后把这函数关系代回 (4.10.11)式,就得到了所要的光度距离-红移关系.

让我们跳过复杂的运算细节而写出结果[①]:

$$H_0 d_L = \frac{1+z}{|\Omega_k|^{1/2}} \operatorname{sinn}\left[|\Omega_k|^{\frac{1}{2}} \int_0^z \frac{dx}{\sqrt{(1+x^2)(1+\Omega_{m0}x) - x(2+x)\Omega_{\mathrm{eff}}}} \right],$$
$$(4.10.13)$$

其中

$$\Omega_k \equiv 1 - \Omega_{m0} - \Omega_{\mathrm{eff}}. \qquad (4.10.14)$$

这结果的形式也很复杂. 无论如何,等式右边是红移 z 的函数,但

---

① (4.10.13)式引自 Carroll and Press, Ann Rev Astro Astrophys(1992) 30, 409. (4.10.15)式引自 Kolb and Turner: The Early Universe(1990), 公式(3.112).

是以 Ω_{m0} 和 Ω_{eff} 为参量. 若采用 $\Omega_{eff}=0$ 的模型,结果简化为

$$H_0 d_L = \frac{2\Omega_{m0}z + (2\Omega_{m0}-4)(\sqrt{\Omega_{m0}z+1}-1)}{\Omega_{m0}^2}.$$

(4.10.15)

由此看来,理论上的(光度)距离-红移关系比经验的 Hubble 定律确要复杂得多. 这为理论的实测检验提供了可能.

在小红移近似下,可把等式右边展开成幂级数,只保留领头的两项,它是

$$H_0 d_L = z + \frac{1}{2}\left(1 + \Omega_{eff} - \frac{\Omega_{m0}}{2}\right)z^2 + \cdots. \quad (4.10.16)$$

从这里看出,Hubble 的经验规律仅是低红移下的近似. 此外注意,理论公式中出现的 H_0 定义为 $(\dot{R}/R)_0$. (4.10.16)式证明了它就是实测上的 Hubble 常数,这结果在前面已多次用到.

上述理论的重要之处是指出,若红移 z 不很小, d_L 与 z 的关系应偏离线性. (4.10.16)式右边第二项的系数为正,说明在以红移为横轴的 Hubble 图上它将偏离直线而向上弯曲. 事实是否如此是对理论的检验. 此外,当能测准偏离的程度,应能由此能推出[①]宇宙密度 Ω_{m0} 和 Ω_{eff}. 这既是检验理论模型的重要方面,也是全局地确定宇宙密度的方法.

人们早就从实测得到的 Hubble 图看到,当红移 z 大于例如 0.2, d_L 与 z 的关系确显示出了对直线的偏离. 要由此推断宇宙密度,需要对红移不太小的星系能可靠地测定其光度距离. 我们已经知道,对大红移星系测定的距离包含有过大的系统误差. 实际上,用 Hubble 图推断宇宙密度的研究在最近几年里才有较可信而重要的结果出现.

到 20 世纪 90 年代初,人们发现超新星对红移较大的星系是

---

① 当 z 比 1 小得不多,展开式后面各项将也重要. 只保留两项的展开式已失效. 要通过理论和实测的拟合定 Ω_0 必须用原式(4.10.14).

好的距离指示器.由于超新星是罕见的天文现象,所以很难利用.无论如何,一个以Perlmutter为首的小组和另一个以Leibundgut为首的小组开始了做超新星巡天的努力,以重新研究了距离-红移关系对直线的偏离.他们都用Ia型超新星做距离指示器.经过多年的积累,他们在红移为0.3到0.8的范围内测定了好几十个星系的距离.图4.6示出用42颗高红移超新星巡天给出的Hubble图.它发表了1998年.图中的纵轴相当于光度距离.从图上明显看出距离与红移的关系在大红移处偏离了直线.有了这样的观测结果,就能用理论公式去拟合,从而把宇宙密度推定了.

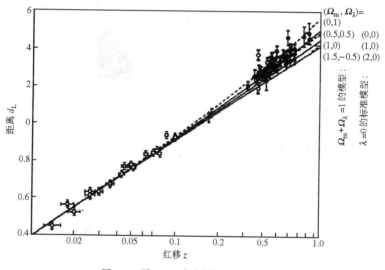

图4.6 用SN Ia定出的红移-距离关系

首先的尝试是假定 $\Omega_{\text{eff}}=0$,图上的三条实线从下至上依次代表 $\Omega_{\text{m}0}=2,1,0$ 的理论结果.他们发现,要得到最佳拟合,$\Omega_{\text{m}0}$ 需小于零,这构成了 $\Omega_{\text{eff}}\neq 0$ 的有力证据.于是改用双参量的理论公式(4.10.13)式重新拟合.图4.7在这两个参量平面上画出了最佳拟合的置信度.由此看到,$\Omega_{\text{eff}}>0$ 的置信度在90%以上.若设 $\Omega_{\text{m}0}+\Omega_{\text{eff}}=1$,最佳拟合值是 $\Omega_{\text{eff}}=0.65$.图4.6中用虚线画出同一假设下的理论曲线.

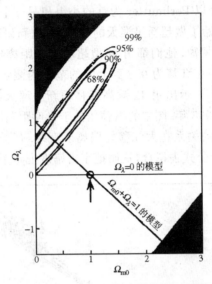

图 4.7 Ω_{m0}-Ω_λ 参量平面上的最佳拟合置信度

长久以来人们不能用实测判断等效宇宙常数是否为零. 为避免不定参量给理论带来不确定性,因此大部分理论研究都先验地假定 $\Omega_{\text{eff}} = 0$. 上述这项研究第一次在很高的置信度下发现了 Ω_{eff} 不为零. 这当然对宇宙学研究是很重要的贡献. 它定出的参量值已在次年得到了 Boomerang 气球观测的支持.

4.11 宇宙的视界

上节的分析说明了一个重要的道理：在宇宙学尺度上,光传播需要的时间是不能忽视的. 现在 $(t = t_0)$ 观测到的是光源(例如星系)在小于 t_0 的某 t_1 时所放出的光. 光源越远则 t_1 越小. 把这道理外推. 若有远至 $r = r_h$ 处的光源,它在 $t = 0$ 时所放的光才在 t_0 时刚到达我们这里$(r = 0)$,那么它就是我们能观测的极限了. 宇宙学中把这极限面叫视界,意指可视范围的边界.

视界的概念不仅是对今天而言的. 显然它适用于任一时刻 t. 相应的视界大小指光从时间 0 到 t 所传播的"距离". 这样利用光的传播方程(4.10.2),可得出视界坐标 r_h 与时间 t 满足的关系,

$$\int_0^t \frac{\mathrm{d}t}{R(t)} = -\int_{r_h}^0 \frac{\mathrm{d}r}{\sqrt{1-kr^2}}, \qquad (4.11.1)$$

注意径向坐标本身完全不代表距离. 按定义(4.4.2)式,视界面与原点的固有距离是

$$L_h(t) \equiv R(t)\int_0^{r_h}\frac{\mathrm{d}r}{\sqrt{1-kr^2}} = R(t)\int_0^t \frac{\mathrm{d}t'}{R(t')} = a(t)\int_0^t \frac{\mathrm{d}t'}{a(t')}. \qquad (4.11.2)$$

把前面讨论过的动力学解 $a=a(t)$ 代入,就能算出 t 时视界的固有大小. 容易定性地理解,宇宙视界的大小是随时间而增大的.

算出今天的视界大小是有意义的. 由于动力学解取决于三个参量 h,Ω_{m0} 和 Ω_{eff},视界大小自然也与这些参量都有关. 让我们先作一粗略估算. 取 $\Omega_{eff}=0$ 和 $\Omega_{m0}=1$,前面已解得 $a(t)\propto t^{2/3}$. 代入(4.11.2)立即得到

$$L_{h0} = 3t. \qquad (4.11.3)$$

这情况下,视界随时间正比地增大. 它今天的大小为 $3t_0$(即 $3ct_0$). 大致是 10^4 Mpc 的数量级. 今天视界大小 L_{h0} 与光速乘宇宙年龄 t_0 同数量级是意料之中的.

计算今天视界大小的公式不难导出. 把公式(4.11.2)用于今天,写成

$$L_{h0} = \int_0^{t_0}\frac{\mathrm{d}t}{a(t)} = \int_0^1 \frac{\mathrm{d}a}{a\dot{a}}. \qquad (4.11.4)$$

考虑到实际上 $\Omega_{m0}+\Omega_{eff}\approx 1$,我们采用 $k=0$ 的平坦模型. 把相应的 Friedmann 方程代入,整理后得到

$$L_{h0} = \frac{1}{H_0}\int_0^1 \frac{\mathrm{d}a}{\sqrt{\Omega_{m0}a+\Omega_{eff}a^4}}. \qquad (4.11.5)$$

把实际的密度值代入,即可算出 L_{h0}. 因被积函数处处大于 1,它是 H_0^{-1} 的若干倍. 总之,今天的视界大小与 c/H_0 也同数量级,上面的估算结果是可靠的.

通过以前的讨论我们已经知道,宇宙的实际大小可能有限也可能无限. 现在的讨论说明,宇宙中的可观测部分总是有限的. 这是光有有限大的速度和宇宙有有限大的年龄的后果. 视界之外依然有天体存在,由于它在 $t=0$ 时所发的光还来不及传播到这里,才使得我们原则上不可能观测到它. 这意义下的可观测范围与仪器的观测能力没有关系.

宇宙视界概念的意义不仅是说明可观测范围. 注意光速是一切信号速度的上限. 当两个点的空间距离超过视界大小,它们之间无法用信号建立联系. 这样,这两个点上的物理情况是不可能有因果关系的. 从这意义上讲,t 时宇宙的视界大小也反映了当时可能有因果联系的区域的大小. 这样的概念在后面的理论讨论中会被用到.

第三部分 宇宙的早期

第五章 早期宇宙概况

5.1 热大爆炸的概念

1948年，Gamow 以 Friedmann 的膨胀宇宙模型为基础研究了宇宙演化的早期，提出了被后人称作"宇宙大爆炸"的理论. 在当时，Friedmann 模型预言的宇宙年龄尚明显与事实不符，此外宇宙的均匀性假设又没有事实根据. 在这样的基础上，Gamow 的理论完全不被学术界所接受. 这局面持续了近20年，直至这理论预言的背景辐射被发现和证实. 今天回过头看，这理论其实是膨胀宇宙模型的很自然的延伸. 它包含的思想很深刻，而且物理基础也很牢固. 让我们先对此作几点定性分析.

一、远古的宇宙中不可能有星系

从宇宙物质已结团的现状往前追溯，不可避免地要引申出推论：星系等物质集团是宇宙演化中产生的.

今天，星系内的平均密度比全宇宙的平均密度约大5个数量级. 这是物质已局域地结团的表现. 往前追溯到宇宙尺度因子 $R(t) < 10^{-2} R_0$ 时，宇宙平均密度比今天大6个数量级以上. 宇宙密度比星系密度还大，表明那时是不能有星系存在的. 按这物理逻辑，今天如星系等物质团块都只能是宇宙演化的产物.

这结论很深刻地指出了早期宇宙并不是今天宇宙的缩影. 宇宙面貌在演化中有过质的变化. 接着的问题是：结团前的宇宙物质以什么状态存在？

二、星系是均匀宇宙气体碎裂的产物

按照20世纪初Jeans的自引力不稳定理论,均匀气体中的微小密度扰动会发展成局域结团.因此有理由猜想:一切星系形成之前的宇宙是有微小密度差别的均匀气体.后来自引力不稳性造成了气体的碎裂,从而演化出今天看到的一切天体.这是Gamow理论的一个要点.

当然,这要点中包含着猜测的成分.它的正确与否需要事实来检验.让我们先假定它是对的,再继续研究其物理后果.

三、膨胀的宇宙来自"大爆炸"

如果结构形成前的宇宙介质是密度和温度都均匀的气体,那么它的膨胀将不仅使其密度降低,而且使这气体降温.这是清楚的物理推论.宇宙学的研究方法是逐步地往前追溯,相应的推论是宇宙温度越早越高.当追溯到非常早的时期,介质的密度和温度曾比后来高出几十个数量级.我们从物理学知道,温度的大幅度变化会导致介质状态的质变.因此这推论暗示我们,早期的宇宙演化会因温度的巨大差别而有内涵丰富的物理变化.这是早期宇宙研究中又一个要点.

如果前推到极端,宇宙的膨胀应是从密度和温度都为无穷的状态开始的.历史上,Gamow理论的反对者曾讥讽地把它称为"宇宙大爆炸".如果宇宙是有限的,它最初占据很小的体积,又具有很高的温度,其行为的确很像一次爆炸的开始.但是必须强调,宇宙是否有限是不能假定的,Gamow理论也没有假定宇宙的有限性.由于大爆炸的名称现在已被正面地沿用了下来,让我们注意它只是一个很形象而不太确切的名称.不要顾名思义地联想有限的宇宙,这不是理论的本意.理论只指出,宇宙膨胀是从温度和密度都非常高的状态开始的.

四、原子和分子是宇宙演化中产生的

星系形成前的宇宙是中性原子组成的气体.氢原子的丰度约为 3/4,它是气体中最主要的组分.氢原子是氢核和电子构成的束缚系统,它的结合能为 13.6 eV.因此这中性原子气体的温度不能太高.当气体的温度 T 高于 10^4 K 时,粒子的平均热动能[①]是 $kT \approx$ 1 eV.这情况下能量超过 13.6 eV 的光子大量存在.它们与氢的热碰撞将使原子电离.因此在这样或更高的温度下,宇宙气体必处于电离状态,即是等离子气体.它的组分粒子是原子核、(自由)电子和光子等.原子或分子是在气体温度显著下降后的产物.

原子是在宇宙演化到一定程度才产生的.这又是一个很深刻的结论.这结果是否符合事实,它是对 Gamow 理论的重要考验.问题的要点是须先从理论上提出可供观测检验的预言.Gamow 发现,在膨胀降温使等离子气体变成了中性原子气体后,宇宙中将会留下背景光子.它应当在今天仍然存在而且可以探测.这是 Gamow 理论的一个关键性预言.这背景光子在 1965 年被观测发现是宇宙学理论从被否定到被重视的转机.

五、化学元素也应是演化产物

在等离子状态的宇宙中,原子核是气体的主要组分之一,而它是由若干核子(质子和中子)组成的复合系统.考虑到每一核子在原子核中的平均结合能为 1 MeV 的数量级,所以当气体的温度高于 1 MeV(即 10^{10} K),组分粒子间的热碰撞会使原子核解离.原子核在这样的高温下将不会存在.没有原子核就是没有化学元素.由此看来,连化学元素也是在宇宙温度降至一定程度后产生的.

---

① 自然单位制中取 Boltzmann 常数 k 为 1,因此温度 T 与粒子热动能 kT 都用 T 描写,并都用 eV 来量度.这样做的好处是温度直接告诉我们粒子热运动的平均动能.当不求准确,$T=1$ eV 与普通单位下的 10^4 K 相当.详细情况请参看附录 1.

六、粒子气体的两个层次

在宇宙温度高于 1 MeV 的阶段，物质组分是比化学元素更基本的粒子，即质子、中子、电子和光子等。以前人们曾把它们叫做基本粒子。后来认识到它们并不是物质"最"基本的组元，于是就简称为粒子。因此，我们将把这样的高温气体叫粒子气体。若把等离子态叫物质的第四态，那么粒子气体就是更高温下的第五态。

从 20 世纪 60 年代中期起，人们才知道质子和中子是由夸克组成的复合粒子。按照夸克的强作用理论，如果介质的密度超过了核子，而且温度也足够高，那么核子作为复合粒子将不能存在。这种物理条件下的介质是由夸克、轻子[①]和规范粒子[②]组成的气体。

从上面的定性分析看出早期宇宙的面貌比今天简单。它只是等温的均匀气体而没有宏观结构。但是我们也从简单性的背后看到了它的复杂性。那就是介质组元在宇宙膨胀降温的过程中有许多质的变化。

5.2 辐射为主的早期

今天的宇宙物质（不包括真空）以实物为主，这是第三章中已讨论过的事实。实测表明实物密度为 $\rho_{m0} = 2.7 \times 10^{-30}$ g/cm³（见 (3.5.2) 式）。由 $T_{\gamma 0} = 2.73$ K 推出辐射密度为 $\rho_{\gamma 0} = 4.7 \times 10^{-34}$ g/cm³（见 (3.5.5) 式）。这样，实物与辐射的密度比为

$$\frac{\rho_{m0}}{\rho_{\gamma 0}} = 6000. \tag{5.2.1}$$

这就是实物为主的具体含义。下面将由此推理：宇宙最初的 1 万年是以辐射为主的。

[①] 轻子指电子和中微子等不参与强作用的粒子。
[②] 规范粒子指光子，$W^{\pm}$ 和 Z^0 等传递相互作用的粒子。

在宇宙膨胀中,实物与辐射的变化规律不同. 实物密度 ρ_m 反比于 R^3,而辐射密度 ρ_γ 反比于 R^4(参看式(4.5.5)和(4.5.8)),因此两者之比

$$\frac{\rho_m}{\rho_\gamma} \propto R. \tag{5.2.2}$$

从这规律看出,ρ_m/ρ_γ 是越早越小的. 人们把 $\rho_m/\rho_\gamma = 1$ 的时刻叫实物与辐射的等量时刻,记作 t_{eq}. 那么 $t < t_{eq}$ 的阶段必有 $\rho_m/\rho_\gamma < 1$,这就是以辐射为主的早期. 用今天两者的比值推知,t_{eq} 时的宇宙尺度因子为 $R_{eq} = R_0/6000$. 由 R 随 t 变化的规律推知,t_{eq} 约等于 1 万年. 这就是上面提前指出的结论. 在宇宙最初的 1 万年里,辐射是介质的主要组分,因此前一部分讨论的实物为主模型是不适用的.

当讲今天宇宙以实物为主,指的是质量密度主要来自实物. 就粒子数密度而言,辐射粒子却远超过实物粒子.

前面已几次提到,今天宇宙中的实物并不全是由质子和中子组成的所谓重子物质. 测量表明,实物密度 ρ_{m0} 约是临界密度 ρ_c 的 $1/3$,而重子物质密度 ρ_{b0} 仅是临界密度的 4% 左右,非重子物质才是其主要部分. 因为现在尚不清楚非重子物质的微观组分,为具体起见,下面把重子物质与辐射相比较.

重子物质密度 ρ_{b0} 与数密度 n_N 的关系为

$$\rho_{b0} = n_N E_N, \tag{5.2.3}$$

其中 E_N 代表质子的质量(即能量),即 $E_N = 1 \text{ GeV}$. 光子作为零(静)质量粒子,它的质量全来自其热运动. 当光子气体温度为 T_γ,每一个光子的平均热动能为 $E_\gamma = 2.70 T_\gamma$(参看下一节). 用实测温度代入,算出光子的平均质量为 $E_{\gamma 0} = 6 \times 10^{-4} \text{ eV}$. 实物粒子与光子的质量比为

$$\frac{E_N}{E_{\gamma 0}} = 1.5 \times 10^{12}, \tag{5.2.4}$$

即质子比光子重 12 个量级. 可是前者和后者的密度比却只有[①] 700. 这样可知, 实物与辐射的粒子数密度比 η 是

$$\eta \equiv \frac{n_{N0}}{n_{\gamma 0}} = \frac{\rho_{b0}}{\rho_{\gamma 0}} \cdot \frac{E_{\gamma 0}}{E_N} = 5 \times 10^{-10}. \qquad (5.2.5)$$

我们看到, 任何体积内的光子数比实物粒子数多 9 个量级. 注意在宇宙膨胀中 n_N 和 n_γ 都反比于 R^3, 因而 η 作为两者之比是不变的. 它在研究宇宙早期行为时是一个重要参量.

知道了光子数远比核子数多, 对早期宇宙的辐射为主就能理解得更直观了. 宇宙的膨胀使光子气体降温, 从而使得光子的平均质量下降. 当从今天往早期追溯, 每颗光子越早越重. 于是追到宇宙年龄为 1 万年时, 光子密度在总密度中占了主要的比例.

上面讨论辐射粒子时指的仅是光子. 其实在把物质分为两大类时已指出过, 辐射指任何由静质量为零的粒子组成的气体. 若中微子[②]也是零质量粒子, 那么它也是辐射气体的组分之一. 这问题在本章的末尾会讨论到. 在研究早期宇宙时, 辐射的含义还要更广泛.

让我们以电子为例来看. 电子的静质量是 $m_e = 0.5 \text{ MeV}$. 当早期宇宙的温度 $T > m_e$, 电子的质量将主要来自热运动, 而不再主要来自静能. 这时它的静质量可以忽略, 即电子也可被看成辐射粒子. 问题在于它一定会大量地存在吗? 回答是肯定的. 在这样的温度下, 光子的热碰撞就很容易成对地产生正反电子, 即

$$\gamma + \gamma \longleftrightarrow e^- + e^+. \qquad (5.2.6)$$

这种过程是可逆的. 正反电子相碰会湮没, 主要变回两个光子. 在正反过程达到统计平衡后, e^- 和 e^+ 的数目将与光子同数量级(参看下一节). 于是它们注定都是宇宙介质中的主要组分. 从这例子

---

① 由 $\frac{\rho_{b0}}{\rho_{m0}} = \frac{0.04}{0.33} = 0.12$ 结合 (5.2.1) 式, 即得 $\frac{\rho_{b0}}{\rho_{\gamma 0}} = 700$.

② 长期以来, 人们认为中微子的静质量为零. 近年有若干迹象表明它很可能不是零.

还看到,e^-和它的反粒子e^+总是同时存在的.

待宇宙温度降到m_e以下,能产生正反电子对的高能光子越来越少.于是上述反过程占压倒优势,介质中的e^-和e^+将通过成对湮没而消失.若原来e^-略多于e^+,那么多余的部分才会残存下来.这时温度已较低,热运动对质量的贡献已不重要.静质量成了电子质量的主要来源,于是残存的电子就转化成实物组分了.它的粒子数比光子少了很多.这正是今天宇宙的实况.

在上面的分析中,电子只是例子.这道理对任何粒子,包括不稳定粒子都适用.当温度显著超过该粒子的静质量,这种粒子将作为辐射组分而大量地存在,并是气体的主要组分之一.这样看来,在温度为T的早期宇宙中,辐射气体是一切满足$m<T$的粒子组成的混合气体.粒子和反粒子都存在,且数目很接近相等.

5.3 零化学势的理想气体

在研究早期宇宙时,我们把介质简化成由多种零质量粒子混合组成的理想气体.现在讨论这气体的物态方程.

为用统计物理方法讨论,还需按各组分粒子的自旋不同分为两类.自旋为整数的粒子服从 Bose-Einstein 统计,叫玻色子.自旋为半整数的粒子则服从 Fermi-Dirac 统计,叫费米子.这两种统计描写的都是气体在热平衡下的性质.

按这两种统计,动量空间的分布函数$f(p)$为

$$f(p) = \frac{1}{(2\pi)^3} \frac{1}{e^{\frac{E(p)-\mu}{T}} \pm 1}, \quad (5.3.1)$$

其中+号用于费米子,-号用于玻色子.$E(p)$是粒子能量作为动量的函数.注意对零质量粒子有$E(p)=p$.分布函数中含有两个参量:温度T和化学势μ,它们是气体的热力学变量.其他热力学变量可通过统计关系,由上述分布函数算出,因此它们都将是T和μ的函数.这正是我们所要的气体热性质.

宇宙学中涉及的基本热力学量是粒子数密度 n,密度 ρ 和压强 P. 考虑到 $f(p)$ 的意义是单位动量间隔内的粒子数密度,因此

$$n = g \iiint f(p) \mathrm{d}^3 \boldsymbol{p}, \qquad (5.3.2)$$

$$\rho = g \iiint p f(p) \mathrm{d}^3 \boldsymbol{p}, \qquad (5.3.3)$$

其中 g 是自旋态数. 这里已利用了 $E(p)=p$. 这两个式子的物理意义都很显然. 考虑到理想气体的各向同性,压强 P 的公式为

$$P = g \iiint \frac{1}{3} p v(p) f(p) \mathrm{d}^3 \boldsymbol{p}, \qquad (5.3.4)$$

其中 $v(p)$ 是粒子速度作为动量的函数. 零质量粒子的热速度为光速,即有 $v(p)=1$. 这样,把分布函数代入即可算出这些量对 T 和 μ 的依赖关系.

在这样做前须补充一点:宇宙学中将假定气体中正反粒子的数密度相同,它意味着每种组分的化学势均为零. 仍以电子为例来论证是方便的. 正反电子的成对产生和湮没(即过程(5.2.6))达到化学平衡时,过程两边的化学势必相等. 再注意到光子气体的化学势为零,便有

$$\mu_+ + \mu_- = 0. \qquad (5.3.5)$$

此外正反电子粒子数密度相等表明它们的化学势相等,即

$$\mu_+ = \mu_-. \qquad (5.3.6)$$

把两方面结合起来,就证明了 μ_+ 和 μ_- 都是零. 这样,每一组分的 n, ρ 和 P 都将只是温度的函数.

把零化学势的分布函数代入,所要的性质可直截了当地算出. 它们是

$$n = \begin{cases} \dfrac{\zeta(3)}{\pi^2} g T^3, & \text{玻色组分}, \\ \dfrac{3}{4} \cdot \dfrac{\zeta(3)}{\pi^2} g T^3, & \text{费米组分}, \end{cases} \qquad (5.3.7)$$

$$\rho = \begin{cases} \dfrac{\pi^2}{30} g T^4, & \text{玻色组分}, \\ \dfrac{7}{8} \cdot \dfrac{\pi^2}{30} g T^4, & \text{费米组分}, \end{cases} \quad (5.3.8)$$

$$P = \rho/3, \quad \text{玻色或费米组分}. \quad (5.3.9)$$

式中的 $\zeta(3) = 1.202\cdots$ 是宗量为 3 的 Riemann ζ 函数值. 这些公式适用于任一辐射组分.

上节中提前指出过一个结果:早期辐射气体中各组分是同等重要的. 现在可清楚看出它的根据了. 在同样温度下,不同组分的差别来自两处:一是自旋态数 g 的不同,二是玻色子或费米子差一个接近于 1 的因子. 因此,它们的密度或数密度是同量级的. 此外由上面的结果可算出气体中每一粒子的平均能量 E(或质量 m). 利用 $E = m = \rho/n$, 得到

$$E = \begin{cases} 2.70 T, & \text{玻色子}, \\ 3.15 T, & \text{费米子}, \end{cases} \quad (5.3.10)$$

这结果在前面也用到过. 当做定性或半定量分析时我们仍会略去系数而简单地把 T 作为粒子的平均能量.

早期宇宙介质是多种组分的混合理想气体. 密度和数密度都有可加性,即总量是各部分贡献之和. 这样我们立刻能把气体的质量总密度写出:

$$\rho = \frac{\pi^2}{30} g^* T^4, \quad (5.3.11)$$

其中

$$g^* = g_B + \frac{7}{8} g_F \quad (5.3.12)$$

是等效自旋态数, g_B 或 g_F 分别是玻色子或费米子的总自旋态数. 同样可写出总粒子数密度是

$$n = \frac{\zeta(3)}{\pi^2} g_n^* T^3, \quad (5.3.13)$$

其中

$$g_n^* = g_B + \frac{3}{4}g_F, \quad (5.3.14)$$

注意计算密度或数密度的等效自旋态数有一点不大的差别. 总密度和总压强的关系仍保持(5.3.9)式的形式.

在第四章讨论动力学方程时指出过,由 $P=\rho/3$ 结合方程 (4.4.4) 导致辐射气体密度满足 $\rho \propto R^{-4}$ (参看(4.4.8)式). 现在从气体的热性质导出 $\rho \propto T^4$. 对比这两个关系看出

$$RT = \text{const.}. \quad (5.3.15)$$

宇宙温度 T 是与 R 成反比地降低的. 这是早期宇宙中的一个很有用的关系. 再把这关系与 $n \propto T^3$ 结合,导致

$$nR^3 = \text{const.}. \quad (5.3.16)$$

它说明膨胀过程中共动体积内的粒子数是不变的.

从这里开始,我们作理论讨论时将系统地采用 $c=k=\hbar=1$ 的自然单位制(参看附录 1),能量和温度都用 $\text{GeV}(=10^9 \text{ eV})$ 为单位. 在这单位制中,质量或能量密度的单位都是 GeV^4,它与普通单位的关系是

$$\text{质量密度}: 1\,\text{GeV}^4 = 2.32 \times 10^{17}\,\text{g/cm}^3, \quad (5.3.17)$$

$$\text{能量密度}: 1\,\text{GeV}^4 = 1.31 \times 10^{50}\,\text{eV/cm}^3. \quad (5.3.18)$$

粒子数密度以 GeV^3 为单位,它与普通单位的关系为

$$1\,\text{GeV}^3 = 1.30 \times 10^{41}\,\text{个}/\text{cm}^3. \quad (5.3.19)$$

下面举两个数值性的例子.

例 1 计算 $T=2.73\,\text{K}$ 的背景光子的密度和数密度.

折合成自然单位制,背景光子的温度为 $T=2.35 \times 10^{-13}\,\text{GeV}$. 光子是玻色子,它的自旋自由度为 2. 由公式算出其密度和粒子数密度为

$$\rho_\gamma = 2.01 \times 10^{-51}\,\text{GeV}^4, \quad (5.3.20)$$

$$n_\gamma = 3.16 \times 10^{-39}\,\text{GeV}^3. \quad (5.3.21)$$

折合回普通单位,结果是

$$\rho_\gamma = 4.66 \times 10^{-34}\,\text{g/cm}^3, \quad (5.3.22)$$

$$n_\gamma = 411 \text{ 个}/\text{cm}^3. \tag{5.3.23}$$

例2 计算 $T=1\,\text{MeV}$ 时宇宙气体中辐射组分的总密度.

在气体温度为 T 时,我们可把所有静质量小于 $1\,\text{MeV}$ 的粒子都当作零质量的辐射粒子.因此,这时的辐射组分有:光子、三代正反中微子和正反电子.中微子和电子是费米子,其自旋自由度分别为 1 和 2.把正反粒子都计入,有 $g_F=10$.惟有光子是玻色子,它贡献 $g_B=2$.这样算出等效总自由度为 $g^*=43/4$.在代入公式计算时应把温度写成 $T=10^{-3}\,\text{GeV}$.算出

$$\rho = 3.54 \times 10^{-12}\,\text{GeV}^4. \tag{5.3.24}$$

相当于普通单位制中

$$\rho = 8.2 \times 10^5\,\text{g}/\text{cm}^3. \tag{5.3.25}$$

5.4 温度随时间的变化

第四章中讨论的实物为主的动力学模型对早期宇宙不适用.现在知道了辐射气体的热性质.把它与 Friedmann 方程相结合,就能讨论早期宇宙的动力学了.

早期宇宙依然满足 Friedmann 方程.把宇宙常数考虑在内,方程的一般形式是

$$\left(\frac{\dot{R}}{R}\right)^2 = \frac{8\pi G}{3}(\rho_m + \rho_\gamma + \rho_\lambda) - \frac{k}{R^2}. \tag{5.4.1}$$

注意方程右边的四项随 R 的变化规律很不同:

$$\text{实物项}:\rho_m \propto R^{-3}, \tag{5.4.2}$$

$$\text{辐射项}:\rho_\gamma \propto R^{-4}, \tag{5.4.3}$$

$$\text{真空项}:\rho_\lambda = \text{const.}, \tag{5.4.4}$$

$$\text{曲率项}:\frac{k}{R^2} \propto R^{-2}, \tag{5.4.5}$$

从今天往早期追溯,辐射项增长最快,实物项其次,曲率项第三,而真空项不增长.我们已经知道,辐射项在早期比实物项重要,那么

真空项和曲率项更可忽略.下面来论证它.

把方程(5.4.1)看成今天各密度量间的代数关系,它的形式可化成

$$1 = \Omega_{m0} + \Omega_{\gamma 0} + \Omega_{eff} - k/R_0^2 H_0^2. \qquad (5.4.6)$$

实物项与辐射项的关系已分析过,今天 Ω_{m0} 比 $\Omega_{\gamma 0}$ 大四个数量级.追到早期因实物项增长比辐射项慢而变得不重要了.宇宙常数项今天与实物项同数量级,因它不增长,所以在早期更可忽略.这样看来,今天 Ω_{eff} 是否为零对研究早期是没有影响的.然后看曲率项,由于今天 $\Omega_{m0} + \Omega_{eff}$ 接近于 1,它表明曲率项至多与实物项同数量级.考虑到往早期追溯时曲率项增长比实物项还要慢,因此它在早期也必可完全忽略.

按这分析,早期宇宙的动力学方程很简单.它可写成

$$\left(\frac{\dot{R}}{R}\right)^2 = \frac{8\pi G}{3}\rho_\gamma. \qquad (5.4.7)$$

早期宇宙的尺度因子 $R(t)$ 已难以与观测相联系.我们知道温度 T 与 R 成反比,即

$$\frac{\dot{T}}{T} = -\frac{\dot{R}}{R}. \qquad (5.4.8)$$

再利用辐射密度与温度的关系式(5.3.11),动力学方程(5.4.7)式可化成

$$\dot{T} = -CT^3, \qquad (5.4.9)$$

其中

$$C = \left(\frac{4\pi^3}{45}Gg^*\right)^{1/2}. \qquad (5.4.10)$$

这样把动力学方程化成了温度变化所满足的微分方程.它对研究早期宇宙的物理过程是方便的.

容易把方程(5.4.9)解出,得到

$$T = (2Ct)^{-1/2}. \qquad (5.4.11)$$

由此知道温度的变化规律很简单:T^2 与 t 成反比.时间每增大两

个数量级,则温度降低一个数量级.这是一个很容易记得的结果.

注意这是自然单位制下的关系式.时间的单位是 GeV^{-1}.为了直觉,常需要把时间单位换成普通单位：s.按(5.4.11)算出,$T=1\,\text{MeV}$ 时的宇宙年龄约为 1 s.这样可以把温度随时间的变化关系近似地写作

$$T(\text{MeV}) \approx t(\text{s})^{-1/2}. \qquad (5.4.12)$$

意思是说,以 s 为时间单位,并以 MeV 为温度单位,那么比例系数几乎是 1.用这关系可方便地估计出早期宇宙中任一时刻的温度.例如 $t=10^{-6}\,\text{s}$ 时的温度为 $1\,\text{GeV}$,以及 $t=10^{12}\,\text{s}$(即 3×10^4 年)时的温度为 $1\,\text{eV}$.这样温度的降低过程就简单而清楚了.

顺便讨论一下早期宇宙的密度是有益的.在早期,宇宙密度完全由温度决定,因此从(5.4.11)式可推出密度与时间的关系.换回普通单位后,估算性的公式是

$$\rho \approx T^4 \approx t^{-2}, \qquad (5.4.13)$$

这公式中的 t 以 s 为单位,T 以 MeV 为单位,ρ 以 $10^6\,\text{g/cm}^3$ 为单位.例如从夸克向强子转化的特征温度是 $0.1\,\text{GeV}$.由(5.4.13)估出,宇宙达到这温度的时间是 $10^{-4}\,\text{s}$,相应的密度是 $10^{14}\,\text{g/cm}^3$.那情况下的宇宙密度已超过核子密度了.

5.5 宇宙演化简史

知道宇宙温度及密度随时间的变化后,宇宙演化中先后应发生的事情就大致确定了.让我们对它做一个简单的描绘.

一、经典宇宙的创生

现今的宇宙学以广义相对论为基础,而广义相对论是经典引力理论,因此相应的宇宙叫经典宇宙.当追溯到 $t\to 0$,宇宙的温度和密度都是趋于无穷,这叫宇宙学的奇点疑难.经验表明,物理量出现无穷常是把已知物理规律引申到适用范围之外的后果.于是

人们从奇点疑难中产生了经典宇宙创生的概念——引力原本是量子场,经典宇宙是由量子宇宙转化而来的.

人们有理由相信,引力场与其他物质场一样,本质上是量子的,但是至今尚没有实验根据表明这是事实.把经典引力场量子化的试探性理论已研究得很多,可是离成功还很远.在这样的物理基础上建立的量子宇宙理论自然尚缺乏可信性,这是我们不在这教程中讨论它的原因.无论如何,量子宇宙的研究会是将来的重要课题.

只要引力场有量子性的概念成立,容易从量纲分析知道,量子引力起显著作用的能量是

$$E \sim T \sim G^{-1/2} = 10^{19}\,\text{GeV}, \qquad (5.5.1)$$

这就是所谓的 Planck 能量.与这能量相对应的时间为

$$t \sim G^{1/2} = 10^{-43}\,\text{s}, \qquad (5.5.2)$$

叫 Planck 时间.通常人们说,经典宇宙的膨胀是从 Planck 时间后开始的,它的起始温度低于 Planck 温度.

二、粒子宇宙学阶段

从 $10^{-43}\,\text{s}$ 到 $10^{-4}\,\text{s}$,宇宙温度从 $10^{19}\,\text{GeV}$ 降至 $0.1\,\text{GeV}$.按粒子物理的标准模型分析,这最早阶段的宇宙气体应由夸克、轻子和规范粒子等组成,这就是经典宇宙的甚早期.因为粒子物理对能量远高于 $10^3\,\text{GeV}$ 的规律尚不确切掌握,所以宇宙的这段历史像远古史,还难以说得很透彻.无论如何,对这阶段的研究成果已十分丰富.

按现有研究,这阶段应发生过的过程有真空相变引起的暴胀、正反重子不等量的产生、冷暗物质的形成,以及最后夸克转化成强子等.它们将在后面讨论到.这些过程的研究尚带有试探性,并还难以有最终的结果.可是事情的另一面值得强调:迅速发展的粒子理论为它提供着物理基础,粒子实验和天文观测为它提供着事实基础,因此它是极重要的前沿领域.此外,这领域研究中新思想

层出不穷,对宇宙学和粒子物理两方面的发展都有推动和借鉴作用.

三、核宇宙学阶段

约在 $t=10^{-4}$ s,宇宙介质中完成了从夸克到强子的相变.此后的宇宙气体中才有了质子和中子.它们作为实物,其数密度已比光子低了 9 至 10 个数量级.再往后就该发生原子核的合成了.

至 $t>1$ s,温度降至 1 MeV 以下.宇宙进入了核物理的能量范围.与这能量范围相应的物理规律已相当清楚,因此宇宙学理论研究开始有了可靠的基础.原初的核合成主要是在 $t=3\sim 30$ min 间发生的.这过程结束,宇宙中开始有了化学元素.主要是氢(包括氘)和氦,还有极少的锂、铍、硼.除理论外,研究的重要方面是实测检验.要用今天的测量来检验宇宙年龄为半小时内发生的事无疑很困难,可是初步的结果是明显而有力地支持理论的.这意味着我们对宇宙演化了 1 s 后的事已有了可靠的认识.

四、原子宇宙学阶段

宇宙中最初的化学元素处于等离子状态.下面等待着发生的是中性原子的形成.

从 $t\approx 10^{12}$ s$\approx 10^{4}$ a 起,宇宙温度降到了 10 eV 以下.这是原子物理的能量范围,其物理规律更十分清楚.约在温度降至 0.3 eV 时,原子核和自由电子开始结合成了中性原子.于是宇宙介质成了普通的中性原子气体.原来存在着的热光子从此失去了热碰撞对象,作为背景光子存留了下来.这是这阶段发生过的两件重要的事.

这问题的观测研究也已很成熟.几乎所有的理论预言都已得到观测的检验和证实.近十来年,研究的目的已从证实理论转向寻找早期宇宙的信息.那时均匀气体上的密度起伏早已发现.现在人们正在打算测定这起伏的分布细节.它们既是更早期演化留下的痕迹,也是后来宇宙结构形成的种子.

五、结构形成阶段

今天宇宙的层次性结构已被天文学家研究得很透彻.均匀宇宙模型只是它的零级近似.宇宙学无疑应当回答:结构是怎么起源和形成的.作为定量的物理理论,需要在现有理论框架下算出与现实一样的结构.这是宇宙学不能回避的难题.

结构形成的种子——微小密度起伏极可能来自宇宙的甚早期,但是小扰动的增长却开始在实物为主阶段.最早的结团大约发生在 $t=1\times 10^9$ 年前后.此后,结构的面貌逐渐演变着.它将永远不会停止.这是宇宙演化在实物为主阶段的主要内容.我们在第三章中描述过的层次结构面貌只是这过程中的一个特定的片段而已.

这就是对宇宙从太古(量子宇宙)到现今(实物已结团)的演化过程的梗概陈述.宇宙学的目标是对其中每一阶段发生过的事作出清楚的物理诠释,并用观测证明这诠释是符合事实的.今天离这目标还很远,人们对各个环节的了解程度很不相同.大致地说,宇宙学就像考古学一样,越早越难以很清楚.因此我们后面将逆时间顺序讨论,即先讨论较清楚的环节再逐渐向前推移.结构形成虽是最晚近的过程,因它需要其他问题做基础,所以放在最后讨论.

5.6 粒子的退耦

前面的讨论中总假定宇宙气体是热平衡的.我们都知道,为达到热平衡须要有足够频繁的热碰撞.考虑到早期介质中粒子的平均间距很小,热运动的速度又十分接近光速,所以碰撞一般确实相当频繁.无论如何,热平衡气体在膨胀中失却热平衡是会发生的.

对于静态的气体,只要时间长,总会有足够的碰撞次数以实现热平衡.宇宙学面对的是膨胀中的气体.要热平衡气体在膨胀中维持热平衡,必须在尺度因子 R 有显著变化的时间间隔 Δt 内有足够的碰撞次数.令 Γ 为碰撞率,即每一粒子在单位时间内的碰撞次数,那么上述要求应表述为 $\Gamma\Delta t \gg 1$. 把 R 的显著改变理解为 $\Delta R \sim R$,那么

$$H = \frac{\dot{R}}{R} \sim \frac{\Delta R}{R} \cdot \frac{1}{\Delta t} \sim \frac{1}{\Delta t}, \tag{5.6.1}$$

即这样的时间间隔由当时的膨胀速率 H 的倒数表征.上述频繁碰撞条件重写为

$$\Gamma \gg \frac{1}{\Delta t} = H. \tag{5.6.2}$$

由此看到,问题是粒子碰撞率与宇宙膨胀率的竞争.为了在膨胀中维持热平衡,前者必须远远地超过后者.

为了简单,我们讨论单组分气体.其中任一粒子的平均碰撞率 Γ 是

$$\Gamma = n \langle v\sigma(v) \rangle, \tag{5.6.3}$$

其中 n 是靶粒子的数密度,v 是碰撞的相对速率,$\sigma(v)$ 是相对速率为 v 时的碰撞截面,尖括号代表在一定温度下对不同速率的平均.平均的结果使它只与气体的温度有关.考虑到粒子数密度①也是温度的函数,因此 Γ 是由温度 T 决定的.

我们以中微子为例来讨论.中微子只参与弱作用,它的碰撞率相对较低.在早期宇宙中,中微子通过

$$\nu_e + \bar{\nu}_e \leftrightarrow e^+ + e^-, \tag{5.6.4}$$

$$\nu_e + e^\pm \leftrightarrow \nu_e + e^\pm \tag{5.6.5}$$

等过程维持热平衡.这些弱作用过程的截面为 $\sigma \approx G_F^2 T^2$,其中 G_F 是弱作用的 Fermi 耦合常数.注意到其热速度 $v=1$ 和粒子数密度 $n \approx T^3$,按(5.6.3)式推出每一粒子的碰撞率为

$$\Gamma \sim G_F^2 T^5. \tag{5.6.6}$$

---

① 这里指的是早期宇宙中的辐射粒子.

然后考虑宇宙膨胀率随温度的变化.由早期温度随时间的变化关系(5.4.11)知,膨胀率与温度的关系为

$$H = -\frac{\dot{T}}{T} = \frac{1}{2t} = CT^2 \sim G^{1/2}T^2. \quad (5.6.7)$$

常数 C 的含义见(5.4.10)式.对比式(5.6.6)及(5.6.7),得到

$$\frac{\Gamma}{H} \propto T^3. \quad (5.6.8)$$

中微子的碰撞率与宇宙膨胀率之比在宇宙膨胀中是下降的,因此其热平衡不会永久维持.算出比例系数后看出,当温度高于 1 MeV,热平衡是维持着的.

有趣的是能够简单地论证,当 Γ/H 下降到 1 的量级,这种粒子已永远地失去了热碰撞的机会.为此,我们写出粒子从某时刻 t 到无穷远将来的碰撞总次数 N.它是

$$N = \int_t^{\infty} \Gamma(t') dt' = \int_0^T \frac{\Gamma(T')}{H(T')} \frac{dT'}{T'}, \quad (5.6.9)$$

注意到膨胀率 $H(T) \propto T^2$,再把粒子碰撞率表成 $\Gamma(T) \propto T^n$,那么上述积分容易积出.它是

$$N = \frac{1}{n-2} \frac{\Gamma(T)}{H(T)}. \quad (5.6.10)$$

现在感兴趣于 $n > 2$ 的情形,即 $\Gamma(T)$ 下降比 $H(T)$ 快.这样从(5.6.10)式看出,待宇宙温度降到 T_d,有

$$\Gamma(T_d) = H(T_d), \quad (5.6.11)$$

那么此后每一粒子到无穷远的将来大约还有 1 次碰撞机会.它意味着这种组分粒子实际上已失去了热耦合,这就是粒子退耦的概念[①],相应的温度 T_d 叫退耦温度.

粒子退耦的最重要的例子是光子退耦,这是宇宙学的重大问题,将在下章中专题讨论.现在回到中微子的例子上来.理论上算出它的退耦约发生在 $T_d \approx 1$ MeV 的时候.此后中微子与其他组分

---

① 上面对退耦的讨论是示意性的.用(5.6.11)式来推算退耦温度是不很可靠的.

已没有了热耦合,而成了无碰撞组分.在这意义上,它被称为背景中微子.它们将在宇宙中永远存在下去,因此今天应该是能够观测到的.人们之所以还没有发现,只因为中微子与物质的相互作用太微弱,仪器很难捕捉到它.

5.7 非重子暗物质的候选者

宇宙学家首先在研究结构形成理论时意识到,非重子物质应当是宇宙介质中的主要成分.这个观念虽然在近年已获得了可靠的观测证据,但是它依然使人们感到有些不可思议.无论如何,非重子物质到底由什么组成?这对宇宙学和物理学都是重要的问题.

我们知道,自然界能存在的基元粒子在甚早期宇宙中都大量出现过.随着宇宙的降温,不稳定的粒子在难以通过热碰撞产生后注定要消失,任何一种稳定粒子则会全部或部分地存留下来.因此从粒子物理的眼光看,今天有存留的非重子物质并不算意外.

在实验已发现的粒子中,绝大部分是很不稳定的.稳定粒子除质子、中子[①]、电子和光子外,就只有中微子了.让我们先讨论中微子在宇宙中扮演的角色.

上节刚说明,在温度超过 1 MeV 的早期,正反中微子肯定作为辐射粒子而大量存在过.当宇宙温度降到 1 MeV 左右,弱作用退耦使它们成了背景粒子.此后,它们将不再产生或消灭,从而存留到今天.由于在退耦前中微子的数密度与光子大体相同,所以今天两者的数密度依然大体相同.具体地算来,今天每代背景中微子的数密度是

$$n_\nu = 112\,\text{cm}^{-3}. \qquad (5.7.1)$$

如果中微子是零质量粒子,它对宇宙密度的贡献也与背景光子相当而不会重要.要中微子对宇宙密度有不可忽视的贡献,它必

---

① 自由中子不稳定,但是它在原子核内能稳定存在.

须有静质量.设它的静质量为 m_ν(以 eV 为单位),则每代中微子对总密度的贡献是

$$\rho_\nu = 112 m_\nu \, \text{eV/cm}^3. \tag{5.7.2}$$

考虑到非重子物质的总密度 ρ_{nb} 约是临界密度 ρ_c 的 30%,即

$$\rho_{nb} \approx 1.5 \times 10^3 \, \text{eV/cm}^3. \tag{5.7.3}$$

对比地看,只要三代中微子的质量和达到 10 eV 左右,它们就是宇宙中最主要的组分了.

现今公认的粒子实验尚未测到中微子的质量,从而只确定了上限.按今年发布的粒子数据表是

$$m(\nu_e) < 3 \, \text{eV}, \tag{5.7.4}$$

$$m(\nu_\mu) < 0.19 \, \text{MeV}, \tag{5.7.5}$$

$$m(\nu_\tau) < 18.2 \, \text{MeV}. \tag{5.7.6}$$

这些结果没有排除中微子的静质量为零,但是它们作为重要的非重子物质也是可能的.

中微子的静质量是粒子理论和实验正在研究中的问题.虽然还没有明确结论,但是有些倾向性的结果值得注意.首先,若干实验使人们相信它们的静质量不是零.其次,它们的静质量不像会超过 1 eV.如果事实确是这样,它们就不是重要的非重子物质.

除中微子外,已知粒子中已没有非重子物质的候选者了.从试探性的高能理论看,自然界还应有许许多多种粒子有待发现,且其中也有稳定粒子.因此,理论家对非重子暗物质的候选者做了一般性的研究.这种研究把可能的非重子物质分两类[①],即热暗物质和冷暗物质.

热暗物质粒子的特点是其静质量较小,以致 $m < T_d$,T_d 是它的退耦温度.这类粒子退耦时仍近似地是零质量粒子,叫它为"热"暗物质,特征是它退耦时的热运动速度接近光速.中微子正是一例.热暗物质的共性是粒子数密度很大,考虑到它的密度不可能超

---

① 理论上还能有介于热和冷之间的"温"暗物质,这里我们不讨论得这么细.

过 ρ_{nb},它的粒子质量一定很小. 出现质量超过例如 50 eV 的热暗物质粒子是与宇宙学事实冲突的.

如果有一种稳定的弱作用粒子很重,而有 $m>T_d$,那么它退耦时已是实物组分. 退耦时的热速度必已远小于光速,所以叫"冷"暗物质. 注意当宇宙温度 T 高于 m 时,这类粒子是作为辐射组分而大量存在的. 在温度下降到 m 以下,它与自身的反粒子开始成对地湮没. 于是到它退耦($T=T_d$)时,残存的数密度已很低[①]. 这是冷暗物质的共性.

它的密度自然与粒子质量有关,有趣的是质量越大反而它对宇宙密度的贡献越小. 原因是质量决定着湮没开始的温度,$m-T_d$ 反映湮没阶段的时间长短. 注意湮没残存的数密度对这时间长短非常敏感. 粒子质量大得不多,结果残存粒子少了很多,于是其密度反而小了. 依然用弱作用来估算退耦温度,那么这类粒子的质量必大于 10 GeV. 否则它的密度将超过 ρ_{nb}. 这又是宇宙学事实不能接受的.

冷暗物质的概念最初是因研究宇宙结构形成的需要而引入的,那是 20 世纪 80 年代中期. 当时兴奋点在于冷暗物质有助于形成与现实一致的中小尺度结构. 这是冷暗物质存在的间接证据. 冷暗物质具体是什么? 因此也是人们关注的问题. 超对称理论中的 Neutralinos 和强 CP 理论中的 Axions(轴子)[②]作为可能的候选者被研究得最多. 至今这方面的研究还少有明确的结果可言. 我们不做更细致的讨论了.

---

① 与背景光子的数密度相比.
② 轴子不是典型的冷暗物质粒子. 它很轻,相互作用很弱,从来没有热平衡过.

第六章 光子背景辐射

6.1 原子的复合过程

本章讨论宇宙年龄从 1×10^5 年到 3×10^5 年间发生的两个过程. 一个是介质从电离气体转化成了中性原子气体. 紧接着的一个是气体中的光子组分与实物退耦而变成了背景辐射. 这段历史的研究曾对宇宙学的发展起过决定性的影响. 本节先讨论前一过程.

我们把讨论的起始时刻取在 $t=1\times 10^5$ 年,当时的宇宙温度接近 1 eV. 注意这已是实物为主的初期. 那时气体仍几乎是完全电离的. 电离气体的组分主要是氢核、氦核、自由电子和光子. 以丰度计,氢约占 3/4,氦约占 1/4. 下面为讨论方便,我们将把它简化为纯氢的电离气体.

在任何温度下,气体中的电子在与质子热碰撞中会结合成氢原子,同时放出光子,

$$e^- + p \leftrightarrow H + \gamma, \qquad (6.1.1)$$

这过程是可逆的. 光子与氢原子相碰也能使原子电离. 氢的结合能 $B=13.6$ eV. 因此,要把氢电离,光子须具有能量 $E>B$. 只要这样的高能光子足够多,使反过程的发生率超过宇宙膨胀率,电离和复合将达到统计平衡. 于是电离氢和中性氢原子都将占有一定的百分比. 若中性氢的比例十分低,就可以被认为气体是完全电离的.

把电离氢的数密度记做 n_p,氢原子的数密度记做 n_H. 我们定义气体的电离度

$$X_p = \frac{n_p}{n_p + n_H}, \qquad (6.1.2)$$

即电离氢占的百分比. $1-X_p$ 就是中性氢的百分比. 在温度较高

的气体中 X_p 接近于 1,即 $1-X_p$ 是小量. 膨胀中温度的降低使电离度随之降低. X_p 将变成为可忽略的小量. 这就是现在要讨论的原子复合过程.

在讨论这过程前须重复说明气体中的核子数比光子数少很多的事实. 把这两者之比记作 η,即

$$\eta = \frac{n_N}{n_\gamma}. \qquad (6.1.3)$$

上一章中已用观测事实推断它在今天的值是 $\eta \approx 5 \times 10^{-10}$(见式 (5.2.5)),注意 n_N 和 n_γ 在宇宙膨胀中都与 R^3 成反比地降低①,η 作为两者之比是不变的. 这样,在这早期宇宙中,光子数依然比核子数多 9 个量级. 下面即将看到,在温度降至 1 eV 时高能光子占的百分比已很小,气体仍完全电离就是这事实的后果.

我们知道要能使氢电离,光子须有能量 $E > B = 13.6\,\text{eV}$. 当温度降至 $T = 1\,\text{eV}$ 或以下,这样的高能光子处于 Planck 分布的高频"尾巴"中,如图 6.1 所示意. 它在总光子中占的比例是

$$\frac{n_{\gamma\,E>B}(T)}{n_\gamma(T)} \approx \left(\frac{B}{T}\right)^2 e^{-B/T}. \qquad (6.1.4)$$

代入 $T = 1\,\text{eV}$,发现能量超过 13.6 eV 的光子已仅占 10^{-4}. 考虑到总光子数比质子数多 9 个量级,所以每一氢核仍被 10^5 个高能光子所包围. 没有多少中性氢能存在是意料之中的后果. 从 (6.1.4) 式的右边看,温度 T 出现在幂指上. 温度再下降不多,每一氢核周围的高能光子数将迅速减少. 可以预料,氢原子的复合过程在 $T = 1\,\text{eV}$ 后将很快开始. 下面我们用统计平衡的理论来计算电离度 X_p 随温度 T 的变化.

令气体温度为 T. 在统计平衡下,质子(即氢核)、自由电子和中性氢原子数都满足 Boltzmann 分布,因而有

$$n_p = g_p \left(\frac{m_p T}{2\pi}\right)^{3/2} e^{\frac{\mu_p - m_p}{T}}, \qquad (6.1.5)$$

---

① $n_r \propto T^3$ 及 $T \propto R^{-1}$ 都将在本章后面几节中论证.

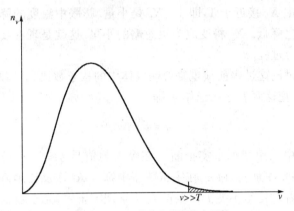

图 6.1 Planck 分布中的高能光子数

$$n_e = g_e \left(\frac{m_e T}{2\pi}\right)^{3/2} e^{\frac{\mu_e - m_e}{T}}, \quad (6.1.6)$$

$$n_H = g_H \left(\frac{m_H T}{2\pi}\right)^{3/2} e^{\frac{\mu_H - m_H}{T}}. \quad (6.1.7)$$

式中的 μ 代表各组分的化学势,m 代表粒子静质量,g 代表自旋自由度数. 我们知道,$g_p = g_e = 2, g_H = 4; m_p + m_e - m_H = B$. 考虑到电离和复合过程的化学平衡,有

$$\mu_p + \mu_e = \mu_H. \quad (6.1.8)$$

这里已利用光子组分的化学势恒为零. 气体的电中性条件写作

$$n_p = n_e. \quad (6.1.9)$$

这样我们有了 5 个物理关系式. 问题涉及的变量有 7 个,即 3 个数密度(n_p, n_e, n_H)、3 个化学势(μ_p, μ_e, μ_H)和温度 T.

在本问题中,温度 T 是自变量. 此外,任何共动体积内电离氢和中性氢的总量是确定的. 利用 η 的定义,我们有

$$n_p + n_H = \eta n_\gamma = \eta \left(\frac{2.4}{\pi^2} T^3\right). \quad (6.1.10)$$

后一等式用到了光子的数密度公式(5.3.7). 把 η 当输入参量,就能解出 n_p 和 n_H 随温度 T 的变化. 于是电离度的变化进程也清楚

了.

首先用(6.1.8)把(6.1.5)至(6.1.7)式中的化学势都消去,化出

$$\frac{n_p^2}{n_H} = \frac{n_p n_e}{n_H} = \left(\frac{m_e T}{2\pi}\right)^{3/2} e^{-B/T}. \qquad (6.1.11)$$

由(6.1.10)和(6.1.11)式的联立,就容易推出电离度 X_p 对 T 和 η 的依赖关系了. 为得到数值结果, 把 m_e 和 B 的值代入, 并把温度的单位改用 eV, 得到的结果可写成

$$\frac{1-X_p}{X_p^2} = 1.1 \times 10^{-8} \eta T^{3/2} e^{13.6/T}, \qquad (6.1.12)$$

这就是计算 X_p 随 T 下降的数值公式,其中 T 均取 eV 为单位. 当温度偏高,等式右边算出的数值显著地小于 1. 这表明 X_p 很接近于 1,左边近似地等于 $1-X_p$,即中性原子的百分比. 当温度低到右边算出的数值很大,表明 X_p 已很接近于零. 这时中性原子已占绝大部分,左边近似地是 X_p^{-2}.

图 6.2 中以 $\eta = 5 \times 10^{-10}$ 为输入,画出了电离度随温度的变化. 图的右下方列出了几个相应的数据. 电离度的下降很陡峭. 氢原子的复合主要是在温度从 0.4 eV 到 0.25 eV 之间连续地完成的. 人们人为地定义电离度为 10% 的时刻为原子复合时刻. 从图上所附的数据看,氢原子复合时刻的宇宙温度[①]T_{rec} 为 0.295 eV. 此后电离度还在继续下降.

上一章中指出过,宇宙温度 T 的变化与尺度因子 R 成反比. 借用红移量 z 来描写,有

$$1 + z = \frac{R_0}{R} = \frac{T_\gamma}{T_{\gamma 0}}. \qquad (6.1.13)$$

我们提前借用今天背景光子温度 $T_{\gamma 0} = 2.73 \text{ K} = 2.35 \times 10^{-4} \text{ eV}$,推知复合时刻相应的红移为

---

① T_{rec} 的具体数值结果与 η 的大小有关. 下面的 z_{rec} 及 t_{rec} 也一样.

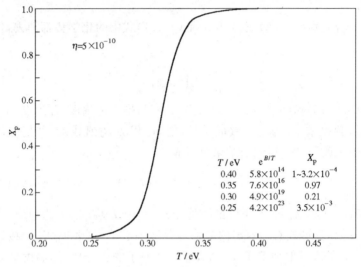

图 6.2 电离度随温度的变化

$$1 + z_{rec} = 1250, \quad (6.1.14)$$

即 $R(t_{rec}) = R_0/1250$. 注意这时刻已是实物为主的前期. 再由动力学解估出,氢复合时的宇宙年龄约为 2×10^5 年.

6.2 背景光子的形成

现在转向问题的另一方面——等离子气体中的光子的退耦.

在电离气体中,光子的热碰撞主要是它与自由电子的 Thomson 散射,即

$$\gamma + e^- \longrightarrow e^- + \gamma. \quad (6.2.1)$$

注意到光速 $c=1$,每一光子在单位时间内的碰撞次数为

$$\Gamma = n_e \sigma_{Th}, \quad (6.2.2)$$

式中的 σ_{Th} 是 Thomson 散射截面. 它是与光子能量无关的常数,其大小为

$$\sigma_{\text{Th}} = 6.65 \times 10^{-25}\,\text{cm}^2 = 1.71 \times 10^3\,\text{GeV}^{-2}. \qquad (6.2.3)$$

在复合过程开始后,自由电子数密度 n_e 的骤然下降将使得光子的碰撞率随之下降.这就是光子组分走向退耦的机理.

退耦的发生是碰撞率 Γ 与膨胀率 H 竞争的结果.下面分别分析两者随温度 T 的变化.

先讨论宇宙膨胀率与温度的关系.复合阶段已处于实物为主的初期.Friedmann 方程中的宇宙常数项、曲率项和辐射项都可忽略.于是方程可写作

$$H^2 = \frac{8\pi G}{3}\rho_m = H_0^2 \Omega_{m0} \frac{\rho_m}{\rho_{m0}}, \qquad (6.2.4)$$

利用比例关系①

$$\frac{\rho_m}{\rho_{m0}} = \frac{R_0^3}{R^3} = \frac{T^3}{T_{\gamma 0}^3}, \qquad (6.2.5)$$

该阶段的膨胀率 H 可表成

$$H^2 = \Omega_{m0} H_0^2 \left(\frac{T}{T_{\gamma 0}}\right)^3, \qquad (6.2.6)$$

其中 $T_{\gamma 0}$ 是今天的背景辐射温度.为了具体起见,可用观测值把比例系数定下来.采用 $H_0 = 65\,\text{km}\cdot\text{s}^{-1}\cdot\text{Mpc}^{-1} = 1.4 \times 10^{-42}\,\text{GeV}$ 和 $\Omega_{m0} = 1/3$,(6.2.6)式化为

$$H = 8.1 \times 10^{-43} \left(\frac{T}{T_{\gamma 0}}\right)^{3/2}\,\text{GeV}. \qquad (6.2.7)$$

然后讨论光子碰撞率随温度的变化.利用 X_p 和 η 的定义,并注意 $n_e = n_p$,(6.2.2)式可重写为

$$\Gamma = X_p \eta n_\gamma \sigma_{\text{Th}}. \qquad (6.2.8)$$

代入光子数密度公式和 Thomson 截面值(6.2.2),并改用 $T/T_{\gamma 0}$ 代替 T 当自变量,公式(6.2.8)相应地改成

$$\Gamma = 5.4 \times 10^{-36} X_p \eta \left(\frac{T}{T_{\gamma 0}}\right)^3\,\text{GeV}. \qquad (6.2.9)$$

---

① 下节将证明:退耦后光子气体的等效温度仍满足 $RT = $ 常数.

这是 Γ 随 T 的变化规律.我们没有把 X_p 随 T 的变化(见(6.1.12))代入,因为它太复杂.注意在退耦前 Γ 的剧烈下降主要来自电离度 X_p 的下降.有了(6.2.8)和(6.2.9),Γ 与 H 的比较已很容易.在具体讨论时为了明确,参量 η 的值仍取作 5×10^{-10}.

先考虑氢原子的复合时刻.把当时 $X_p=0.1$ 和 $T/T_{\gamma 0}=1250$ 代入,算出这时有 $\Gamma/H=15$.这说明在 90% 的原子已复合时,气体中仍有足够的自由电子以维持光子组分的热平衡.它的退耦发生在复合时刻之后.

让我们简单地用 $\Gamma=H$ 作为退耦①的标志.把式(6.2.8)与式(6.2.9)等起来,估出退耦时的电离率应为 $X_p\approx 4\times 10^{-3}$.用(6.1.12)式推算相应的温度,结果是 $T_{dec}=0.25$ eV.这就是光子的退耦温度.它比原子的复合温度 T_{rec} 低了一点点.

同样可用红移量 z_{dec} 来描写退耦发生的时刻.它是

$$1+z_{dec}=\frac{T_{dec}}{T_{\gamma 0}}=1060. \qquad (6.2.10)$$

这意味着光子退耦发生在 $R=R_0/1060$ 的时刻.估出相应的宇宙年龄是 2.4×10^5 a.从这时开始,光子成了无碰撞组分.它将在由中性原子组成的气体中自由飞行.当然它今天应当继续存在,而这是一个可以用观测来检验的重要预言.

6.3 背景光子的可观测性质

背景辐射的存在是 Gamow 的早期宇宙理论的特征性预言.能否证实它的存在,以及它的观测性质是否与理论预言的一致,这些是 20 世纪后期宇宙学研究的重要课题.现在讨论理论上的背景辐射应具有什么可观测性质.

---

① 从热平衡向退耦过渡总是通过一个非热平衡阶段.我们的讨论是半定量性的.以 $\Gamma=H$ 作为退耦的标志是粗糙的.

为此先分析观测到的背景辐射的"光源"是什么. 图 6.3 示意地画出了在 $t=t_0$ 时的观测宇宙,即今天观测到的宇宙景象. 在讨论远处星系的红移时已指出,若光源的径向坐标为 r_1,我们在 $t=t_0$ 时看到的是它在 t_1 时所发的光. 光源越远(即 r_1 越大),则 t_1 越小. 因此观测宇宙图不是等时图. 在越远处看到的是越早的景象. 图上示出当远到一定程度,那里将看不到星系. 这并不说明那里"今天"没有星系,而是那里的星系在刚形成时所发的光尚未传播到我们这里. 按这道理,从那里应看到星系形成前的中性原子气体. 原则上从更远处还能看到原子尚未复合时的电离气体. 只不过因电离气体中的光子自由程极短,即介质极不透明,所以实际上已不能观测.

回到如何观测背景辐射问题上来. 设从某 r_1 处,我们应当看到它在 $t_1 \approx 2.4 \times 10^5 \, a (T_1 \approx 0.25 \, eV)$ 时所发出的光. 按上节的理论分析,这正是光子的退耦时刻. 某些光子经过那时的最后一次碰撞后就自由地向我们飞来. 这就是我们应当观测到的背景辐射. 这等 r_1 面因此被称为最后散射面. 它对于我们就是背景辐射的"光源". 因不同光子的最后一次散射不完全同时发生,这光源有一定的厚度(见图 6.3). 但是它的厚度很小,做理想化讨论时可忽略.

如果早期宇宙如 Gamow 所想,它非常地均匀且等温,那么背景辐射的光源,即最后散射面应当是一个理想的等温球面. 我们从不同方向接收到的背景辐射来自光源的不同部分,但是强度应当一样. 这样就有了第一个推论:若早期宇宙满足宇宙学原理,那么观测到的背景辐射应高度地各向同性. 这推论是能够由实测来证实或证伪的.

然后考虑背景辐射的频率谱,即其辐射强度随频率的分布. 上面提到观测宇宙图上的最后散射面很薄,其理由是光子从有频繁碰撞到失去碰撞的转化很快. 按这道理,从最后散射面上放出的光子的动量分布应很接近于 Planck 谱. 这也就是说,最后散射面是非常接近热平衡的光源,其表面温度为 T_{dec}. 我们以此为前提来分

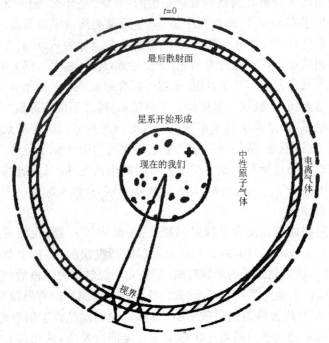

图 6.3 观测宇宙图

析观测到的背景辐射谱.

从 Planck 公式知,光源放出的动量为 p_1 的光子数密度满足

$$n(p_1) \propto (e^{p_1/T_{\text{dec}}} - 1)^{-1}. \qquad (6.3.1)$$

如同观测星系一样,光源发出的光频因宇宙膨胀而有红移.发出时频率为 ν_1 的光子,被我们观测到时的频率变成了 ν_0.注意在自然单位下光子的频率、能量或动量都相等,即

$$\nu = p = E.$$

套用星系的红移公式(4.10.6),有

$$1 + z_{\text{dec}} = \frac{\nu_1}{\nu_0} = \frac{p_1}{p_0} = \frac{E_1}{E_0}, \qquad (6.3.2)$$

光子的频率和能量都降低了. 我们这儿观测到的动量为 p_0 的光子

必是放出时动量为 p_1 的光子,即 $n_{观测}(p_0) \propto n(p_1)$. 按这道理,观测到的光子数随动量 p_0 的分布应为

$$n_{观测}(p_0) \propto (e^{p_1/T_{dec}} - 1)^{-1}$$
$$= (e^{p_0(1+z_{dec})/T_{dec}} - 1)^{-1}, \quad (6.3.3)$$

它仍是 Planck 谱的形式. 把它重写成

$$n_{观测}(p_0) \propto (e^{p_0/T_{eff}} - 1)^{-1}, \quad (6.3.4)$$

其中的等效温度 T_{eff} 应定义为

$$T_{eff} = \frac{T_{dec}}{1 + z_{dec}}. \quad (6.3.5)$$

这样就证明了,任一方向上观测到的背景辐射强度随频率的分布应相当于温度为 T_{eff} 的 Planck 谱. 这又是一个能用实测来检验的结果.

在讨论今天背景光子的等效温度前,有必要补充一些概念上的说明. 退耦后的光子气体没有热碰撞,所以它不再是热平衡气体. 原则上温度的概念对它是不适用的. 要紧的是上面证明了它的频率谱仍为 Planck 谱. 这样才能把谱中相应的参量叫做背景辐射的等效温度. 当需要计算它的密度或粒子数密度时, 5.3 节中导出热平衡下的公式也都依然适用. 此外,利用 $1+z=R_0/R$,结合 (6.3.5) 式看出,等效温度 T_{eff} 依然是与 R 成反比地降低的,即

$$\frac{R_0}{R(t_{dec})} = \frac{T_{dec}}{T_{eff}}. \quad (6.3.6)$$

这些结果在前面都已用到过. 正因为背景辐射与热平衡光子气体的性质都一样,所以人们常简单地把这 T_{eff} 叫做今天的背景光子温度 $T_{\gamma 0}$,而不强调这温度的等效性.

回到背景光子温度的估算上来. 上面导出 $z_{dec} = 1060$ 时已用到了背景光子的实测温度. 在背景光子发现前,人们需要先估算出 $T_{\gamma 0}$ 的大小以供检验. 例如通过原初核合成的研究能估出 η 的大小,结合实测的重子物质密度,就能推知今天背景光子的温度. 当

时的人们估出 $T_{\gamma 0}$ 应在 10^0 K, 即几度. 如此低温的热辐射主要在微波波段. 无论如何, 它是能用微波辐射计或射电天线来发现的.

6.4 发现和证实

Gamow 的早期宇宙理论预言了有弥漫于全宇宙的背景辐射的存在. 归纳上节的分析, 它应当是一个高度各向同性并很接近符合 Planck 谱的辐射场. 此外它在今天的温度约为 10 K. 其实在当时(50 年代初), 做这样的观测就已办得到了. 可是, 宇宙的膨胀理论当时尚得不到学术界的信任, 以致没有人想做这样的事. 背景辐射的实际发现是在 60 年代中后期, 而且事情很富有戏剧性.

60 年代初, 美国普林斯顿大学的 Dicke 和 Peebles 重新认识到了背景辐射问题对宇宙学的重要性. 他们让两位研究生准备观测仪器, 以探寻这个辐射. 事后看来, 这是一个注定会成功的研究计划. 可是成功还是与他们失之交臂了. 在他们还在做准备时, Bell 实验室的 Penzias 和 Wilson 在无意中抢先发现了它.

Penzias 和 Wilson 当时在做的事与天文学或宇宙学无关. 他们在调试一个频率为 4080 MHz 的角形天线, 目的是为"回声"卫星服务. 他们在没有信号时测定了天线的接收本底. 天线测量习惯用温度 T 来表示强度, 意指同温度同频率下的热辐射强度. 他们测到的天线温度可拟合为

$$T(\theta) = (4.4 + 2.3 \sec\theta)\text{K}, \qquad (6.4.1)$$

其中 θ 是天线轴与天顶的夹角. 天线束通过的大气厚度正比于 $\sec\theta$, 因此第二项归之于来自大气的辐射. 另有 0.9 K 估计是天线的 Ohm 损耗和进入天线旁瓣的地球辐射. 于是, 还有 3.5 K 的辐射不明其来源.

天线中的不明噪声在贝尔实验室是老问题. 因实用上不一定需要弄清其来源, 所以常是被忽视的. Penzias 和 Wilson 却执著地想弄清它, 并为此做了许多试验. 虽然他们最终没有发现这噪声

的来源,但是排除了它来自天线自身或近处环境的可能.这收获使他们明白,这部分"本底"是来自远处的信号,可是他们不了解宇宙背景辐射的理论.

贝尔实验室与普林斯顿大学不远.那里的 Dicke 和 Peebles 知道这结果后,立即意识到 Penzias 和 Wilson 所发现的正是他们要探寻的背景辐射.两组人一起讨论后各自分别地写了一篇论文.它们发表在 1965 年的同一期《天体物理杂志》上.Penzias 和 Wilson 的论文很简短,只客观地指出,在 4080 MHz 发现有一个 3.5 K 的过剩天线温度,在测量限度内它是各向同性、非极化的并与季节的变化无关. Dicke 和 Peebles 等人的论文中则详细地解释了这信号的宇宙学意义.这就是背景辐射最初被发现时的历史状况.

Penzias 和 Wilson 的发现显然不足以得到人们的完全确认.他们的贡献是为背景辐射的实测研究奠定了第一块基石.如果它确实是来自宇宙深处的背景辐射,那么人们应当在其他频率上也能找到它.于是这问题立刻成了研究的热点.在此后几年里,十几组天文学家在从微波到红外的不同频率上测到了它,并定出了接近相同的温度.这样,宇宙学起源的背景辐射的存在得到了人们的公认. Penzias 和 Wilson 因这项发现而获得了诺贝尔物理学奖.

对于宇宙学理论,证实了各向同性的背景辐射的存在,其首要意义是证实了理论基本前提——宇宙学原理的正确性.它直接地表明,星系形成前的早期宇宙确是高度均匀的热气体.如已在第五章开始时指出过,只有这一点才是 Gamow 的早期宇宙理论的核心假设,而其他都几乎是难以避免的物理推论.此外有了这前提,星系形成后的宇宙只能是宇观地均匀的.因此,背景辐射的发现不仅是早期宇宙理论的强有力的支柱,而且它也为 Friedmann 模型提供了可靠的基础.这原是宇宙学研究中长期存在的遗留问题.

在背景辐射的存在被肯定后,进一步须由观测来回答的问题是:它的频谱是否与 Planck 谱十分地相接近.要全面地测量背景辐射谱,困难是在毫米和亚毫米波段[①].在这些波段上,地球大气的影响变的复杂而麻烦,使测量难以或不能进行.有些短波长上的测量是把仪器载在气球或火箭上做的.总之,由于用不同方法测到的温度很弥散,它在整体上是否复合 Planck 公式曾有过不少争议.人们作了 20 多年的努力,依然对背景辐射谱的全貌没有得到共识.1989 年上天的宇宙背景探测者(简称 COBE)卫星从大气外做了测量,才一劳永逸地回答了这个问题.

COBE 卫星是带着许多观测任务升天的,确定背景辐射谱是它的主要任务之一.它在 30 多个波长上做测量,并为每个波长的测量安置有四个仪器.图 6.4 画出的是 COBE 的结果,其中的方块是观测值及误差,实线是用 Planck 公式的拟合.它清楚地示出,两者确是高度一致的.人们由这样的测量和拟合,才肯定地知道了背景辐射谱是黑体谱,并确切地定出了今天的背景辐射温度.按前面用到过的 1996 年的结果,它是

$$T_{\gamma 0}=(2.728\pm 0.004)\text{K} \quad (置信度 95\%), \quad (6.4.2)$$

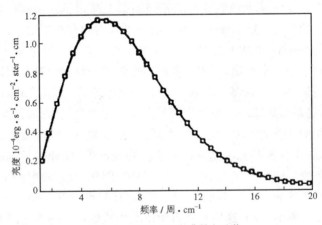

图 6.4　COBE 测到的背景光子谱

---

① $T=2.73\text{K}$ 的热辐射的峰值波长为 2mm。4080MHz 对应于波长 7.4cm.它已属于长波的尾巴.难测的是比峰值波长短的部分.

这样,理论上预言的性质都得到了观测的证实.

让我们理解背景辐射谱高度地符合 Planck 公式的意义.在星系形成后的宇宙中,不同部分有了不同的温度.宇宙介质已经没有统一的热平衡了.所有天体的局部热平衡都只会是近似的.若观测其热辐射谱,它对黑体谱必有显著的偏离.例如太阳的热辐射谱与黑体谱偏离甚大.介质碎裂前的早期宇宙几乎是惟一能整体地达到高度热平衡的系统.这样看来,背景辐射谱与黑体谱高度一致,强烈地暗示了它来自早期宇宙.于是它把热大爆炸理论证实到了几乎无可争议的地步.

6.5 偶极各向异性

背景辐射观测研究的动机不仅是为了证实理论,人们也期望从中能析取更多的宇宙信息.偶极各向异性的研究就兼含着这两方面的作用.

星系作为膨胀着的宇宙介质中的一颗"分子",它除了参与介质的膨胀,还必有自身的运动.它就是一再提到过的本动.银河系当然不应例外,因此我们是在运动的参考系中观测背景辐射,这样就会有 Doppler 效应.让我们仍从观测宇宙图上来直观地看,并设银河系在向右方运动.出发时频率为 ν_1 的光子在没有本动的星系上观测到的频率是 ν_0. 由于银河系在向右运动,右方来的光子的红移被本动抵消了一些,它被接收到时的频率将比 ν_0 略大.反之,左方来的光子的红移被本动加剧了一些,测到的频率将比 ν_0 略小.本动影响了不同方向上的红移量,等于改变了不同方向上的等效温度.于是从银河系测量背景辐射的温度时,应发现它有微小的各向异性.这又是对背景辐射观测性质的一个预言.

观测者的运动引起的 Doppler 效应可用狭义相对论处理.若处在银河系位置上而没有本动的(局域)参考系中观测到的光子频率为 ν_0,银河系相对这参考系的速度为 v,那么用 Lorentz 变换可

算出,在银河系上测到它的频率为
$$\nu'_0 = \frac{\nu_0(1 - v\cos\theta)}{(1 - v^2)^{1/2}}, \quad (6.5.1)$$
其中 θ 是观测方向与参考系运动方向的夹角. 在任一固定方向上 ν'_0 与 ν_0 成正比,说明频率分布没有改变,而改变的是等效温度(参看(6.3.5)). 现在在 θ 方向上观测到的温度应是
$$T_{\text{obs}} = \frac{T_0(1 - v^2)^{1/2}}{1 - v\cos\theta}, \quad (6.5.2)$$
其中 T_0 是没有本动的参考系中测到的温度.

这是相对论性的 Doppler 效应. 考虑到银河系的本动速率是 10^3 km/s 的量级. 它远小于光速,即 $v \ll 1$. 在上式中略去相对论因子,再对 v 作 Taylor 展开,得到
$$T_{\text{obs}} = T_0(1 + v\cos\theta + \cdots). \quad (6.5.3)$$
这样的展开相当于辐射场的多极展开,因此偏离 T_0 的领头项 $\Delta T = T_0 v\cos\theta$ 叫温度的偶极各向异性. 温度最高的方向就是本动方向,其他方向[①]的 ΔT 按 $\cos\theta$ 的规律变化. 把变化的振幅记作 T_1,它与 T_0 之比就是本动速度 v 的大小.

从 1978 年起,许多观测组陆续测到了与 $\cos\theta$ 成正比的温度各向异性,并定出了 T_1 的大小. 采用 1996 年 COBE 的结果,它是
$$T_1 = (3.353 \pm 0.024)\,\text{mK}. \quad (6.5.4)$$
这结果除证实理论预言外,它还给出了地球在宇宙中的绝对速度. 它是
$$v_{\text{地}} = (369 \pm 1)\,\text{km/s}. \quad (6.5.5)$$
我们知道地球绕太阳的速度约是 30 km/s. 它不是这速度的主要来源. 太阳在银河系中绕银心转动,速度为 220 km/s. 用速度的矢量合成关系把这两部分运动扣除,得到银河系的绝对速度. 它是
$$v_G = (547 \pm 17)\,\text{km/s}. \quad (7.5.6)$$

---

① 以运动方向为极轴,由于问题的轴对称,温度与 ϕ 角无关.

运动方向指向银经 $266°\pm2°$,银纬 $29°\pm2°$.

最后讨论一下由此引申出来的物理观念.一百年前的人们曾认为有以太弥漫于全空间,于是它可以作为静或动的绝对基准.天体相对它的运动叫绝对运动. Michelson-Morley 曾测量地球的绝对速度,但始终得到零结果.它使人们悟到,以太并不存在,绝对运动是没有意义的.这就是相对性原理的基础.现在宇宙学肯定了弥漫全宇宙的背景辐射的存在,那么以背景辐射为基准的"绝对"运动就有了客观意义.这事实给物理学提出什么启示是值得思考的问题.

从广义相对论的观念看,在随时间变化的度规(引力场)中全局性的惯性系不能存在,因此狭义相对论只能局域地成立.(狭义)相对性原理主要的结论是相对地运动着的参考系中物理规律有相同的形式.这结论已很好地得到了实践的证实,从而已难以否定.无论如何,不存在物理准则来区分参考系的动或静的推断已不复成立.从上面讨论的宇宙学事实看,甄别动或静的物理准则是存在的.在任一(局域)参考系中都能观测宇宙背景辐射.若发现从某参考系中看来没有温度的各向异性,那就可以作为它"绝对静止"的标志.上面讲的银河系的绝对速度就是对这样的静止系而言的.当然,这宇宙学事实并不与相对性原理直接冲突.

另外值得注意,作为动或静的基准的背景辐射本身是在随宇宙空间膨胀的.正由于此,依它定义的绝对静止系只能是局域的,而且空间不同点上的局域静止系之间是相对地运动着的.由此看来,这"绝对静止"基准的存在完全不意味着 Newton 绝对空间概念的复活,它是我们对时空认识的进一步深化.

6.6 多极各向异性

上面的讨论中都假定光子退耦时的宇宙是完全均匀的.背景光子温度的偶极各向异性反映的是银河系的运动,而不是介质不均匀的后果.要是从宇宙结构的形成看,当时的宇宙介质不能完全均匀,其上必有小的密度起伏,它是后来结构形成的种子.在这最后一节里,我们讨论介质中有密度起伏造成的观测效果.

考虑到早期宇宙各处的温度和密度有微小起伏,那么不同地点的光子退耦时刻就有早晚.这意味着观测宇宙图上的最后散射面不是理想的球面,而是高低不平的球面.这样,观测到的背景辐射温度也必有小的起伏,即 $T=T(\theta,\phi)$.它的平均值是前面算出的 T_{dec}.

对这样的起伏,用多极展开讨论更方便.多极展开的数学形式是对 $T(\theta,\phi)$ 按球谐函数 $Y_{lm}(\theta,\phi)$ 展开,即

$$T(\theta,\phi)=\sum_{l=0}^{\infty}\sum_{m=-l}^{+l}a_{lm}Y_{lm}(\theta,\phi). \qquad (6.6.1)$$

注意到 $Y_{00}=1$,展开式中的第一项 a_{00} 是平均温度 T_{dec}.第二项($l=1$)是偶极各向异性项,反映观测者的运动速度.从第三项即四极项开始,才描写光子退耦时的温度起伏①.首先观测到的温度各向异性是偶极型的,其相对强度是 10^{-3}.多极项的相对强度更低.考虑到起伏分布的随机性,多极起伏用 δT 描写.它与展开系数的关系是

$$\delta T_l^2 = \frac{l(l+1)}{4\pi}\langle|a_{lm}|^2\rangle, \qquad (6.6.2)$$

其中尖括号代表对 m 的平均.从结构形成的角度估算,$\delta T_l/T_0$ 约是 μK 的量级.

从 1977 年起的十来年里,人们在测到偶极各向异性的同时,想分析得出四极各向异性的强度.受观测精度的限制,所得到的一直是零结果,从而只给出它的上限.到 20 世纪 80 年代末,这上限已缩小到 $\delta T_2/T_0 < 1\times 10^{-5}$.如果在测量精度再提高一个量级后依然得到零结果,那么这过小的密度起伏将来不及在今天之前形

---

① 观测者运动引起的 Doppler 效应对高极项也有贡献,扣除它所余下的部分才是温度起伏的反映.

成星系.在这样的关键时刻,COBE 卫星又一次做出了重要的贡献.它的另一套仪器 DMR 在 1992 年测到了微波背景温度的四极各向异性,大小是

$$\frac{\delta T_2}{T_0} = 5 \times 10^{-6}. \qquad (6.6.3)$$

如果把温度的多极各向异性的存在也看作理论的预言,那么至此背景辐射上应当看到的主要性质都看到了,而且与理论预期的结果都相吻合.但是这并不是事情的结束.

从结构形成的研究看,若能细致地测到背景辐射上的温度起伏,再把它换算成当时的密度起伏,它可以作为计算后来结构形成的初条件.考虑到光子退耦时的宇宙密度尚很大,星系质量物质在最后散射面上所占的线度很小.从银河系看过去,它的张角仅为 $1'$ 左右. COBE 测量温度起伏的分辨率为 $10°$ 左右.它把 $10°$ 以内,即天文上感兴趣的尺度上的起伏都抹去了,因而无法作为计算结构形成的初条件. 2001 年升空的观测卫星 MAP 和 2007 年将发射的卫星 Planck Surveyor 都准备在极高的分辨率下测量这温度起伏.一旦它们达到预期的目标,那将结构形成的研究是极重要的推动.

这种观测研究还有一个副产品,那就是它能把宇宙学参量确定下来.在不用扰动产生的具体模型时,理论上常设原初扰动随波矢 k 的分布[①]由幂律描写,即

$$|\delta_k|^2 \propto k^n. \qquad (6.6.4)$$

这样,幂指数 n 是描写扰动的基本参量.由这扰动在最后散射面上产生的起伏可以从理论上算出.把观测到的起伏与理论结果相比,就能把幂指数 n 定下来.注意计算原初扰动的观测效果时须输入 4 个宇宙整体参量[②],即 Hubble 常数 H_0、等效真空能密度 Ω_{eff}、实

---

① 它的定义参看第十章.
② Ω_{b0} 与 η 相联系,影响的是光子退耦时刻.前三个参量影响的是宇宙膨胀过程.

物密度 Ω_{m0},和重子物质密度 Ω_{b0}.当用理论结果去拟合实测,同时可以把上述参量推定.前面一再用到的结果就是这样地得来的.由此看来,背景辐射温度的多极各向异性的观测研究能帮助我们获得许多重要的宇宙学信息.

第七章 大爆炸核合成

7.1 原初的核合成过程

背景辐射理论的成功,肯定了早期宇宙确是热平衡的高温气体.它的温度至少曾达到过 1 eV,即 10^4 K.那么再前溯至宇宙年龄为 1 s 前,温度必曾高到 1 MeV 以上.原子核在那样的条件不能存在,因此最早的核合成是在此后的演化中发生的.本章要讨论的就是这个过程.

在原初核合成发生前($T \geqslant 1$ MeV),介质中的辐射组分是光子、正反中微子和正反电子.质子和中子的静质量为 1 GeV,因此那时已是实物粒子.它们从密度或粒子数密度讲都是次要组分,但是在原子核的合成过程中却是主角.

当气体中有质子与中子,它们自然会通过热碰撞而结合成氘,即

$$p + n \leftrightarrow D + \gamma, \quad (7.1.1)$$

氘的结合能为 $B_D = 2.2$ MeV,因此 $E > B_D$ 的光子能使氘解离.它就是上述过程的反过程.若高能光子数很多,氘的解离很容易发生,从而正反过程达到核化学平衡.当温度很高(例如 $T = 1$ MeV),核化学平衡下的氘的丰度非常低.人们理解为那时氘合成尚未开始.核化学平衡下的氘丰度计算很类似于上一章中对氢原子复合的处理.

在宇宙温度降至 0.1 MeV 时,氘已积累得较多.接着发生的连锁反应是:

$$^2D + p \longrightarrow {}^3He + \gamma, \quad (7.1.2)$$

$$^2D + {}^2D \longrightarrow {}^3He + n, \quad (7.1.3)$$

$$^2D + {}^2D \longrightarrow {}^3T + p, \qquad (7.1.4)$$

所合成的是原子量为 3 的同位素核 ^3T 和 ^3He. 再后继的主要过程是

$$^3He + n \longrightarrow {}^3T + p, \qquad (7.1.5)$$

$$^3T + {}^2D \longrightarrow {}^3He + n, \qquad (7.1.6)$$

$$^3He + {}^2D \longrightarrow {}^4He + p, \qquad (7.1.7)$$

它们进一步产生了原子量为 4 的氦. 这些后继过程比相应的反过程快,核化学平衡已不能维持了.

核物理事实告诉我们原子量为 5 的核都极不稳定,因此原初的核合成链在产生 ^4He 后基本中断了. 这决定了原初核合成的最主要的产物是 ^4He. ^2D, ^3T 和 ^3He 都只是中间产物. 当然最后会有少量存留①下来. 其粒子数比 ^4He 要少 3 至 4 个量级.

在 ^4He 积累得较多后才会再进一步合成原子序数更大的核. 由于原子量为 8 的核也都极不稳定,实际上主要只是产生了周期表上第三号元素锂. 产生方式是

$$^4He + {}^3T \longrightarrow {}^7Li + \gamma, \qquad (7.1.8)$$

$$^4He + {}^3He \longrightarrow {}^7Be + \gamma, \qquad (7.1.9)$$

^7Be 核会通过电子俘获而转化为 ^7Li,即

$$^7Be + e^- \longrightarrow {}^7Li + \nu_e. \qquad (7.1.10)$$

所产生的 ^7Li 还会与 p 相碰撞,而部分地转回 ^4He,即

$$^7Li + p \longrightarrow {}^4He + {}^4He. \qquad (7.1.11)$$

作为这些过程的综合效果,最后生成的 ^7Li 极少,其粒子数比 ^4He 少 8 至 9 个数量级. 上述主要过程构成的反应网络示于图 7.1 中. 我们将不讨论产额更少的第四和第五号元素铍和硼. 由于通过热核反应产生原子序数更大(即核电荷更多)的核需要更高的温度,而宇宙的温度却在降低,所以早期的核合成过程不能产生原子序

---

① ^3T 也是不稳定核,但其寿命较长. 核合成阶段结束后,它将最终地通过 β 衰变而转化为 ^3He.

数更大的元素如碳、氮和氧等.

当宇宙温度降至 $0.01\,\mathrm{MeV}$(即 $10^8\,\mathrm{K}$)左右.这时粒子的热动能已太低而不足以再引起热核反应,于是原初的核合成过程就停止了.整个过程只持续了不到 $1\,\mathrm{h}$,产生的仅是一些最轻的原子核,$^4\mathrm{He}$ 是它最主要的产物.

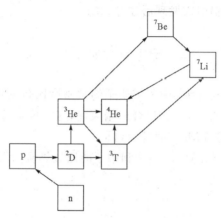

图 7.1 原初核合成的反应网络

这是对原初核合成过程的定性描述,而宇宙学需要的是定量地算出每种核的产额,以便用实测来检验它.考虑到 $^4\mathrm{He}$ 是最主要的产物,它的丰度可简单地估算.

任意地取一个共动的单位体元,其中核合成前的质子和中子数分别为 n_p 和 n_n.下节将证明一定有 $n_\mathrm{p} > n_\mathrm{n}$.核合成结束时,全部原初的中子都与质子结合成了 $^4\mathrm{He}$,余裕的质子就是以后的电离气体中的氢核.这样立即看出,体元内 $^4\mathrm{He}$ 的粒子数 $n_4 = n_\mathrm{n}/2$,氢核数 $n_\mathrm{H} = n_\mathrm{p} - n_\mathrm{n}$.记得丰度是该元素在气体中的质量百分比,因此对 $^4\mathrm{He}$ 有

$$Y_4 = \frac{4n_4}{n_{+1} + 4n_4} = \frac{2n_\mathrm{n}}{n_\mathrm{p} + n_\mathrm{n}} = \frac{1}{1 + \left(\dfrac{n_\mathrm{n}}{n_\mathrm{p}}\right)^{-1}}. \quad (7.1.12)$$

这结果告诉我们,氦的产额主要是被核合成前的中子与质子数之

比决定的.

Gamow 最初估出 $n_n:n_p \approx 1:7$,从而推断原初核合成产生的氦丰度 Y_4 约为 1/4. 它与太阳系内的实测氦丰度接近. 可是当时的学术界还根本不信任宇宙的膨胀理论. 这种初步的成功迹象不足以改变人们的态度. 原初核合成理论的深入研究和认真的实测检验是在背景辐射被发现后才开始的.

7.2 中子数与质子数之比

从上面的讨论看,中子与质子的数密度比是决定核合成产额的一个重要的有关量. 在核合成结束前,这个量是随时间变化的. 为此我们从 $T \geqslant 1\,\text{MeV}$ 时开始讨论.

当温度高于 $1\,\text{MeV}$,质子和中子能通过热碰撞而相互转化. 相应的过程是

$$p + e^- \longleftrightarrow n + \nu_e, \qquad (7.2.1)$$

$$p + \bar{\nu}_e \longleftrightarrow n + e^+. \qquad (7.2.2)$$

在正反过程达到化学平衡时,质子数和中子数都满足 Boltzmann 分布. 两者的数密度之比为

$$\frac{n_n}{n_p} = \exp\left(-\frac{\Delta m}{T}\right), \qquad (7.2.3)$$

其中 $\Delta m = 1.29\,\text{MeV}$ 是中子和质子的质量差. 从这式子看出,因为中子比质子重,所以中子数总比质子数少. 这是上面用到过的结果. 随着宇宙温度的下降,n_n/n_p 将越来越小.

上述两个过程都是依靠弱作用进行的. 要质子和中子能自由地转化,以保证(7.2.3)式成立,这些弱过程的发生率 $\Gamma_{弱}$ 须远超过①宇宙的膨胀率 H. 我们已经知道 $\Gamma_{弱} \propto T^5$,即它随温度下降比 H 要快. 设温度降至 $T = T_f$ 时有 $\Gamma_{弱} = H$,那么质子与中子的弱转

---

① 这是第五章中讨论的退耦概念的应用.

化从这时起已停止. 于是两者的比例冻结了下来. 冻结后的比值为
$$\left(\frac{n_\mathrm{n}}{n_\mathrm{p}}\right)_\mathrm{f} \approx \exp\left(-\frac{\Delta m}{T_\mathrm{f}}\right), \tag{7.2.4}$$
这冻结比与 T_f 是指数关系,因此冻结温度是一个很敏感的参量. 但由于计算宇宙膨胀率中有不定因素,我们还难以可靠地确定它.

在这辐射为主的早期,按 Friedmann 方程,膨胀率 H 满足
$$H^2 = \frac{8\pi G}{3}\rho_\gamma = \frac{4\pi^3}{45} G g^* T^4, \tag{7.2.5}$$
光子和正反电子对 g^* 的贡献很清楚. 人们在最初研究原初核合成时对自然界的中微子有几代还不清楚. 于是只好引入一个参量: 设它有 N_ν 代. 这样有
$$g^* = \frac{11}{2} + \frac{7}{4} N_\nu. \tag{7.2.6}$$
按照粒子物理的标准模型有 N_ν 等于 3, 相应地有 $g^* = 10.75$, 这就是 5.3 节中写出过的结果. 可是 N_ν 不等于 3 的可能是依然存在的(参看 7.5 节), 这就是影响宇宙膨胀率的不定因素. 在下面的讨论中, N_ν 将继续被当作待定参量.

N_ν 对核合成的定性影响容易分析. 若采用 $N_\nu=3$, 算出中子-质子比的冻结温度约为 $0.8\,\mathrm{MeV}$, 冻结下来的比例是
$$\left(\frac{n_\mathrm{n}}{n_\mathrm{p}}\right)_\mathrm{f} \approx \frac{1}{7}. \tag{7.2.7}$$
如果 N_ν 更大, 则同温度下的宇宙膨胀率 H 更大. 于是弱退耦($\Gamma_\text{弱} = H$) 发生得更早, 即 T_f 更大. 结果冻结下来的中子数相对地更多, 后来的氦产额也将更大. 反之要是 N_ν 比 3 小, 则其效果相反. 总之, 中微子的种数影响了宇宙膨胀的快慢, 从而间接地影响了原初核合成过程.

我们知道中子是不稳定粒子. 它的衰变寿命为
$$\tau_\mathrm{n} = (887 \pm 2)\,\mathrm{s}. \tag{7.2.8}$$
上面讨论 $n_\mathrm{n}/n_\mathrm{p}$ 的冻结时不考虑中子的衰变, 因为当时的宇宙年龄才 $1\,\mathrm{s}$. 从这时起到核合成的开始约有 $100\,\mathrm{s}$. 这阶段 $n_\mathrm{n}/n_\mathrm{p}$ 因中

子衰变而引起的减小就不可忽略了.扣除这部分中子损失后得到核合成开始时的中子-质子比.它才决定核合成的最终产额.

图 7.2 中画出中子-质子比随温度的下降.图上的虚线代表按 Boltzmann 分布律的下降.在弱转化退耦后,实际情况偏离了它.此后这比数的下降是中子衰变引起的,直至氚合成开始.再往后的中子数的减少是核合成的后果.这样看来,考虑到中子会衰变,氚核合成的起始时刻 t_D(或温度 T_D)又是一个重要的有关量.

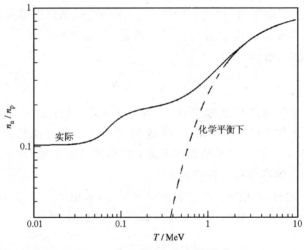

图 7.2　中子-质子比随温度的变化

粗略地讲,$t_D \approx 100\,\mathrm{s}$,即 $T_D \approx 0.1\,\mathrm{MeV}$.借助上章对氢原子复合的理论讨论容易理解,氚合成的起始时刻敏感地依赖于 η,即核子数与光子数之比.$\eta(=n_N/n_\gamma)$ 大意味着光子的相对数目少,于是氚合成就发生得早,即 t_D 小.再进一步的推论是中子衰变损失少,最后 $^4\mathrm{He}$ 的产额高.人们最初研究原初核合成时只知道 η 的值在 10^{-10} 与 10^{-9} 之间,因此把它当又一个待定参量处理.近年里虽然已对它的大小有了初步测定(参看(5.2.5)式),考虑到它对最终核产额的影响很敏感,下面我们将继续把它当作待定参量.

7.3 产额的计算方法和结果

上面的分析虽然清楚地告诉我们影响产额的因素和影响的机理,但是它只能作为估算的基础.理论上需要确切地算出经过整个核合成阶段后的元素产额.前面已指出,在核合成过程开始后,核化学平衡条件很快被破坏,因此不能用平衡态的统计方法处理.这里需要的是列出各种核的数密度随时间变化的微分方程,然后求解它.

按图 7.1 画出的主要反应网络,问题涉及的粒子共 8 种,即 n,p[①],^{2}D,^{3}T,^{3}He,^{4}He,^{7}Li 和 ^{7}Be. 它们的数密度分别记做 n_n, n_p, n_2, n_T, n_3, n_4, n_7 和 n_{Be}. 即使没有粒子间的转换发生,这些数密度也会因宇宙的膨胀而变化.这样,这些粒子的数密度的变化规律可写成

$$\frac{dn_i}{dt} = -3Hn_i + 粒子过程的影响. \quad (7.3.1)$$

这里的下标 i 代表上述粒子中的任一种. 等式右边的第一项是宇宙膨胀的效果,其中 $H = \dot{R}/R$. 后面的项是单位时间、单位体积内的粒子过程引起 i 粒子数的增加或减少.

粒子过程的影响很容易表述.为此考虑任何一个核反应过程

$$A + B \longrightarrow C + D. \quad (7.3.2)$$

把它叫 a 过程,那么单位时间单位体积内 a 过程的发生次数 λ_a 为[②]

$$\lambda_a = n_A \Gamma_a = n_A n_B \langle v\sigma_a \rangle, \quad (7.3.3)$$

靠实验室测定的核反应截面 $\sigma_a(v)$,$\langle v\sigma_a \rangle$ 作为温度的函数可以算出.因此,λ_a 与 n_A 和 n_B 成正比,比例系数与温度 T 有关.温度 T

[①] 质子就是氢核,它的数密度因核合成过程而在变化,人们常把核合成结束后留下的质子才叫氢核.因此氢不是核合成的"产物",而是上述过程的遗留物.

[②] 当 A 和 B 是同一种粒子,下式右边用 $n_A^2/2$ 代 $n_A n_B$.

随时间的变化由早期宇宙的动力学解出.这过程每发生一次 A 和 B 粒子各减少一个,而 C 和 D 粒子各增加一个,因此,任一种粒子的数密度变率方程可具体地写成如下形式[①],

$$dn_i/dt = -3Hn_i + \sum_a \lambda_a. \quad (7.3.4)$$

式中对 a 的求和指对一切增加或减少粒子过程的贡献求代数和.

对 8 种有关粒子,可以这样地写出 8 个微分方程.这样我们就有了一组完备的微分方程组了.方程中除了要输入核反应截面外,还需输入两个参量,即中微子的种数 N_ν 和核子-光子比 η.前者影响方程中的宇宙膨胀率 H,后者影响的是初条件.

要求解还必须确定一组初条件.为此我们可以适当选择一个较早的时刻,例如 $T=1\,\mathrm{MeV}$ 的时刻,这时核过程尚维持着化学平衡.用上章处理氢原子复合类似的方法,可以在输入 η 后把当时各种粒子的平衡丰度算出来.它们可作为求解上述方程的初条件.至此一切都准备好了.

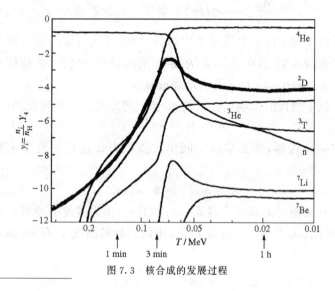

图 7.3 核合成的发展过程

[①] 中子数密度 n_n 的变率方程中尚须把它衰变的影响写入.

这样的方程组只能用数值积分的办法求解. 图 7.3 中画出了取 $N_\nu=3$ 和 $\eta=3\times10^{-10}$ 下算出的结果, 其横轴用温度代表宇宙年龄, 纵轴对 ^{4}He 用的是其丰度 Y_4, 对其他粒子用的是它与氢的粒子数比, 例如用 $y_2=n_2/n_H$ 反映氘的含量. 从氘的变化曲线看出, 它的有效合成约开始在宇宙年龄为 1 min 时, ^{2}D、^{3}He、^{4}He 的含量随之也迅速增长. 中子的大量消耗在宇宙年龄为 3 min 后, 这是大量核合成开始的标志. 锂和铍的产生主要在这时刻之后. 再往后到宇宙年龄约为 1 h, 各种核的数密度不再有显著变化, 这说明核合成过程已基本结束.

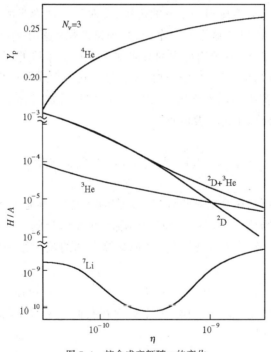

图 7.4 核合成产额随 η 的变化

为与实测相比较, 真正需要的是过程结束时的最终产额. 图 7.4 画的是产额随输入参量 η 的变化. 值得注意的范围是 $\eta=(1\sim$

$10)\times 10^{-10}$. 这里仍把中微子代数 N_ν 取做 3. 考虑到氚后来会衰变成 ^{3}He，它的产额已并入 ^{3}He 中了. 因不同核的产额差很多量级，图上的纵轴是分段的. ^{4}He 产额 Y_4 的大小在 0.20 到 0.26 之间. 它随 η 的增大而增大是做定性分析时已指出过的. 对 D 和 ^{3}He, y_2 和 y_3 的大小在 10^{-3} 到 10^{-5} 之间. 它们都是 η 的降函数. 图上多画了一条 y_2+y_3 的曲线是出于后面讨论的需要. 锂的产额 y_7 在 10^{-10} 到 10^{-9} 之间. 有趣的是它有一个谷，它表明理论不允许 y_7 小于 1×10^{-10}.

这些结果是能够由实测来检验的. 由于 η 尚未确定，人们检验的办法是：希望找到一个 η 的范围，使对应的理论产额全面地与实测相一致. 可是这里有一个问题. 理论产额代表宇宙年龄为 1 h 时的元素丰度，而实测得到的却是演化了百亿年后的宇宙中的元素丰度. 这两个时刻之间有过恒星代复一代的形成和死亡，它们是改变了宇宙中的元素丰度的. 怎么扣除恒星过程对元素丰度的影响是实测检验中的主要困难.

7.4 ^{4}He 原初丰度的实测推断

虽然原初核合成理论很确定，可是由于输入参量的不确定，使我们不能得到一个明确的理论产额值. 理论输出的只是产额作为 η 和 N_ν 的函数. 对于 Y_4，有人[①]把计算得到的数值结果拟合成公式

$$Y_4 = 0.228 + 0.012(N_\nu - 3) + 0.01\ln\eta_{10}. \quad (7.4.1)$$

这里为方便用 $\eta_{10}\equiv \eta\times 10^{10}$ 代替 η. 现在我们讨论怎样把它与实测相比较的问题.

---

① 这里的公式取自 Walker et al., Astrophysical Journal 376(1991), 51. 不同研究者给出过若干种不同的公式，它们并不十分一致，使用时需要小心. 本节的表 7.1 和公式 (7.4.2) 至 (7.4.6) 也都引自这文献.

上节末尾已提到,这里遇到的困难是如何设法扣除恒星过程对元素丰度的影响. 它远不是一个容易的任务, 但是人们对 ^{4}He 已有了可行的办法.

天文学家把测量对象集中在蓝紧致星系中的 H II 区. H II 区是主要由电离氢和氦组成的气体云. 这种 H II 区中也含氧、氮和碳, 但是含量远比太阳系内低. 考虑到氧等"重元素"完全是由恒星演化产生的, 其含量低暗示了这些大体形成得早, 以致受恒星演化的影响较小. 因此, 人们有理由期望这些天体中的 Y_4 值应较接近原初值. 可惜实测表明, 低金属[①]H II 区的 Y_4 值十分弥散, 并不能有效地给出原初氦丰度的信息. 表 7.1 列出了十几个氧含量 ($y_O = n_O/n_H$) 很低的 H II 区中测定的氦丰度, 其 Y_4 值在 0.224 到 0.255 之间.

表 7.1 若干低金属 H II 区中的 y_O 和 Y_4

H II 区	$y_O/10^{-6}$	Y_4
1ZW 18	14±2	0.234±0.016
Tol 65	33±4	0.224±0.014
T1214−227	40±3	0.224±0.008
CG1116+51	48±6	0.251±0.018
T1304−353	49±6	0.233±0.014
PO×186	52±8	0.244±0.013
C1543+091	57±5	0.240±0.012
UM 461	66±5	0.233±0.007
PO×120	70±5	0.247±0.013
PO×105	73±15	0.228±0.014
NGC 2363	85±8	0.230±0.014
SMC	87±13	0.242±0.007

研究者发现, 在统计意义上氧(或氮、碳)含量越低的 H II 区中 Y_4 确实越小. 图 7.5 画出的是氧-氦关联及其线性拟合. 得到的结

---

① 天体物理中把氢和氦之外的"重元素"都统称为金属. 这里指氧、氮和碳.

果用公式表示[①],

$$Y_4 = (0.229 \pm 0.004) + (1.3 \pm 0.3) \times 10^2 y_O. \tag{7.4.2}$$

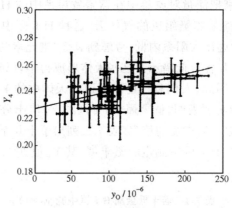

图 7.5　^{4}He 与 O 的丰度关联

把拟合公式外推到 $y_O=0$，所得到的应是消除了恒星影响的原初值 Y_{4p}．由这拟合推断出的氦原初丰度为

$$Y_{4p} = 0.229 \pm 0.004. \tag{7.4.3}$$

类似地用氮-氦及碳-氦的关联做分析，也能独立地定出了 Y_{4p} 值．结果是

$$Y_{4p} = 0.231 \pm 0.003 \quad (用氮), \tag{7.4.4}$$
$$Y_{4p} = 0.230 \pm 0.007 \quad (用碳). \tag{7.4.5}$$

从这三个结果看，最后只能定出一个含两位有效数字的范围：

$$Y_{4p} = 0.22 \sim 0.24. \tag{7.4.6}$$

随后的几年里，低金属 H Ⅱ 区的统计样品增加了，统计方法也有了改进．人们期望把小数第二位的值确定下来．从理论产额公式（7.4.1）看，若第二位小数尚不定，难以用实测和理论的对比给出

[①] 同本书 176 页的注[①].

η 及 N_ν 的确切信息. 可是这目标至今没有达到.

1992 年 Pagel 等人定出 $Y_{4p}=0.232\pm0.003$. 1993 年 Skillman 和 Kennicutt 又定出 $Y_{4p}=0.231\pm0.006$. 1996 年 Thuan 等人得到的结果是 $Y_{4p}=0.241\pm0.003$. 这里所标的误差仅是统计的,系统误差没有计入. 若把系统误差估计在内,专家们认为安全的 Y_{4p} 范围为 $0.22\sim0.25$,较可能的范围是 $0.23\sim0.24$. 近期内还难以有更可靠而准确的结果.

综合研究现状看,人们对 ^{4}He 原初丰度的推断仍很初步. 可是不能忽视这些初步结果中包含着的重要信息. 首先它证实了今天宇宙中大部分氦不是恒星核燃烧的产物,而来自宇宙的早期. 这当然是对原初核合成理论的支持. 其次 Y_{4p} 值的安全范围 $0.22\sim0.25$ 与 η_{10} 的安全范围 $1\sim10$ 按核合成理论是十分相符的. 这更是对理论的定量支持. 此外值得知道,在 20 世纪 70 年代中期,核合成理论曾利用很粗糙的实测结果对中微子的种数提出过重要的预言. 我们将在下节中接着讨论它.

在结束本节之前,我们无论如何应当讨论一下近年关于 η 的实测值. 它是从微波背景辐射的研究中定出来的:$\eta_{10}\approx 5$. 若把这结果输入公式(7.4.1),仍取 $N_\nu=3$,预言的理论产额为 $Y_4=0.244$. 把它与上面关于原初丰度的推断作简单对照即可看到,$\eta_{10}=5$ 可能偏大[①]了. 反之如果它是对的,则有两种可能:一是原初丰度 Y_{4p} 应大于 0.24,二是 N_ν 应小于 3. 这里共有三种可能,至今哪种也不能排除. 我们前面强调核合成问题对参量 η 和 N_ν 很敏感的含义在这里,今天依然只能把它们作为待定参量处理的原因也在这里. 从积极的角度看,这状况或许表明我们离正确答案已不远了.

---

① 用 $N_\nu=3$ 及 $Y_{4p}<0.24$,由(7.4.1)式推出 $\eta_{10}<3.3$.

7.5 中微子的种数问题

20世纪60年代的粒子实验发现 μ 轻子[①]过程中的中微子与电子过程中的中微子不是同一种粒子. 于是人们知道中微子有两种, 分别记为 ν_e 和 ν_μ. 1972年, 粒子实验发现了质量比质子还要更重的 τ 轻子, 相应的中微子记做 ν_τ. 这样中微子就有了三种(常被称为三代).

μ 子的质量是 106 MeV, 比电子重 200 倍. τ 子 (m_τ = 1784 MeV) 又比 μ 子重近 20 倍. 那么随着加速器能量的提高, 是否将来还会有更多代轻子被发现出来? 当时的粒子理论家对此还没有看法. 在实验上, 当时只能用 K^0 介子的衰变来提供限制, 得到的结果是 $N_\nu < 10^5$. 这几乎等于没有提供信息. 因此在70年代中期, 对自然界总共有几代中微子的问题, 实验上和理论上都还没有答案. 令人意外的是, 当时尚处于未成年期的宇宙学却对此做出了一个很强有力的预言.

中微子种数会影响原初核合成过程的机理已在前面讨论过. 定量效果可参看(7.4.1)式. 每增加一代中微子, 理论上的产额 Y_4 就增大 0.012. 这是相当显著的影响. 图 7.6 画出了与 $N_\nu = 2, 3, 4$ 相应的氦产额曲线. η_{10} 的范围仍考虑 1 至 10. 我们注意到, $\eta_{10} > 1$ 是有宇宙学的观测事实作依据的. 对照理论产额曲线看, N_ν 就不能太大. 在实测推断的 Y_{4p} 尚很不够清楚的条件下也能看出, $N_\nu = 3$ 是安全的可能. 它容纳很宽的 η_{10} 范围来与待定的 Y_{4p} 相适应. 若取 $N_\nu = 4$, 考虑到 Y_{4p} 不会显著地大于 0.25, 这意味着 η_{10} 应很接近于 1. 这只是尚不排除的可能. 取 $N_\nu \geqslant 5$ 的可能必须排除, 因为它使 $Y_{4p} \lesssim 0.25$ 和 $\eta_{10} \gtrsim 1$ 的事实无法兼顾了. 这样我们用今天的方式论证了 70 年代中期的推断: 中微子最可能只有三代, 有四代的

[①] 轻子指不参与强作用的粒子. 电子是带电轻子中最轻的一种. 参看附录 2.

可能不排除,出现第五代则是不可能的.

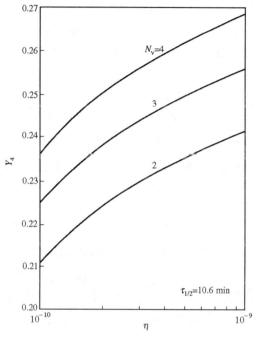

图 7.6 N_ν 对 ^{4}He 产额的影响

这结果引起粒子物理学家很大的兴趣. 可是当时的宇宙学尚很不成熟, 人们对它的预言是否可靠还有不同程度的怀疑. 有趣的是 10 年后的粒子实验给出了类似的结论. 1985 年, 弱电作用的规范粒子 Z^0 刚被发现不久, 粒子实验家用 Z^0 衰变分支比的分析定出了 $N_\nu < 5$. 这对原初核合成理论的可靠性无疑是极大的支持.

不管在理论方面或实验方面, 粒子物理都是比宇宙学成熟得多的学科. 中微子有几代无疑是应当由粒子实验来回答的问题. 到 20 世纪 80 年代末, 新一代加速器 LEP 能大量地产生 Z^0 粒子. 累计的事例数很快超过了百万. 通过很细致的衰变分支比分析, 1989 年给出的推论是

$$N_\nu = 2.96 \pm 0.06. \quad (7.5.1)$$

它是自然界只有三代中微子的直接证据.

最后值得指出,粒子实验定出的 N_ν 值与原初核合成理论中的参量 N_ν 值不完全是一回事. Z^0 粒子有不能直接观测的衰变模式

$$Z^0 \longrightarrow \nu_i + \bar{\nu}_i, \quad (7.5.2)$$

从总寿命中扣除可观测的衰变方式的贡献后推知,这样的衰变道只有三个. 更确切些说,这实验表明质量远比 Z^0 小[1]的中微子只有三代. 它们应就是 ν_e, ν_μ 和 ν_τ. 原初核合成理论中的 N_ν 却带有等效的味道.

让我们随意地设想 ν_τ 的质量超过 1 MeV, 且它是不稳定[2]的. 那么,在核合成阶段它成了实物粒子,而且它的粒子数已少于热平衡下的数密度. ν_τ 对当时宇宙密度贡献的减小可用 N_ν 的减小来代替. 这就是说,虽然中微子有三代,但是核合成理论中的 N_ν 应小于 3. 如果中微子都是零质量粒子(或静质量显著低于 1 MeV), 而且都是稳定粒子(或寿命很长), 那么这里的 N_ν 才与粒子实验的结果一样.

归根到底,核合成理论中的参量 N_ν 的作用是影响 g^*(参看(7.2.6)式)来调节该阶段的宇宙密度. 上面说明它小于 3 是可能的,其实反之也可能. 设想自然界还存在一种质量小于 1 MeV 的未知粒子,而它对当时的宇宙密度有不可忽略的贡献. 这样不管它是什么粒子,只要让 N_ν 大于 3, 就能把它的效果包括进去. 这正是在粒子实验已肯定了中微子有三代,而在核合成理论中依然把 N_ν 当待定参量的含义. 如果在进一步的研究中,核合成理论能断言 $N_\nu \neq 3$, 这将是宇宙学向粒子物理提供的又一个有价值的启示.

---

① 实测的 Z^0 质量为 92.6 MeV. 参看附录中的粒子数据表.
② 这种可能今天并不排除,当然也没有证据.

7.6 氘的原初丰度

由于核合成理论中包含了两个参量,在实测检验上只研究 ^{4}He 是肯定不够的. 从 20 世纪 70 年代起人们就意识到这点,并把氘和 ^{3}He 卷入了研究范围. 本节中先讨论氘.

在 $\eta_{10}-1\sim 10$ 的范围内,氘的理论产额 y_2 对 η_{10} 的依赖关系可用公式拟合[①]成

$$y_2 = 3.6 \times 10^{-5 \pm 0.06}(\eta_{10}/5)^{-1.6}, \qquad (7.6.1)$$

它对 N_ν 不敏感. 氘是原初核合成中次于 ^{4}He 的重要产物,其理论产额 y_2 在 10^{-4} 到 10^{-5} 之间. 把它卷入检验的问题仍是如何从实测来获得其原初丰度 y_{2p} 的信息.

氘在天体中的实际含量确很低. 在 20 世纪 90 年代前,人们只能在太阳附近的天体中测到它. 太阳系天体形成得较晚,其中的氘丰度与原初丰度没有简单联系. 人们从研究中发现,宇宙中氘的含量是单调地下降的.

因其结合能低,氘是易于瓦解难于产生的原子核. 稀薄气体中形成恒星时,在它达到主序状态前,氘就燃烧成了 ^{3}He. 过程是

$$^2D + p \longrightarrow {}^3He + \gamma, \qquad (7.6.2)$$

燃烧温度为 10^6 K. 这是消耗宇宙中原初氘的主要物理机制. 恒星内部不产生氘,因此它在死亡前向周围空间抛出的气体中不含氘. Epstein 等人在 1976 年论证了,任何宇宙环境中都没有显著地产生氘的可能. 这样,星际气体中的氘是由没有卷入过恒星形成的那部分气体中留下的. 随着恒星一代又一代的形成和死亡,星际气体中的氘将单调地减少.

这论证说明从今天测到的氘可为原初氘提供一个下限. 按照这道理,用太阳附近星际气体中的测量定出,$y_{2p} > y_\odot = 1.8 \times 10^{-5}$.

---

① 取自 S. Sarkar, Rep Prog Phys. 59(1996) p.1529.

MacCullough 在 1992 年修正了这结果,指出可靠的下限应为
$$y_{2p} > 1.1 \times 10^{-5}. \tag{7.6.3}$$
这个约束很弱,但是其中却已包含了很有价值的信息.

氘的理论产额 y_2 是 η 的降函数(参看图 7.4),因此由 y_{2p} 的下限可以定出 η 的上限. 按产额公式(7.6.1),结合(7.6.3)式推出
$$\eta_{10} < 9, \tag{7.6.4}$$
这结果因其可靠而很重要.

利用重子物质密度 Ω_{b0} 的定义和 η 的定义,不难推出两者之间的关系. 把物理常数代入数值,再用 $T_{\gamma 0} = 2.73\,\text{K}$,这关系写成
$$\Omega_{b0} h^2 = 0.0037 \eta_{10}. \tag{7.6.5}$$
这样,氢原初丰度的下限也确定了宇宙中重子物质密度的上限. 取 Hubble 常数 $h = 0.65$,上述结果(7.6.4)式表明
$$\Omega_{b0} < 0.08, \tag{7.6.6}$$
这是宇宙中重子密度的可靠上限. 前面已讨论过,人们曾以星系团为单元定出宇宙总密度 $\Omega_{m0} \gtrsim 0.2$. 这结果显著地超过了(7.6.6)式中的上限. 历史上讲,20 世纪 80 年代起理论家一直用非重子为主的宇宙模型研究结构形成,这构成了重要的事实根据. 当然,今天已测到 $\Omega_{b0} \approx 0.04$ 和 $\Omega_{m0} \approx 0.33$,非重子物质作为宇宙的主体已是肯定的事实了.

有了(7.6.4),我们可以把它与 Y_{4p} 的产额公式联系起来. 这样看出,若 $N_\nu = 3$,则
$$Y_{4p} < 0.25, \tag{7.6.7}$$
它与现今关于氦原初丰度的推定是相洽的. 注意这样得到的应是一个较宽松的上限,因此如果将来观测证实 Y_{4p} 很接近或甚至超过 0.25,那将是 $N_\nu < 3$ 的迹象.

要更准确地得到氘原初丰度的信息很难. 可是,人们在最近 10 年里还是取得了很有价值的进展.

1994 年,Songaila 组和 Carswell 组分别在类星体 Q0014+813 前方的吸收云(图 7.7)中测到了氘的吸收线,并由此定出了云中的氘含量.他们一致的结果是

$$y_2 = (1.9 \sim 2.5) \times 10^{-4}. \tag{7.6.8}$$

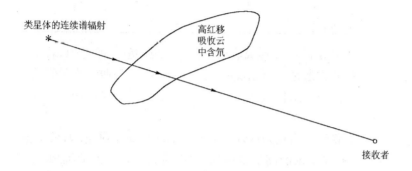

图 7.7 类星体前方云块造成的氘吸收线

这吸收云的红移为 $z = 3.32$,表明它是很遥远、很古老的天体.那么,其中的氘丰度应当与其原初丰度相接近.此后几年里,人们又对另几个吸收云做出了类似的测量.不幸的是不同吸收云中测到的氘丰度很弥散.表 7.2 列出了所得到的结果.值得注意有两个不同的云中都测到了很少的氘.它们[①]是

$$y_2 = (2.4 \pm 0.3 \pm 0.3) \times 10^{-5}, \tag{7.6.9}$$

前项代表统计误差,后项代表系统误差.这些结果的出现,引起了宇宙学家巨大的兴趣.

---

① 这指的是 Tytler 等(1996)、Burles 和 Tytler(1996)两组测量得到的平均丰度,前者测的是 Q1937−1009 前 $z = 3.572$ 的云,后者测的是 Q1009+2956 前 $z = 2.504$ 的云.

表 7.2 类星体吸收云中氘丰度的测定

类星体	吸收云的红移量	$y_2/10^{-5}$
0014+813	3.32	19~25
0014+813	2.8	19
0420−388	3.086	13~20
1202−0725	4.672	2.3
1937−1009	3.572	8.0
0636+680	2.89	11.2
1009+2956	2.504	2.5

考虑到不同高红移吸收云中的 y_2 都应是 y_{2p} 的近似,若干测量结果如此弥散是不可思议的.这局面暗示,从吸收云中发现的吸收线可能部分不来自氘.由此引起的争议很多,但是问题至今没有澄清.

我们将限于用核合成理论来对它们作些简单讨论.如果 y_{2p} 落在(7.6.8)式所示的高值范围内,那么由氘的理论产额推知 $\eta_{10} <$ 1.8.与用微波背景定出的 η 值比,它过分地偏低了.如果低值(7.6.9)式代表原初值,用 $y_2 = 2.4 \times 10^{-5}$ 推出 $\eta_{10} \approx 6.4$,并相应地对 ^{4}He 预言 $Y_4 = 0.247(N_\nu = 3)$.这两个值都显得偏高,但是也可能离真实值不远.

总之,虽然从类星体吸收云中测氘尚没有肯定的结果,但是它是一个有希望的方向.一旦我们能由此获得原初氘的可靠信息,其宇宙学意义将是巨大的.

7.7 ^{3}He 的原初丰度

^{3}He 的理论产额用公式拟合[①]成

$$y_3 = 1.2 \times 10^{-5 \pm 0.06}(\eta_{10}/5)^{-0.63}. \qquad (7.7.1)$$

---

① 取自本书 183 页引用过的 Sarkar 的文献 p.1529.

要把 ^{3}He 引入核合成理论的检验,关键依然在于对其原初丰度的推定. 这方面经过多年的研究,人们没有发现今天实测到的 ^{3}He 丰度与其原初丰度能有简单的联系. 于是要推断它的原初丰度,只能研究星系的化学演化过程,即恒星的形成和死亡对星系化学成分的影响. 至今这种研究必须引入很多人为的假设,其可靠程度难以很高. 为此我们只讨论一个最简单的模型.

作为准备,先考虑一颗恒星的形成和死亡对 ^{3}He 的影响. 设该恒星形成于原初气体中,因此氘和 ^{3}He 的初含量是 y_{2p} 和 y_{3p}. 这块气体中的氘在原恒星阶段已燃烧成了 ^{3}He,这样在刚形成的主序星中, ^{3}He 的含量增加成了 $y_{3MS} = y_{2p} + y_{3p}$. 在而后的恒星演化中,这些 ^{3}He 部分被消耗了. 在最终被它抛回星际的气体中, ^{3}He 含量写成 $y_{3end} = g_3 y_{3MS}$,其中 g_3 称为恒星的 ^{3}He 残存率,它在恒星演化理论中是能够算出的. 把最终的 y_{3end} 与最初的 y_{3p} 相比,才反映该恒星对宇宙中的 ^{3}He 含量的影响.

1991 年 Walker 等人做了一个很简单的演化模型,它常被后继的研究者引用. 他们简化地假定星系中的恒星是一次地从原初气体中形成的. 此后发生的是恒星的陆续死亡,并把大部分气体抛回星际. 这样,今天的星际气体由两部分组成. 一部分是未参与恒星形成的原初气体,设它在今天气体中的比例为 f;另一部分是恒星所抛出的气体,其比例为 $1-f$. 把氘和 ^{3}He 同时考虑,可写出一组今天值与原初值之间的关系:

$$y_2 = f y_{2p}, \tag{7.7.2}$$

$$y_3 = f y_{3p} + (1-f) g_3 (y_{2p} + y_{3p}), \tag{7.7.3}$$

式中的 g_3 是已死亡恒星的 ^{3}He 残存率的平均值. 为使用这组关系,首先须把不是可观测量 f 消去. 它们又考虑到 g_3 难以算准,因而在抛弃一项后化出了一个不等式:

$$y_{23p} \equiv y_{2p} + y_{3p} < y_2 + y_3/g_3. \tag{7.7.4}$$

这样就把今天的实测量(y_2 和 y_3)与原初量(y_{2p} 和 y_{3p})简单地联系起来了.

用这不等式时须把不同质量恒星的平均 g_3 算出. 作为不等式的好处是它可以用下限来代替. 他们理论上估出 $g_3 > 1/2$, 而为了安全, 采用 $g_3 = 1/4$. 然后, 利用从太阳附近实测得到的 y_2 和 y_3, 得到了一个约束：

$$y_{23p} < 1.0 \times 10^{-4}. \tag{7.7.5}$$

把这结果与各种核的理论产额及由实测推断的原初丰度作比较是很有意义的.

图 7.4 中已画出 y_{23p} 随 η 单调下降的行为. 由 y_{23p} 的上限可推出 η 的下限. 它是

$$\eta_{10} > 2.9. \tag{7.7.6}$$

这结果与用微波背景定出的 $\eta_{10} \approx 5$ 是安全地相洽的. 当与氘相比较, (7.7.5)式直接导致 $y_{2p} < 1 \times 10^{-4}$, 从而与类星体吸收云中测到的高值(见(7.6.8)式)是完全冲突的. 把(7.7.5)看成宽松的上限, 它与吸收云中的低值(见(7.6.9)式)相容得很好. 然后与 ^{4}He 相比较. 接受 $\eta_{10} > 2.9$ 意味着 $Y_4 > 0.239 (N_\nu = 3)$, 而且注意这下限还应当是宽松的. 与前面 7.4 节中推断的 Y_{4p} 相比, 这样预言的 Y_4 像是偏大了.

最后强调, 当这样地把 ^{3}He 卷入核合成理论的综合检验, 需注意(7.7.5)式的得出依赖于简化的模型, 因而其可靠程度是不甚清楚的. 可是目前还没有更好的办法来利用 ^{3}He 的实测知识.

7.8 关于原初的锂

原初核合成的锂产额对 η 的依赖可用公式拟合[①]成

$$y_7 = 1.2 \times 10^{-11 \pm 0.2} \left[\left(\frac{\eta_{10}}{5} \right)^{-2.38} + 21.7 \left(\frac{\eta_{10}}{5} \right)^{2.38} \right].$$

(7.8.1)

---

① 取自本书 183 页引用过的 Sarkar 的文献 p.1529.

如前所述,产额曲线有一个"谷",谷的位置在 $\eta_{10}=2\sim 3$,谷值约是 $y_7=1\times 10^{-10}$. 这应当构成理论检验中的一个难点. 检验的困难依然在如何用实测的锂丰度来推断其原初值. 可是人们对此一直没有共识. 因此,下面我们只作一个很简单的说明.

原来只从太阳附近的星际气体或年轻恒星(星族Ⅰ)中测到锂,它的丰度用 y_7 量度是 10^{-9}. 人们看不到它与锂的原初丰度有什么关系. Spite and Spite 在 20 世纪 80 年代初测到了银晕中古老(星族Ⅱ)恒星表面的锂,并且发现表面温度超过 5500 K 的晕星有几乎同样多的 y_7(图 7.8). 它的值略高于 10^{-10},即比年轻星低

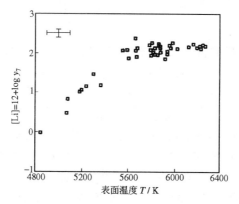

图 7.8 晕星中锂的含量

一个数量级. 接着有人做了晕星演化的理论模型(忽略转动),表明这类恒星中的锂耗损确很少. 于是用观测结果加上理论的锂耗损修正得到

$$\log y_7 = -9.80 \pm 0.16 \quad (\text{置信度 } 95\%). \quad (7.8.2)$$

若干有影响的宇宙学论文曾把它作为锂的原初丰度,并以此推断出 η_{10} 的安全范围:

$$\eta_{10} = 1.6 \sim 4.0. \quad (7.8.3)$$

这范围正好落在产额曲线的谷部. 它与从其他轻核推断出的 η 值大体相洽.

虽然这看法对原初核合成理论很有利,但是从锂丰度如何演化的角度,争论一直没有间断过.例如考虑恒星转动引起的涡流,它可能对锂有很大耗损.有人倾向认为 y_7 很大($\approx 10^{-9}$)的年轻恒星中的锂才是未受耗损的原初锂. 20 世纪 90 年代中期, Thorburn 对 80 颗晕星测定了 y_7,发现其中有三颗的 y_7 小一个数量级左右,即仅为 10^{-11}.这发现表明有的老星中有严重地耗损锂的机制,从而更使人怀疑把晕星中的锂当原初锂的合理性.这争论至今尚没有较清楚的答案,我们不打算涉及了.

7.9 对现状的评述

如本章开始时指出,在背景辐射理论得到实测充分证实后,更早期的宇宙中曾发生过原初核合成是不可避免的推论.核合成阶段的温度是 1 MeV 以下,气体密度在 10^6 g/cm^3 以下.人们对这种条件下的物理规律十分清楚,因此原初核合成理论本身几乎无可非议.不过它作为一个新领域里的物理理论,实测检验依然是必须的.核合成的检验研究虽然至今还远没有背景辐射问题成熟,但是人们已有理由相信,它的正确性将被充分证实.

核合成检验研究的目标之一是把核子-光子数比 η 确定下来.我们已经看到,对于背景辐射问题和原初核合成问题,η 都是重要参量.此外它对于正反物质不对称研究和非重子暗物质起源研究也都很重要.确定 η 值的意义是越出本问题范围之外的.

现在,背景辐射的观测研究已率先地把 η 值定了下来,即 η_{10} ≈ 5.若把这结果用于原初核合成,理论对核产额的预言是:$Y_4 \approx$ 0.244,$y_2 \approx 3 \times 10^{-5}$,$y_3 \approx 1.2 \times 10^{-5}$,$y_7 \approx 3 \times 10^{-10}$.与本章讨论过的原初丰度的实测推断对照,除了类星体 0014+813 前方的吸收云中测到的氘明显太大外,其他推断结果都是与此相容的,只是 ^{4}He 的原初丰度兼容得很勉强.这一方面说明本问题对参量 η 很敏感,所以理论的检验对原初丰度的推断值要求较高.从另一方面看,它也表明人们今天掌握的值离它们的正确值已不远了.

中微子等效种数 N_ν 的推断也是检验研究的目标之一. 如已讨论过,如果最终确定的 η 值在 5×10^{-10} 左右或更大,^{4}He 的原初丰度中很可能包含着对 $N_\nu<3$ 的暗示. 要澄清这点可能需要减小推断 Y_{4p} 的误差. 或许粒子物理对中微子质量的研究会抢先给出答案. 无论如何这问题很有意义,其研究动向也很值得关注.

总之,原初核合成检验研究的遗留问题已很集中也很清楚,因此当能用原初丰度把参量值 η 和 N_ν 推定下来,这方面的研究目标就基本完成了. 现实地看,人们可期望探测微波背景各向异性的 MAP 卫星和 Planck 巡天者卫星将在今后若干年内更可靠而准确地把各种宇宙密度参量(包括 η)定下来. 这对 N_ν 的推定将很有帮助. 只要新结果中不出现戏剧性的变化,那么包括原初核合成理论在内的宇宙学"古典"部分就走向成熟了.

第四部分 粒子宇宙学初步

第八章 正反物质的不对称

8.1 探寻反物质天体

在原初核合成之初,例如在 $T=1\,\mathrm{MeV}$ 时,质子和中子已成实物粒子. 我们假定它们存在,因为它们是合成原子核的必要的原料. 否则今天一切天体中的化学元素就没有起源了. 按同样的考虑我们不假定当时有反质子和反中子存在,因为今天的宇宙中没有反物质组成的天体. 那么让我们认真地问:宇宙中肯定没有反物质组成的天体吗?这是只能通过观测来回答的问题.

首先需要澄清,怎么才能识别其他天体是由正物质或由反物质组成. 从微观讲,粒子和反粒子的电磁作用和强作用性质都一样,因此反质子和反中子构成的反原子核的结构与正原子核完全一样;再配合正电子而构成反原子,其结构与正物质原子也没有区别. 当我们限于观测天体的电磁辐射,因光子和反光子又是同一种粒子,正物质天体与反物质天体是看不出差别的.

要是我们能容易地接收中微子信号就好办了. 在同样的条件下,若正物质天体辐射中微子,则反物质天体将辐射反中微子. 中微子和反中微子的差别是接受器能够区分的. 可惜今天我们还难以接收远处天体的中微子辐射.

能让我们判断地球之外是否有反物质天体的重要根据是粒子与反粒子相碰时的湮没现象. 湮没过程大量地释放出 π 介子. 其中 π^0 介子很快会衰变成一对光子,且这光子谱有很鲜明的特征. 它是我们实际地寻找宇宙反物质的重要依据.

怎么证实太阳系内没有反物质天体?首先我们有直接的证据表明太阳本身不是反物质星体,因为太阳内核燃烧释放的中微子是已经测到了的.此外,在太阳系的行星际空间流动着从太阳表面逸出的高速原子,这就是太阳风.它主要由质子组成.如果太阳系中有反物质行星或卫星,那么它不断受到太阳风的撞击,就会有持久而强烈的湮没现象,该天体将会被毁掉.没有观测到这种现象,表明整个太阳系内是没有反物质天体的.

同样的道理可类似地用于整个银河系.银河系的恒星际空间里充满着稀薄的星际气体,此外还有宇宙射线粒子在飞行.它们不与任何一个恒星相湮没,构成了银河系内也没有反物质星体的有力证据.这种观测研究已延伸到本星系群之外.天文学家由此已能肯定,在我们周围 10 Mpc 的范围内没有反物质星系.至于在更远处是否有巨大的反物质星系区?这问题原则上能按同样的原理来探寻.可是,如果反物质星系区与正物质星系区的界面离我们太远,湮没现象可能因太微弱而没有被观测到.因此今天的回答还不十分确切.

1998 年发射上天的 α 磁谱仪(AMS)的目标之一就是寻找更远处的反物质天体.它作为一台质谱仪,能测量射入粒子的质量和电荷.如果更远处有反物质星系,从那里逸出的高能反原子核将作为宇宙射线的一部分而自由地飞行到这里.在地球大气层外运行的 AMS 有一定的概率接收到它们.注意接收到反氢核(反质子)是不足为凭的,因为它多半是宇宙线中的次级粒子,即高能射线粒子碰撞的产物.如能接收到反氦核,意义就大不相同了.反氦核包含有两个反质子和两个反中子.它无法通过碰撞次级产生.因此,AMS 一旦接收到反氦核,那怕只有一例,就将是远处有反物质星系存在的有力证据.可是至今尚未从它那里听到令人激动的消息.

在理论家看来,10 Mpc 范围内没有反物质星系,几乎等于肯定了全宇宙中没有反物质星系.按粒子物理已经知道的相互作用,正反物质没有可能作大尺度的分离.基于这道理,AMS 没有发现反氦核被认为是正常的.反之,如果 AMS 证实了远处有反物质星系存在,那对于物理学将是很大的挑战.

8.2 正反物质不等量疑难

我们已有强有力的理由相信,今天宇宙中没有大块的反物质.正反物质的严重不等量就是宇宙现象上的正反物质不对称.由此引起的理论问题是它如何起源.

在由粒子气体构成的甚早期宇宙中,正反夸克都必定大量存在.问题在于最初它们是否等量.在理论家看,大自然不会偏袒,它们应该等量.下面把这样的模型叫 BSU,意即正反重子对称的宇宙①.让我们尝试地以此为前提来讨论.

当 BSU 降温到一定程度,正反重子将成对湮没.湮没过程等量地消耗正反重子,并使它们的数密度剧烈下降.在其数密度降得很低后,它们之间将失去相碰而湮没的可能,于是很少量的粒子将永远存留下去.这相当于以前讲的退耦造成粒子的冻结.用粒子物理的方法估算,冻结发生在 $T=22\,\text{MeV}$ 时,冻结下来的重子量为 $n_b/n_\gamma \sim 10^{-18}$.当然也有等量的反重子存留下来.这样遇到了两个问题:首先是怎么使存留的重子和反重子分离;其次是遗留的重子比后来核合成的需要低了 9 个量级.即使不管反重子的命运,这理论模型也无论如何演化不成现实的宇宙.

为避免湮没带来重子过少的灾难,只能假定湮没前(例如 $T > 50\,\text{MeV}$ 时)正反重子已不等量,即它是 BAU②.让我们假设其中正重子略多,这样在反重子完全消失后所余裕的正重子将全部存留.当然我们希望余裕的量正好符合后来核合成的要求.

BAU 中正反重子的不对称度用 A 描写,

$$A \equiv \frac{n_b - n_{\bar{b}}}{n_b} \sim \frac{n_b - n_{\bar{b}}}{n_\gamma}. \tag{8.1.1}$$

---

① BSU 是 Baryon-Symmetric Universe 的简称,其实它泛指正反物质等量,而我们只感兴趣于正反重子.

② BAU 是 Baryon-Asymmetric Universe 的简称.

后一近似等式是考虑到湮没前有 $n_b \sim n_\gamma$. 注意(8.1.1)式右边在湮没过程中是不变的①. 在湮没结束后，它就是剩余重子与光子的数密度比 η. 这样用符合核合成需要的 η，可以把事先宇宙中应有的不对称度 A 估出. 发现它是

$$A \approx 3 \times 10^{-8}, \qquad (8.1.2)$$

从这里看到，为演化出后来的现实宇宙，对当时宇宙中不对称的要求很低. 在 10^8 个核子所占据的区域里，反核子的数目只比它少几个就够了.

进一步问这万万分之几的差别又是怎么产生的？人们发现它是一个令人困惑的问题. 粒子实验表明，任何粒子过程中正反重子总是成对产生或成对消失的. 在难以计数的实验中没有发现过例外. 粒子物理把这经验总结为重子数的守恒定律(见下节). 按这规律，正反重子相等的系统不能转化为不相等的系统. 这就是说如果原始宇宙为 BSU，那么它不可能演化成即使差别很微小的 BAU. 所要的正反重子的微小不对称不会是演化的效果，于是只能归之于宇宙的初条件，即刚创生的宇宙中重子就比反重子多了万万分之几. 理论家难以相信宇宙会有如此奇怪的初条件，因此称它为正反物质的不等量疑难.

物理学家依然愿意认为原初的宇宙是正反重子等量的，即它是 BSU. 1967 年，俄国物理学家 Sakharov 原则性地研究了从 BSU 演化成 BAU 的可能. 他指出，为此必须具备三个条件：(一)存在破坏重子数守恒的相互作用；(二)正反重子在微观性质上存在差别；(三)宇宙对热平衡有偏离. 让我们逐条理解，为什么这三个条件都是必须的.

---

① 湮没时正反重子数之差不变，所以其数密度差 $n_b - n_{\bar b}$ 因膨胀而反比于 R^3. 这时光子数密度不严格地反比于 R^3，因为湮没过程要产生光子. 这里采用的是简化的说法. 下面估出的 A 显著地比 η 大，这是主要原因.

8.3 关于重子数的守恒

本节主要讨论重子数的概念和它的守恒规律的由来. 在这基础上, Sakharov 第一条件的必要性就自然明白了.

核物理中把质子和中子统称为核子. 在核衰变或核反应中, 这两种核子可能发生相互转化, 但是过程前后的核子总数永远是守恒的. 粒子物理的碰撞实验进一步证实了这规律的成立. 至 20 世纪 50 年代, 粒子实验发现了"新"粒子, 人们才意识到核子概念需要推广.

例如在加速器实验中, 通过过程

$$\pi^- + p \longrightarrow \Lambda + K^0, \qquad (8.3.1)$$

产生了新粒子 Λ 和 K^0. 它们都是寿命极短的不稳定粒子. Λ 很快衰变为核子及 π 介子, K^0 则衰变为两个或三个 π 介子. 这样的行为使人们认识到, Λ 应与核子是同类粒子, 统称为重子; K 则与 π 同类, 统称为介子. 经验表明, 在粒子碰撞的所有过程中, 碰撞前后的重子数是守恒的, 而介子数没有守恒性.

当粒子碰撞过程中出现反重子, 人们发现它一定是与另一正重子成对地被产生的. 例如

$$\pi^- + p \longrightarrow N + N + \overline{N} + \cdots, \qquad (8.3.2)$$

这里的 N 或 $\overline{N}$ 分别代表任何一种重子或反重子. 在这例中, 碰撞前只有一个重子, 即质子. 碰撞后它在自身转化成其他重子的同时产生了一对正反重子. 当然还会附带地产生一些介子. 这种是反粒子的产生过程. 在反重子消失时, 经验表明它一定是与另一正重子同时成对地消失. 这就是前面已一再提到的湮没过程.

在这类事实的基础上人们作出了理论的概括: 重子是强作用费米子的统称. 质子和中子只是两种最轻最稳定的重子. 为了表述重子数守恒的经验规律, 需要引入了重子数 B 的概念. 它被规定为

任一重子(p,n,Λ 等) 具有　　$B = 1$,
任一反重子(p,n,Λ 等) 具有　$B = -1$,
一切其他粒子具有　　　　　$B = 0$.

这里其他粒子包括轻子、介子和规范粒子等. 规定它们的 B 数为零,意指它们不是重子. 一个粒子系统的总重子数[①]B 是组分粒子 B 数的代数和,实际上也就是重子与反重子的个数之差. 重子数的守恒律表述为：任何粒子过程前后,系统的总重子数 B 保持守恒. 这表述既概括了重子在转换中保持粒子数不变的规律,也概括了正反重子必成对产生和成对消失的规律.

顺便在这里提到中子与反中子的区别. 正反粒子的电荷总是相反的,这是其差别的标志之一. 正反中子都不带电,因此在这方面没有差别. 现在看到它们的重子数 B 相反构成了重要差别. 例如反中子与质子能相碰湮没,而中子则不能与质子一起湮没. 这正是反重子的 B 数为负的后果. 概括地讲,正反粒子的物理性质在一切能相反的方面都相反,而不仅是电荷.

现在我们把这粒子物理规律用于宇宙. 对宇宙不能讲总重子数,而只能讨论它的重子数密度,记作 n_B. 它是单位体积内的正反重子个数之差,即

$$n_B = n_b - n_{\bar{b}},\qquad(8.3.3)$$

其中 n_b 和 $n_{\bar{b}}$ 分别代表重子和反重子的粒子数密度. 若宇宙中正反粒子等量即 BSU,它是一个 $n_B=0$ 的系统,BAU 则是 $n_B \neq 0$ 的系统,其中正反重子的不对称程度由 $A = n_B/n_b$ 描述. 重子数的守恒律决定,任何粒子过程都不能把 BSU 变成 BAU,这就造成了上节中指出的疑难. 同时我们也明白了,要想把原始的 BSU 通过物理机理转化为后来的 BAU,重子数守恒必须不是严格的物理规律,而是可能被破坏的. 这正是 Sakharov 的条件一.

[①] 小心不要对重子数和重子个数因字面原因而产生混淆,在含有反重子的系统中,重子数不是重子的个数,仅对不含有反重子的系统两者才一致.

Sakharov 条件一的必要性是一回事,自然界是否具备这条件是另一回事. 从粒子实验的角度讲,人们从来没有发现过一个违反重子数守恒的事例. 可是,这并不是它必定严格成立的证明. 让我们以化学反应为历史借鉴.

化学反应是原子的重新组合. 原子作为化学过程的基本砖块是守恒的. 在无数次的化学实践中,绝不会发现一个破坏原子个数守恒的事例. 相反地,炼金术家想把汞变成金,最后是以失败告终的. 这一切表明原子数的守恒是极好的经验规律. 可是,它是严格成立的规律吗?

今天的物理学已完全清楚,化学反应中的原子数守恒只是粒子能量很低($<1\,\text{eV}$)的过程中的唯象规律,而不是普遍的规律. 如果过程中的能量达到核能量(keV 以上),原子中的核与核能够直接相碰,那么化学元素是完全可以通过核反应而转变的. 这就是说,在高能现象中原子不会再守恒. 这是一个很好的借鉴.

回到重子数守恒律上来,考虑它一定是普遍适用的物理规律吗?现今的粒子实验只达到 $10^3\,\text{GeV}$. 在这能量以下,重子数的守恒性是极好地被证实了的. 质子作为最轻的重子,其稳定性[①]可看作是重子数守恒的旁证. 可是注意,所有这些证据都来自"低能"现象. 若在能量再提高若干量级后发现重子数守恒律可以被破坏,这不应该是太意外的事. 我们放在 8.6 节中再继续讨论.

8.4 正反粒子微观上的不对称

Sakharov 论证了,自然界有破坏重子数守恒的相互作用是从 BSU 演化成 BAU 的必要条件之一,此外正反重子还必须有微观性质上的差别. 为说明后一道理,用一些粒子物理术语是方便的.

任意地考虑一个粒子过程:粒子 A 与 B 相碰而变成 C 和 D,

[①] 若重子数严格守恒,其中最轻的粒子完全没有衰变的渠道,因而必是稳定的.

即
$$A + B \longrightarrow C + D. \tag{8.4.1}$$
这过程的粒子共轭(记做 C 共轭)指把粒子与反粒子互换. 它是(看图 8.1 上部)
$$\overline{A} + \overline{B} \longrightarrow \overline{C} + \overline{D}. \tag{8.4.2}$$
原则上任何过程能发生则其 C 共轭过程也能发生. 要紧的是互为 C 共轭的两过程发生的概率是否相等. 如果一定相等,表明正反粒子的微观性质完全对称. 正粒子和反粒子纯粹是相对的. Sakharov 论证,这样 BSU 依然变不成 BAU.

术语上把互为 C 共轭的两个过程有相同的概率叫它为 C 共轭不变,或 C 守恒. 在发现宇称不守恒后人们开始知道,强作用和电磁作用过程确有 C 的守恒性,而弱作用过程是 C 不守恒的(或叫 C 破坏).

回到我们的问题上来,看过程(8.4.1)和(8.4.2). 注意正反粒子的重子数必定反号. 这样若前一过程使重子数增加,那么后一过程必使重子数减少. 如果这种过程保持 C 守恒,即概率相等,再注意到 BSU 中 A 与 $\overline{A}$ 数目相等,B 与 $\overline{B}$ 数目相等,那么在 BSU 中两个过程引起的重子数变化将统计地抵消. 于是 BSU 依然变不成 BAU. 这就是 Sakharov 的条件二的必要性.

此外还有一方面情况需要讨论. 图 8.1 中部画出另一种变换,叫 P 变换. 它指把某过程换成其镜子里的过程. 这实际上是把左和右作替换. 这样两个过程有相同的发生概率叫宇称守恒(意即左右对称),反之就是宇称不守恒(即左右不对称). 图的下部画的是 CP 共轭,它指把某过程替换成反粒子的镜像过程. CP 守恒或 CP 破坏的意思可类似地理解. 指的是互为 CP 共轭的两个过程的发生概率是否相等. 现在需要补充的是:若 C 不守恒而 CP 守恒,正反粒子的微观性质依然可理解为没有区别. 反过来讲,只有 C 和 CP 都破坏,才意味着正反粒子客观上是有差别的.

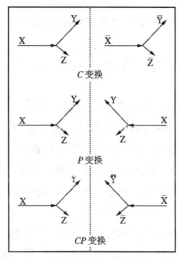

图 8.1 C 与 CP 变换

再回到宇宙学上来. CP 若守恒, BSU 中使重子数增加的微观过程的效果将依然会统计地被其 CP 共轭过程抵消. 这样仍不能使 BSU 变成 BAU. 这道理与上面讨论 C 守恒时是完全一样的. 现在可以把上面讨论的两个方面综合起来了. 假定原初宇宙是 BSU, 而把今天宇宙中没有反物质看成是演化的结果, 那么除了必须有破坏重子数守恒的作用存在外, 这种作用的过程须同时有 C 和 CP 的破坏. 若没有后一条件, 增加和减少重子数的微观过程的效果将统计地抵消. 从物理意义上讲, 后一要求意味着正反粒子不能完全是相对的. 它们须在微观行为上有可观测的差别.

最后看一下粒子物理的事实. 强作用和电磁作用过程不仅 C 守恒, 而且 CP 也守恒; 弱作用过程 C 破坏, P 也破坏, 但是在绝大多数弱过程中 CP 是守恒的. 无论如何值得强调, CP 不守恒的弱过程也是存在的. 粒子世界以这样的方式表明, 正反粒子的微观性质很高度地对称, 但并不完全是对称的.

8.5 对热平衡的偏离

出现对宇宙热平衡的偏离是 Sakharov 提出的条件三. 我们只对它作简单讨论.

若宇宙气体有完全的热平衡,那么任何一种热碰撞的微观过程将与其反过程有相同的发生频率. 这在统计物理上叫细致平衡条件. 例如考虑某种改变重子数的微观过程. 正向过程若增加重子数,那么反向过程必等量地减少重子数. 这样,细致平衡条件把重子数的变化又抵消了,于是 BSU 还是变不成 BAU. 这就是 Sakharov 第三个条件的必要性.

这样看来,当前面两个条件已具备,有效的重子数改变过程应发生在某种粒子衰变阶段,或成对湮没阶段. 设某不稳定 X 粒子的衰变是改变重子数的,而且 C 与 CP 都不守恒的. 在宇宙温度 T 远高于它的质量 m_X 的阶段,由于高度的热平衡,这过程依然不会在 BSU 种产生净重子数. 等到 T 低于 m_X,碰撞产生 X 的概率减小,于是它的粒子数密度 n_X 将因衰变而减少. 这减少的进度主要由它的寿命决定,因而不会再满足 Boltzmann 分布律. 这就是说,对热平衡的偏离会自动出现. 这样在全部 X 和 X̄ 粒子衰变完成后,BSU 将转化成了 BAU.

8.6 一种示意性的模型

在 Sakharov 提出上面的理论后,由于实验上没有重子数不守恒的迹象,而且理论上也没有看到这种可能,于是这想法被搁置了起来. 到 20 世纪 70 年代的中期,粒子物理中弱作用和电磁作用相统一的理论得到了实验的证实. 人们在它的启发下开始想到,强作用与弱电作用也可能是统一的作用在低能下的不同表现. 随后,若干种试探性的大统一模型被提了出来. 在这类模型理论中,上面指出的两个要素——B 数不守恒和 C 及 CP 破坏是自然具备或能够兼容的. 这样, 从 BSU 演化产生 BAU 的研究开始活跃了起来. 人们的目标是定量地产生足够的正反重子不对称, 以符合后来核合成的需要. 由于这种努力并没有成功, 因此我们对此只做概念上的和图像性的讨论.

我们知道, 重子和轻子的差别在于前者是强作用粒子而后者却只参与弱作用. 按大统一的思想, 在某超高能尺度上, 强作用与弱作用将统一, 那么重子与轻子就失去了本质差别. 重子转化为轻子将是可能的. 这也就是说, 破坏重子数守恒的新作用应当存在. 它正是宇宙学的需要. 下面示意地讨论一个模型.

在大统一理论中存在很重的规范粒子和 Higgs 粒子, 其衰变过程是破坏重子数守恒的. 把它记做 X, 相应的反粒子记做 $\overline{X}$. 当宇宙温度降至 $T < m_X \sim 10^{15}$ GeV, X 和 $\overline{X}$ 粒子将通过衰变而消失. 让我们看它们衰变后的宏观效果.

由于 X 和 $\overline{X}$ 粒子的寿命相等, 我们需要讨论衰变的分支比[①]. 设 X 粒子有两种衰变方式, 它们是

$$X \longrightarrow q + q, \quad 分支比为 r,$$
$$X \longrightarrow \bar{q} + \bar{l}, \quad 分支比为 1 - r. \quad (8.6.1)$$

衰变终态中的 q 和 $\bar{q}$ 代表夸克和反夸克, 其重子数 B 分别为 $\pm 1/3$. $\bar{l}$ 代表反轻子, 其重子数是 0. 这样, X 粒子按前一方式衰变后重子数增加了 2/3, 按后一方式衰变后重子数减少了 1/3. 平均每个 X 介子衰变产生的重子数为

$$B_X = r(2/3) + (1-r)(-1/3). \quad (8.6.2)$$

$\overline{X}$ 粒子必能衰变成相应的反粒子, 即

$$\overline{X} \longrightarrow \bar{q} + \bar{q}, \quad 分支比为 \bar{r},$$
$$\overline{X} \longrightarrow q + l, \quad 分支比为 1 - \bar{r}, \quad (8.6.3)$$

[①] 分支比指按这种方式衰变的百分比.

其中 l 是轻子,其重子数也是 0. 因此每个 $\overline{X}$ 粒子衰变平均产生的重子数为

$$B_{\overline{X}} = \bar{r}(-2/3) + (1-\bar{r})(1/3). \qquad (8.6.4)$$

把(8.5.2)和(8.5.4)式相加,得到每对 X 和 $\overline{X}$ 粒子衰变平均产生的重子数 ε,它是

$$\varepsilon \equiv B_X + B_{\overline{X}} = r - \bar{r}. \qquad (8.6.5)$$

理论感兴趣的是全部衰变后留下的宏观效果.

首先注意若 C 或 CP 守恒将导致 r 与 $\bar{r}$ 相等,于是在一切 X 和 $\overline{X}$ 都衰变后所产生的净重子数将是零. 这就是上节讲的,破坏重子数守恒的微观过程不产生宏观效果. 只有 C 和 CP 都不守恒才会有 $r \neq \bar{r}$,即 $\varepsilon \neq 0$. 参量 ε 可看成相应过程中 C 和 CP 破坏程度的标志.

从上节的讨论知道,宏观地看,X 和 $\overline{X}$ 粒子的衰变过程是在偏离热平衡下进行的,其净效果的计算需要用非平衡态统计方法做. 这方法虽然成熟但是很复杂. 让我们简单地假定这过程是瞬时完成的. 衰变前的数密度都是 n_X,那么在它们完全衰变后,所产生的重子数密度 n_B 为 εn_X. 这 BAU 中正反重子的不对称程度 A 为

$$A \equiv \frac{n_B}{n_b} = \varepsilon \frac{n_X}{n_b} \sim \varepsilon. \qquad (8.6.6)$$

后一近似等式的得来利用了 $n_X \sim n_b$. 从这十分粗略的处理看出,所造成的不对称度 A 与 C 和 CP 不对称量 ε 在量级上是接近的.

在粒子物理学家试探地建造大统一模型时,格外地被关注的是以 $SU(5)$ 群为基础的模型,因为它是最简单的. 同时自由参量较少,其理论预言也较确定. 把这粒子模型用于宇宙甚早期,发现它所产生的不对称度 A 比实际需要约低了 8 个数量级. 定量上它不成功的原因是什么?若干年后才出现了答案. 人们从粒子实验的角度也发现 $SU(5)$ 理论不对. 按 $SU(5)$ 大统一模型,质子是不稳定粒子,其寿命是 $\tau_p \sim 10^{30}$ 年. 能否用观测来证实它当然很关键,但是要发现寿命这么长的粒子的衰变很难. 人们在空的矿井中对

周围大量质子搜寻衰变的事例. 经过十多年观测, 结果没有发现一个质子衰变事例, 由此推出质子寿命的下限是 10^{32} 年, 它与 $SU(5)$ 大统一模型也显著不符. 这不符告诉我们, 今天尚不能解决 BAU 的起源, 只因为现在对高能物理规律还没有清楚的掌握.

8.7 理论现状简述

从 20 世纪 70 年代末起, 用粒子理论研究宇宙重子数产生的努力一直在进行. 尝试地建立过的模型很多. 所有模型有其吸引人的一面, 也有缺陷的一面.

上面讨论的模型是以大统一理论为基础的. 除了采用重玻色子的非平衡衰变图景之外, 人们还研究过许多其他的方案. 在大统一基础上讨论的好处是图景清楚而简单. 有产生重子数的微观过程存在几乎是必然的. 在大统一理论中引进 C 和 CP 破坏也很自然. 缺陷则在于大统一的能量尺度太高, 理论的预言几乎不可能在可见的将来得到检验. 此外这样的重子数产生发生得太早, 其效果可能会被后发生的过程抹掉.

到 20 世纪 80 年代末期, 正反物质不对称的研究方向出现了新进展. 人们开始认识到这不对称也会在弱电统一的能量尺度 ($\sim 200\,\mathrm{GeV}$) 上产生. 从弱电统一理论本身看, 它的相互作用中不包含能改变重子数的要素. 弱电统一作为非阿贝尔规范理论, 其真空 (叫 θ 真空) 有复杂的结构, 图 8.2 示意地画出了它. 图上的横轴是规范场或 Higgs 场的场量, 纵轴是场的自由能密度. 不同的真空间有势垒相隔. 当粒子从一个真空穿入另一相邻的真空, 重子数的改变为 $\Delta B = 3$. 重子数的变化是通过隧道效应出现的. 当温度相对较高时, 隧道效应可能造成所要的重子数产生.

在弱电统一基础上讨论重子数产生的好处是它的可检验性. 这是这想法受到重视的原因. 近十年里, 弱电方案的各个方面得到了广泛的研究. 但是至今的研究表明, 重子数产生问题不能用现成

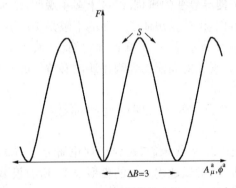

图 8.2 θ 真空结构的示意

的理论给出正确答案. 用粒子物理标准模型, 按上述机理计算重子数产生表明 CP 破坏程度不够. 因此, 为得到实际的正反物质不对称度, 必须找到新的 CP 破坏机制才行. 此外由重子数产生研究给出的 Higgs 粒子质量限仅为 40 GeV. 近来的 LEP 实验已否定了这种可能. 人们意识到这些矛盾的出现不应是对重子数的弱电产生的否定, 而是暗示着粒子标准模型需要扩充.

总之, 今天宇宙中为什么正反物质不对称, 这问题至今仍没有解决. 因为这问题不能用粒子理论中成熟的部分来回答, 所以在短期内还不能弄清其真实起因. 无论如何, 人们已经清楚, 事情不必归之于宇宙的初条件, 它极可能是宇宙演化的后果. 如何演化作为宇宙学和粒子物理的交叉课题, 它必须也正在与超高能理论相辅相成地发展着.

第九章 甚早期宇宙的暴胀

9.1 对称性自发破缺的机理

粒子物理中相互作用的统一是借助对称性的自发破缺而实现的. 弱电统一是这样,大统一也是这样. 20 世纪 80 年代初, Guth 在这一思想的启示下发现,使对称性破缺的 Higgs 场会在宇宙甚早期引起暴胀. 因此在讨论暴胀之前,我们宜对对称性自发破缺的机理有初步的了解.

在微观粒子的相互作用中,电磁作用被研究得最早,也最清楚. 用量子规范场的语言讲,电磁场是与 $U(1)$ 群描述的内部对称性相联系的规范场. 弱作用在表观性质上与电磁作用很不同. 电磁作用是长程力,而弱作用的力程是微观尺度. 就强度而言,两者差很多量级. 因此人们原来把它们看作两种本质上不同的作用力.

弱电统一理论论证了这两种力可统一地用具有 $SU(2)\otimes U(1)$ 对称的规范场来描写,即它们原是同一种力. 理论的要点是这对称性在低能条件下会自动地出现破缺,从而出现表观性质很不一样的弱力和电磁力. 原有的对称性在能量很高时才恢复,那时两种力的性质将一样. 这理论的许多预言已被 20 世纪 70 年代以来的粒子实验所高度证实.

在弱电统一理论中,对称性的自发破缺是靠一种带自作用的标量场 ϕ 来实现的. 为示意地说明这机理,设其自作用势有形式

$$V(\phi) = -\mu\phi^2 + \lambda\phi^4, \qquad (9.1.1)$$

其中 μ 和 λ 是实参量. 这简化的例子中, ϕ 场只具有一种最简单的内部对称,即 ϕ 与 $-\phi$ 互换不变. 图 9.1 是这个位势的示意图. 横轴代表场量 ϕ,纵轴是相应的势能密度. 这势能对 $\phi=0$ 有左右对称.

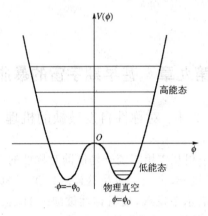

图 9.1 Higgs 位势

场论中把能量密度最低的状态叫基态或真空. 对于有上述自作用的 ϕ 场, $\phi=0$ 处是势能的极大而不是极小, 因此不代表真空. 从图上看出, 真空态是 $\phi=+\phi_0$ 或 $-\phi_0$. 当研究能量在 $V(\pm\phi_0)$ 附近的低能过程, 两个真空态之间因有势垒相隔而不能同时实现. 现实的真空只能是两者之一. 图上设它为 $+\phi_0$. 这样, ϕ 与 $-\phi$ 的互换对称性在低能现象中自动消失了. 这就是对称性自发破缺的 Higgs 机制, 相应的 ϕ 场被叫做 Higgs 场. 从图上同样看到, 当所研究系统的能量很高, ϕ 与 $-\phi$ 的互换对称性会自动恢复, 它正是弱电统一理论所要的效果.

弱电统一理论中的 $SU(2)\otimes U(1)$ 对称的含义比上述简单例子要丰富, 但是难以用图画出. 那里的对称性自发破缺是部分地使对称性得不到体现, 而不是对称性的全部消失. 我们不需要进入细节. 高能和低能的界限是由 $\phi=0$ 处和 $\phi=\pm\phi_0$ 处的势能之差标志的. 对于弱电统一理论, 这分界能量是 10^2 GeV. 按当时的实验条件, 这能量超过了加速器所达到的范围. 现代大加速器的能量已达到 10^3 GeV.

早期的大统一理论把强作用和弱电作用统一地看成与更大内

部对称群(例如$SU(5)$)相联系的规范场.然后要求这个对称群随能量降低而逐级地自发破缺.当能量高过10^{15} GeV,强、弱、电作用是实际地统一的.在能量低于这能限,物理上将看到强和弱电两种力.当能量再低过了弱电统一的能限(10^2 GeV),我们才看到强、电和弱三种性质不同的力.把自然界一切力都归结为一种统一的力,无疑是很美好的思想.可是早期研究中的简单想法没有成功.后来的超对称大统一理论和超弦理论是它的发展.

我们感兴趣的是这思想对宇宙学的影响.Guth第一个认识到,如果自然界有这类带自作用的ϕ场存在,那么宇宙在其早期应发生过真空相变,以及宇宙在相变阶段会出现异常剧烈的膨胀.他把这种膨胀叫Inflation,汉语中大家叫它暴胀.

9.2 含自作用ϕ场的高温真空

Guth本人就认识到,把暴胀直接作为大统一理论的后果是有重大缺点的.其实暴胀只与上述含自作用的标量场ϕ有关.现在我们脱开大统一而抽象地讨论这样的ϕ场对早期宇宙的影响.

研究早期宇宙时我们面对的是高温介质.因其组分是高能粒子,所以高能物理规律自然是必要的研究基础.但是粒子物理与宇宙学有所不同.粒子物理处理的是少数粒子的动力学系统,而宇宙学处理的是大量粒子构成的热力学系统,即气体.为考虑含自作用的标量场ϕ的宇宙学效果,我们须讨论它在高温下的行为.

ϕ场在温度为T时的基态由其自由能密度$F(\phi,T)$决定.零温的热力学系统就是纯动力学系统,因此零温ϕ场的自由能密度$F(\phi,0)$就是它的自作用势函数$V(\phi)$.任意温度下的$F(\phi,T)$可由$V(\phi)$出发,用量子统计方法算出.类似于经典粒子的基态必使其势能$V(\phi)$取极小值,温度为T的ϕ场基态必使相应温度下的自由能密度$F(\phi,T)$取极小.这状态就叫温度为T的真空态.我们讨论ϕ场的真空态随温度T的变化.

当有如(9.1.1)式所示的自作用势,算出的 $F(\phi,T)$ 随 T 的变化定性地画在图 9.2 中.问题中有一特征温度 T_c.当介质温度 T 高于 T_c(见图 9.2(a)和(b)),ϕ 场处于 $\phi=0$ 的真空态.这真空态已恢复了系统应有的 ϕ 与 $-\phi$ 互换对称性,因而被称为对称真空.在温度降到接近 T_c 时,自由能 F 开始在 $\phi\neq0$ 处出现新的极小.相对于 $\phi=0$ 的真空,它的自由能较高,因此是亚稳的假真空.图 9.2(c) 画出 $T=T_c$ 的临界情形.这时真假真空具有相同的自由能,即若干真空态简并了.它是真空将发生相变前的临界状态.当温度降到低于 T_c 时,情况如图 9.2(d)所示.这时 $\phi\neq0$ 处的极小才是物理真空,而 $\phi=0$ 处的极小成了亚稳的假真空.因 $\phi\neq0$ 的真空已不再具有 ϕ 场原应具有的对称性,所以它被称为对称破缺真空.这些结果使我们看到,当介质从 $T>T_c$ 降温到 $T<T_c$,真空要发生一次相变.真空态要从 $\phi=0$ 过渡到 $\phi\neq0$.

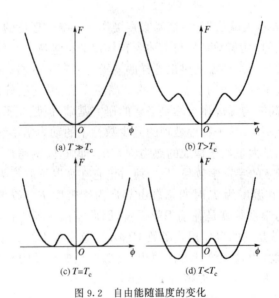

图 9.2 自由能随温度的变化

我们把零温真空的能量密度当零点,高温下的真空是具有能量的.为了估算,高温真空的能量密度可写成 $\rho_{\text{vac}} \approx T_c^4$,真空相变的临界温度 T_c 取决于所处理的问题.对破坏弱电统一的真空相变,T_c 是 10^2 GeV.对破坏大统一的真空相变,T_c 是 10^{15} GeV 的数量级.现在我们把这真空相变的概念应用于随膨胀而降温的早期宇宙.

在 $T \gg T_c$ 的阶段,记得辐射气体的能量密度为 $\rho_\gamma \approx T^4$,因此 ϕ 场的真空能没有影响.当宇宙温度降到 T_c 后,这时应发生真空态从 $\phi=0$ 向 $\phi=\phi_0$(或 $-\phi_0$)的跃迁.但是从图上可看出,这两个真空态之间隔着很宽的势垒,跃迁不能立即发生.这并不妨碍宇宙继续膨胀,从而气体的温度在继续降低.用统计热力学的语言讲,真空进入了过冷态.这时真空的能量密度仍保持为 $\rho_{\text{vac}} \approx T_c^4$,而真空背景上的辐射气体的能量密度却按 $\rho_\gamma \approx T^4$ 的规律下降.因此当降至 $T < T_c$,宇宙总密度将主要来自真空的贡献.辐射气体本身变得越来越次要,甚至可忽略了.人们常用通俗的话讲,相变前原有的物质被洗掉了.这样的局面将维持到真空相变实际发生的时刻.下节中将论证,在这短阶段中宇宙将会暴胀.

当宇宙温度降到一定程度,从过冷的对称真空向对称破缺真空的相变总要发生的.我们注意到,相变前后 ϕ 场的真空能密度有很大的差别.这能量差将作为相变潜热放出.ϕ 场与所有其他场都有相互作用.例如它与夸克场 ψ 的作用

$$V_{\text{int}} \propto \psi^\dagger \psi \phi \qquad (9.2.1)$$

会把 ϕ 场的能量转化为正反夸克对.通过各种作用,ϕ 场真空相变放出的能量将转化为一切其他场的能量,即大量地产生各种正反粒子.在它们重新达到热平衡后,等于宇宙中重建了一个高温气体.从能量守恒看出,这气体的温度仅比 T_c 略低.由于相变后新建气体的温度远高于相变前的气体温度,所以这过程叫宇宙的重加热.完成这重加热后,新的真空能又变得可忽略了.于是宇宙恢复了以辐射为主的"正常"状态.

总之,上面的分析说明,ϕ 场真空能的存在只影响了真空相变

期间的一个短阶段,对此前或此后的宇宙都没有明显的影响.下节接着讨论这短阶段中的宇宙行为.

9.3 真空为主引起的暴胀

早期宇宙的动力学规律已在 5.4 节中讨论过了.略去曲率项、实物项和宇宙常数项的影响,动力学方程的形式是

$$\left(\frac{\dot{R}}{R}\right)^2 = \frac{8\pi}{3}G\rho, \qquad (9.3.1)$$

其中的 ρ 是当时宇宙的总密度.原来人们只知道早期宇宙是以辐射为主的,现在看到 ϕ 场高温真空能密度很大,甚至会起主要作用.因此,早期宇宙动力学方程中的 ρ 应把它的贡献包括进去,即

$$\rho = \rho_{\text{vac}} + \rho_\gamma. \qquad (9.3.2)$$

先讨论相变前的 $T \gg T_c$ 阶段.这时虽然 $\phi=0$ 的对称真空有很大的能量密度 T_c^4,但是只要 $T \gg T_c$,宇宙中高温辐射气体对密度的贡献占压倒优势,所以原来的标准模型依然成立.我们知道宇宙在这情况下将按

$$R = At^{1/2} \qquad (9.3.3)$$

的规律"正常地"膨胀.

当温度 T 逼近 T_c,真空的影响开始不可忽略.可是重要的情况是发生在 $T<T_c$ 而相变尚未发生的阶段.上节中刚讨论过,相变并不能在 $T=T_c$ 时及时地发生,宇宙进入了亚稳真空的过冷态.宇宙的继续膨胀使辐射气体的密度($\sim T^4$)迅速下降,而真空能密度 T_c^4 却保持不变.于是出现了宇宙总密度中以真空为主的新情况.这是前面没有讨论过的.

这时动力学方程为

$$\left(\frac{\dot{R}}{R}\right)^2 = \frac{8\pi}{3}G\rho_{\text{vac}} \approx \frac{8\pi}{3}GT_c^4. \qquad (9.3.4)$$

注意到方程右边是常数,这动力学方程的解有形式

$$R \propto e^{Ht}, \quad (9.3.5)$$

其中

$$H = \left(\frac{8\pi}{3}GT_c^4\right)^{1/2} \quad (9.3.6)$$

是当时宇宙的膨胀率.这结果表明,宇宙在真空为主阶段是按指数律膨胀的.

我们以大统一破缺相变为例来看这阶段膨胀的剧烈程度.代入 $T_c = 10^{15}$ GeV 可估出指数中时间常数 H^{-1} 的大小.用普通单位制表示,它是

$$H^{-1} = 10^{-35} \text{ s}. \quad (9.3.7)$$

由此看来,如果真空为主阶段持续了 $\Delta t = 100H^{-1}$,即 10^{-33} s,则在这阶段中宇宙尺度因子 R 增大了 e^{100}(即 10^{43})倍.它比按标准模型从 Planck 时刻到现在所膨胀的倍数还多,这种惊人的膨胀因此被叫做暴胀.

为示出暴胀的影响,图 9.3 中用对数刻度示意地画出尺度因子 R 随时间 t 的变化.今天的 R_0 被规定为 1.实线画的是有暴胀影响的模型,虚线代表没有暴胀的标准模型.在暴胀前或后的正常膨胀阶段,$\log R$ 与 $\log t$ 成正比;而在暴胀中,$\log R$ 与 t 成正比.图上假定暴胀阶段 $\log R$ 增加[①]了 43.我们从图上看出,若没有暴胀,Planck 时刻($t = 10^{-43}$ s)的原初宇宙的尺度因子[②]为 10^{-31}.若有过这样的暴胀,原初宇宙的尺度因子应为 10^{-74}.两个结果有 43 个量

---

① 这里用的是以 10 为底的对数.
② 按 $\Omega_{\Lambda 0} = 2/3$ 和 $\Omega_{m0} = 1/3$,往前推算出几个特征时刻的尺度因子:

时刻 t/s	R(取 $R_0 = 1$)	阶段
今天,4×10^{17}	1	等效真空为主
$\rho_\Lambda = \rho_m$ 时,3×10^{17}	0.8	实物为主
$\rho_m = \rho_\gamma$ 时,10^{11}	10^{-4}	
Planck 时刻,10^{-43}	10^{-31}	辐射为主

级的巨大差别.

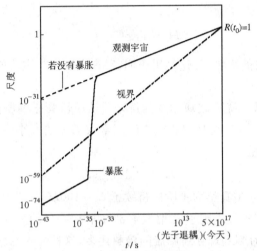

图 9.3 暴胀对尺度因子变化的影响

我们也讨论一下宇宙温度的变化(参看图 9.4).除了重加热阶段外,气体的温度 T 是与尺度因子 R 成反比的.在 $T<T_c$ 而真

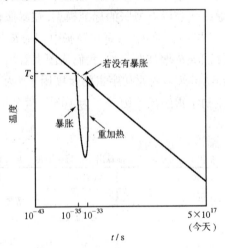

图 9.4 暴胀对温度变化的影响

空仍处于 $\phi \approx 0$ 的暴胀阶段，R 的增长很迅猛，气体温度 T 也迅猛地降低. 当真空态跃迁到 $\phi = \phi_0$(或 $-\phi_0$)，相变潜热的放出造成了宇宙的重加热阶段，气体温度回升到接近 T_c. 此后宇宙膨胀规律恢复正常，气体温度的变化也恢复正常. 从温度的变化看，相变中的暴胀和重加热的影响只是一个短暂的插曲.

9.4 早期宇宙的视界疑难

第四章中讨论过任意时刻 t 的宇宙视界. 它的固有大小是（参看(4.11.2)式）

$$L_h(t) = R(t) \int_0^t \frac{dt'}{R(t')}. \tag{9.4.1}$$

对辐射为主的早期，用 $R(t) \propto t^{1/2}$ 代入，算出

$$L_h(t) = 2t. \tag{9.4.2}$$

实物为主阶段用 $R(t) \propto t^{2/3}$ 估算[①]，有

$$L_h(t) = 3t. \tag{9.4.3}$$

宇宙视界大体是与时间成正比地增大的.

宇宙存在视界是由于光传播距离的有限性. 上面讨论的视界叫粒子视界，它来自宇宙年龄的有限. 对于真空为主的宇宙，宇宙视界的大小是另一重因素造成的. 它叫事件视界. 这里不拟进入细节而限于指出，暴胀阶段的宇宙视界是几乎不变[②]的. 这样，不管是否有过短暂的暴胀，宇宙视界随时间的变化没有大的区别. 图 9.3 中已用点画线（·—·—·—）画出了它的变化.

让我们分析我们的观测宇宙. 现在把它理解为今天可观测区内的那些物质. 这部分物质今天的大小就是视界大小. 此前这观测宇宙的尺度可由图上的 $R(t)$ 曲线往前推出. 前推到甚早期的

[①] 这等于取 $\Omega_0 = 1$ 而 $\Omega_{eff} = 0$. 其结果在量级上与真实宇宙是一致的.
[②] 例如参看 Peacock，Cosmological Physics(1999)，11.2 节(p.327).

Planck 时刻,观测宇宙比当时的视界约大 29 个量级. 视界大小反映可能有因果联系的范围. 今天可观测区内各部分物质在早期完全不能有因果联系,意味着没有物理过程能使它们均匀. 这就使当时宇宙内这片物质为什么会均匀成了一个疑问. 背景辐射温度各向同性的事实使这个略带学究气的疑问变成了现实的物理问题.

我们知道,观测到的背景辐射来自最后散射面(参看图 6.3),从那里"发出"这光的时间是 $t_1 = 10^5$ a. 不难估出当时的视界大小,并把这样大的因果区放在最后散射面上. 结果发现它对我们的张角只有 1°. 这就是说,整个最后散射面的面积比因果区的截面积大几万倍！全方位的背景辐射观测肯定了最后散射面上各处是等温的. 于是问题出现了：最后散射面上包含几万个彼此不可能有因果联系的区域,为什么各处的温度会均匀？这正是上面的问题的具体化. 要知道没有任何物理机理能使距离超过视界的两点具有同样的温度. 这样,最后散射面的等温性变成了没有可能得到物理解释的现象. 问题的根源是早期宇宙的视界太小,因此它被称为视界疑难.

Guth 在最初提出暴胀理论时就发现,考虑了甚早期宇宙中有过短暂的暴胀,这疑难将迎刃而解.

回到图 9.3 上看比较直观. 若没有过暴胀,观测宇宙总比当时的视界大,而且越早大得越厉害. 上面刚提到过,前推到 Planck 时刻,前者的线度是后者的 10^{28} 倍. 设想甚早期确发生过持续 $\Delta t = 100 H^{-1}$ 的暴胀,从图上清楚看到情况反过来了. 观测宇宙在暴胀前比当时的视界不再是大,而已是小了很多数量级,这样就没有疑难了. 观测宇宙范围内的密度和温度完全可能在暴胀前通过某种物理过程而均匀化. 暴胀后观测宇宙越出了视界,变成了内部各部分无法联系的系统,但是各部分已均匀化的后果将保留下来. 这既是背景辐射有各向同性的原因,也是今天宇宙中各部分密度均匀的原因.

从这样的分析看,存在过暴胀能使宇宙均匀性问题不构成疑难,但是暴胀阶段需持续一定的长度.理论上暴胀会持续多久,取决于模型的细节,今天并不清楚.原则地讲,为使视界疑难得到解决,暴胀不仅需要发生过,而且持续时间 Δt 须在 $70H^{-1}$ 以上.这正是前面用 $\Delta t \approx 100H^{-1}$ 的原因.

在出现暴胀理论前,早期宇宙的视界太小不仅使背景辐射的温度均匀性无法用物理规律解释,而且其上存在的温度起伏也无法用物理来解释.

第六章中已讨论过,COBE 卫星曾以 $10°$ 张角的两个天线测量了两个不同方向上的背景辐射温度差.在做全方位的测量后,分析得出的四极各向异性为 $\delta T_\gamma / T_{\gamma 0} = 5 \times 10^{-6}$. 我们知道,四极各向异性的幅度的变化周期[①]为 $90°$,而当时视界的张角仅约 $1°$.例如看任一个 $\delta T_\gamma > 0$ 的正扰动区,其范围大小显著地超过视界.在这区域内要各处的温度同时超过平均温度也是任何物理机理所办不到的,惟一的可能是随机涨落.然而观测到的起伏比随机起伏要大很多量级.

这问题本质上是视界疑难的另一种表现,所以暴胀理论肯定也将自然地排除它.有趣的是暴胀理论还为这温度起伏的起源提供了启示.

仍考虑最后散射面上某超视界的正扰动区,设其线度是整个观测宇宙的 10^{-2}. 若把它的线度变化也画在图 9.3 中,应是把 $R(t)$ 曲线平行地下移 2 个量级.它在光子退耦时刻的大小已超过了当时的视界,使得这正扰动区的形成成了无法用物理学回答的问题.可是再前推到暴胀之前,整个观测宇宙都是亚视界的,这扰动区当然远比视界要小.这样看来,背景辐射温度的多极各向异性反映着光子退耦时刻的密度起伏和温度起伏,而它们的物理起源应当从暴胀过程之前寻找.

此外,再注意到暴胀把原来的气体都稀释掉了,因此此前气体

---

① 四极各向异性与 $\cos 2\theta$ 正比,所以幅度大小的变化周期为 $90°$.

中的密度或温度起伏也不会在后来的宇宙中留下痕迹.于是,后来在背景辐射上看到的起伏的物理起源只能来自暴胀过程之中.这是暴胀理论的一个重要的预言,我们在下面还会讨论到它.

9.5 今天宇宙的准平坦疑难

宇宙空间是否平坦是由曲率参量 k 是否为零标志的. 现在要讨论的是空间偏离平坦的程度随时间的变化,为此宜重新导出 k 与密度 Ω 的关系.

为了同时讨论宇宙的早期和后期,把 Friedmann 方程 (4.5.3) 写成

$$H^2 + \frac{k}{R^2} = \frac{8\pi}{3} G\rho, \qquad (9.5.1)$$

其中 $H \equiv \dot{R}/R$ 是任意时刻的宇宙膨胀率,ρ 是把真空能也包括在内的宇宙总密度.在具体涉及某阶段时,将只保留最主要的贡献.再用 H 定义任意时刻的临界密度,从而引入相应的没有量纲的密度 Ω. 它是

$$\Omega = \frac{8\pi G\rho}{3H^2}, \qquad (9.5.2)$$

这样易于把方程(9.5.1)重写成

$$1 - \frac{1}{\Omega} = \frac{3k}{8\pi G\rho R^2}, \qquad (9.5.3)$$

我们将把这关系式当做讨论的依据.

从(9.5.3)式看,$1 - 1/\Omega$ 的绝对值可作为空间偏离平坦程度的标志.下面来分析它随时间的变化.上述关系式直接告诉我们,

$$\left|1 - \frac{1}{\Omega}\right| \propto \frac{1}{\rho R^2}. \qquad (9.5.4)$$

在以辐射为主的早期有 $\rho R^4 = $ 常数.再利用 $R \propto t^{1/2}$,得到

$$\left|1 - \frac{1}{\Omega}\right| \propto R^2 \propto t. \qquad (9.5.5)$$

先忘掉暴胀.从 Planck 时刻算起,$1/\Omega$ 对 1 的偏离在早期增大了 54 个数量级.在后期以实物为主时有 $\rho R^3 = $ 常数.仍用 $R \propto t^{2/3}$ 估算,

$$\left|1 - \frac{1}{\Omega}\right| \propto R \propto t^{2/3}. \qquad (9.5.6)$$

到今天为止,这偏离又增大了 4 个数量级.最后以等效真空能为主的阶段太短,可不考虑.

在没有认识到暴胀前,空间对平坦的偏离是单调地增大的.从 Planck 时刻算起到今天,合计已增大了 58 个数量级.那么今天的偏离达到多大了呢?宇宙学家在 20 世纪一直不知道 Ω_0 的确切大小,但是其范围却很清楚.由它的取值范围估出,今天 $1/\Omega$ 对 1 的偏离仅为 1 的量级,即今天的宇宙尚是准平坦的.这就构成了一个奇怪的问题:为什么偏离度放大了 58 个数量级后的宇宙会依然是准平坦的?

若把今天宇宙的准平坦当事实,来推断经典宇宙在 Planck 时刻的初条件,那么它应当满足

$$\Omega_{初} = 1 \pm O(10^{-58}). \qquad (9.5.7)$$

这里又遇到了非常不可思议的初条件.我们注意 Ω 的初值是由原初宇宙密度 $\rho_{初}$ 与原初膨胀速率 $H_{初}$ 两方面决定的(参看(9.5.2)式).必须两者有精密的配合,才能使 Ω 在第 58 位小数后才开始有对 1 的偏离.理论家无法相信曾出现过这样的初条件,于是把这问题称为准平坦性疑难.有趣的是短暂暴胀的发生也会使这疑难得到自然的解决.

暴胀阶段宇宙以真空为主.真空能密度是个常数,使得

$$\left|1 - \frac{1}{\Omega}\right| \propto R^{-2}. \qquad (9.5.8)$$

值得注意的是暴胀阶段与辐射或实物为主的阶段不同,$1 - 1/\Omega$ 在这阶段是迅速降低的.如果像解决视界疑难所需,暴胀曾持续了 $\Delta t \geqslant 70 H^{-1}$,即尺度因子 R 在这阶段增大了 30 个数量级以上,那么 $1 - 1/\Omega$ 在这阶段降低了 60 个数量级以上.这样一来,原来对

宇宙初条件的苛刻要求没有了,今天的 Ω_0 偏离 1 不远也不成其为疑难了.

在这问题上,暴胀理论也是在解决了疑难的同时提出了预言. 我们不应期望暴胀的持续时间 Δt 是被精细地调节过的. 上面的讨论只指出,为使这些疑难得到解决,Δt 不能太短. 例如设想 Δt 长到 $100H^{-1}$,那么 Planck 时刻的 $1/\Omega$ 与 1 有任何"普通大小的"偏离,它在演化到今天后必有

$$\Omega_0 = 1 \pm O(10^{-N}), \qquad (9.5.9)$$

其中 N 是一个不小的数,例如十几或几十. 这可是一个重要的预言. 如果观测肯定今天的 Ω_0 对 1 有超过 1% 的偏离,那将是对上述暴胀理论的强烈否定. 20 年来,理论家期望着出现 Ω_0 十分接近于 1 的证据,其原因就在这里.

9.6 暴胀理论的启示

上面的初步讨论能使我们意识到,甚早期宇宙的暴胀只是一种试探性的理论. 可是这理论一出现,尽管它显出有很多毛病,却立即引起了宇宙学工作者极大的兴趣,并且使环绕暴胀的各方面研究持续地开展了起来. 造成这局面的原因是它使人们感到,由暴胀引申出来的若干后果是确立宇宙理论的不可缺少的要素. 下面从几方面来讨论暴胀理论给宇宙学带来的启示[①].

一、关于宇宙学原理

我们已充分理解宇宙学原理是今天宇宙理论的基础. 可是由于视界的有限,全宇宙服从宇宙学原理是不可能的. 那么,在什么意义上信任这基本原理是一个大问题. 至今对星系分布和对背景辐射的观测研究都表明宇宙的均匀性是一个事实,使得这学究气

---

① 下面的讨论或多或少与作者个人的观点有关.

的问题可以先被放置一边,然而这问题本身是不可回避的.

经典宇宙必然有它的创生.若它是由量子宇宙转化而来,这创生应发生在 Planck 时刻后一些.如前面已指出(参看图 9.3),按暴胀理论的预言,Planck 时刻的视界已有足够的尺度,使得我们观测宇宙只是其中的一小部分,这就是暴胀理论对上述问题作出的极好的回答.

这样使观测发现的一切支持宇宙均匀性的事实都可能得到物理的解释.这是前面讨论中着重的一面.把宇宙学原理是否真正成立作为原则问题,现在的回答是:不可能是也不需要是.只要远处视界外的物质对我们还不会产生物理的影响,那么宇宙学原理就是一个好的前提.反之若没有暴胀,Planck 时刻的视界就相对地太小.当时处于视界外的物质后来已成为观测宇宙的一部分,于是宇宙学原理的有效性变得不可思议了.

二、关于创生提供的初条件

原则上,根据今天的宇宙状况能推出宇宙的初条件,而这初条件是需要由创生机制所提供的,可是暴胀理论却对此提出了另一种图景.

前面已指出,刚创生的原初宇宙中的气体在暴胀阶段中已被充分稀释,它对今天的宇宙状态已没有影响.这就把从今天宇宙状况对初条件提出苛刻要求的可能性抹去了.按暴胀理论,后来的宇宙介质是重加热的产物,它来自暴胀时的真空能.这样看来,宇宙重加热后的状态才是演化出今天宇宙的有效初条件.

举一个讨论过的问题做例子.若对称真空能转化为高温气体的过程满足重子数的守恒,重加热后的宇宙就必定是 BSU.反之,若不这样,这重加热过程将是造成 BAU 的物理机制.这问题与宇宙刚创生时的状态已没有关系.正反物质不等量现象的根源只能是"后天"的,而不能是先天的.

总之,暴胀使我们对创生过程为经典宇宙提供的初条件有了一个新的认识.看来刚创生的宇宙只要能很快发生一次暴胀就行.暴胀开始时的真空为主状态就是有效的初条件,后来的一切都是真空的产物.

三、关于宇宙结构的起源

完整的宇宙理论必须包括今天宇宙中层次性结构的形成.一个令人满意的结构形成理论必须能找出小扰动的起源,并由它物理地演化出今天的实际状况.如果没有暴胀,这样的要求是原则上办不到的.这就是前面讨论过的视界疑难的后果.

结构形成研究发现一个困难:当从星系到超星系团的各种尺度超过视界时,其上的密度扰动不可能物理地产生,而等这些尺度进视界后再产生小扰动,则今天的层次性结构将来不及形成.这无异于说,今天的宇宙现实是原则上不完全能用物理学解释的.这是一个极糟糕的结论.

暴胀理论为这问题找到了出路:今天的天体可以起源于早期宇宙中的超视界扰动,这种超视界扰动能有物理的起源,它可以追溯到甚早期的暴胀阶段中寻找.从这意义上看,要完整地在物理学基础上建立结构形成理论,暴胀概念是不可缺少的要素.

四、关于宇宙以非重子为主的概念

这概念的正确性在近年才有了定论,而在 20 世纪最后 20 年里一直是很有争议的.长时间里,宇宙密度测量的最可靠的结果是 $\Omega_0 \geqslant 0.1 \sim 0.3$. 由于种种不确定性,关于重子物质密度的上限是 $\Omega_b < 0.12$. 因此后期宇宙介质以非重子为主的观测依据很薄弱. 暴胀理论预言了宇宙总密度 $\Omega_0 = 1$ 为人们对暗物质带来了全新的认识.它不仅指出尚未被观测到的暗物质的量应很大,而且强烈地暗示非重子暗物质一定是宇宙的主体.

总之,暴胀理论对宇宙学的作用并不只是为若干疑难找到了一种解释,它受到人们重视,主要是因为它用新思想革新了人们对甚早期宇宙的认识.此外,暴胀引申出原初扰动产生于甚早期及后期宇宙以非重子为主的推论对结构形成的研究产生过极重要的影响.

9.7 关于暴胀理论的物理基础

暴胀理论的提出已有 20 多年,并且它已赢得了广泛的接受.因此回顾一下这理论的物理基础是很必要的.甚早期的暴胀是否肯定发生过?这无疑是根本问题,可是研究的现状还远不足以给出一个清楚的回答.

最早的理论是把暴胀作为大统一破缺相变的后果.不几年后,人们认识到依附于大统一理论的暴胀模型并不完全符合宇宙学的需要,而且大统一本身也不是一个成功的粒子理论.于是人们把真空相变从大统一中分离了出来.抽象地引入一种带自作用的标量场 ϕ,它被称为暴胀场(inflaton).当研究如何适当地赋予它合适的性质,以使它产生符合宇宙学需要的暴胀时,研究的进展显得相当成功.此后又有人进一步想到,暴胀发生得很早,ϕ 场不应已有热平衡,而可能尚处于混沌状态.从混沌的暴胀(chaotic inflation)模型看,对场的自作用势 $V(\phi)$ 也不需要有很多限制.直至近年,它是许多很细致的研究的基础,其成功相当令人瞩目.

无论如何,自然界是否有含自作用的标量场存在,这至今依然是完全不清楚[①]的问题.从这意义上讲,暴胀理论至今还是一种试探性研究.

有趣的是,人们从对暴胀[②]机制的广泛研究中发现,在甚早期宇宙中能诱发暴胀的物理机制很多.现代的粒子理论常假定空间的维数远大于 3. 额外的维数必须在宇宙演化中收缩到 Planck 尺

---
① 连弱电统一理论预言的 Higgs 场也还没有发现.
② 人们并不狭义地把真空相变引起的剧烈膨胀叫暴胀.广义地说,加速的膨胀都是暴胀.

度，以使它看不到．人们在这类研究中发现，额外维的收缩也会诱发普通3维空间的暴胀．此外有人指出，若引力常数在宇宙学时间尺度上有变化，它也能诱发暴胀．这种类型的暴胀模型也已有不少种，可是没有一种是以证实了的物理规律为基础的．

有一个结果可为上面的讨论做概括．有人证明：使视界疑难和准平坦性疑难得到消除的必要条件是宇宙甚早期有过加速膨胀（不一定是指数型膨胀）．这结论一方面是强化了暴胀在宇宙演化中必要性，另一方面也反映了至今尚无理论论据说明暴胀确曾发生过．由于超高能物理理论一时还不会有明确的观测证据，暴胀的实际机制也不是在近年内能澄清的问题．

当暴胀尚不能以可靠的物理理论作基础，其预言的实测检验就更显得有价值．实际上能被检验的问题有两个，即今天的宇宙密度和背景辐射场上的温度起伏．

暴胀理论预言今天的 Ω_0 应是 1，可是长时间里没有可靠的观测证据．1999 年起由气球实验推出了 Ω_0 确接近于 1．这无疑使人们更有理由相信，暴胀是确实发生过的．

背景辐射上有超视界的温度扰动存在，这事实本身就是对暴胀理论的支持．现在人们要想对这暴胀留下的痕迹做足够细致的测定．今年发射上天的观测卫星叫 MAP，另一颗将在几年后发射的叫 Planck 巡天器．按计划它们将极细致地测量出扰动的多极分布．近年的气球实验只是它们的预演．当然这测量的宇宙学意义是多方面的．无论如何，它对人们了解这些扰动是否是暴胀的遗迹将很有帮助．

总之，现有的检验已显示出支持暴胀理论的迹象，人们期望在将来看到更强烈的支持证据．

第五部分 结构的形成

第十章 物质结团的理论基础

10.1 自引力不稳性的 Jeans 理论

Newton 是最早认识到万有引力会使物质结团的人. 设想太阳、行星和一切物质曾均匀地弥散于宇宙空间. 他说过, 如果宇宙是有限的, 物质将最终结成一个大团; 如果宇宙是无限的, 物质将结成无数个团块. 在他看来, 满天的星斗就是这样形成的. 现在看来, Newton 当时的见解正就是自引力不稳定性理论的推论. 可是这样的理论是到 20 世纪初才由 Jeans 首先提出的.

Jeans 考虑的是一大片静止而均匀的理想气体. 把它的密度记做 ρ_0. 考虑某种物理原因在介质中引起了微小的扰动, 他想回答这扰动将如何演化. 从流体力学和万有引力定律出发, 扰动后气体在自身引力作用下的运动应满足方程组:

$$\frac{\partial \boldsymbol{v}}{\partial t} + (\boldsymbol{v} \cdot \nabla) \boldsymbol{v} = -\frac{1}{\rho} \nabla P - \nabla \phi, \qquad (10.1.1)$$

$$\frac{\partial \rho}{\partial t} + \nabla \cdot (\rho \boldsymbol{v}) = 0, \qquad (10.1.2)$$

$$\nabla^2 \phi = 4\pi G \rho. \qquad (10.1.3)$$

这方程组中第一个是 Euler 的流体动力学方程, 第二个是物质守恒方程, 第三个是 Newton 引力势的 Poisson 方程, 方程中涉及的各物理量的意义自明.

我们对没有扰动时的静态均匀气体用变量加下标 0 代表. 它们是这方程组的基本解[①]. 当在均匀背景上有了扰动, 有关物理量

---

① 需气体范围足够大, 而感兴趣的区域又不接近边缘, 这样可把引力忽略掉.

可写成

$$\rho(\boldsymbol{r},t) = \rho_0 + \rho_1(\boldsymbol{r},t), \quad (10.1.4)$$

$$P(\boldsymbol{r},t) = P_0 + P_1(\boldsymbol{r},t), \quad (10.1.5)$$

$$\boldsymbol{v}(\boldsymbol{r},t) = 0 + \boldsymbol{v}_1(\boldsymbol{r},t), \quad (10.1.6)$$

$$\phi(\boldsymbol{r},t) = \phi_0 + \phi_1(\boldsymbol{r},t), \quad (10.1.7)$$

其中扰动量用下标 1 标记. 下面将限于讨论扰动量与背景量相比是小量的情形. 注意均匀气体中的声速 v_s 是

$$v_s^2 = \left(\frac{\partial P}{\partial \rho}\right)_{\text{绝热}}. \quad (10.1.8)$$

因扰动不改变物态方程,所以有

$$v_s^2 = P_1/\rho_1, \quad (10.1.9)$$

即压强和密度的扰动量成比例.

流体力学问题的复杂性在于其方程(10.1.1)和(10.1.2)是非线性的. 当限于研究小扰动的演化,上述方程可取线性近似. 这决定了事情将会很简单. 扰动量 ρ_1, v_1 和 ϕ_1 满足的方程被简化成

$$\frac{\partial \boldsymbol{v}_1}{\partial t} = -\frac{v_s^2}{\rho_0}\nabla\rho_1 - \nabla\phi_1, \quad (10.1.10)$$

$$\frac{\partial \rho_1}{\partial t} = -\rho_0 \nabla\cdot\boldsymbol{v}_1, \quad (10.1.11)$$

$$\nabla^2\phi_1 = 4\pi G\rho_1. \quad (10.1.12)$$

我们将主要关心密度扰动量 ρ_1 的演化. 为此用消元法把 v_1 和 ϕ_1 消去,导出密度反差 $\delta_1 \equiv \rho_1/\rho_0$ 满足的线性偏微分方程. 它是

$$\frac{\partial^2 \delta_1}{\partial t^2} = v_s^2 \nabla^2 \delta_1 + 4\pi G\rho_0\delta_1, \quad (10.1.13)$$

注意方程中的 ρ_0 和 v_s 都是由背景决定的常数.

把上述方程中的 G 置为零,相当于忽略自引力的影响. 这样它还原为熟知的声波传播方程,即介质中的扰动将以波的形式传开. Jeans 理论的要点是回答: 什么情况下自引力不可忽略,以及它的效果又是什么.

(10.1.13)作为线性齐次方程,它的解可有形式

$$\delta_1(\boldsymbol{r},t) = A e^{-\mathrm{i}(\boldsymbol{k}\cdot\boldsymbol{r}-\omega t)}, \qquad (10.1.14)$$

其中波矢 $\boldsymbol{k}$ 和圆频率 ω 必须满足关系

$$\omega^2 = v_s^2 k^2 - 4\pi G\rho_0. \qquad (10.1.15)$$

从解式(10.1.14)看出,只要扰动的波长 λ 很小(即波矢 $\boldsymbol{k}=2\pi/\lambda$ 很大),以致等式右边前项大于后项,那么 ω 是实数,解式(10.1.14)描写的依然是声波.反之,当波长很大而使(10.1.14)式右边的引力项超过声波项,则 ω 将是虚数.这时的解式告诉我们,扰动幅度会指数地增长,即扰动将是不稳定的.不稳定的含义是:均匀气体中一旦出现的小的密度起伏,自引力将增大它的振幅.再引申下去,最后将局部地形成密度远超过 ρ_0 的物质团块.这就是均匀气体中物质结团的基本机理.

上述自引力不稳定机理可以很直观地理解.图10.1中画出了一个正密度扰动($\rho_1>0$)区.这时区内的压强也高于外部,从而产生了一个倾向于把物质向外推的压力梯度.这就是声波的传播机理.另一方面,正扰动引起的引力增强是一种抗衡因素.它倾向于把外部物质往里拉.于是问题中出现了两种相反倾向的竞争.当压力梯度起主要作用,扰动将以波的方式传开.反之如果自引力起主

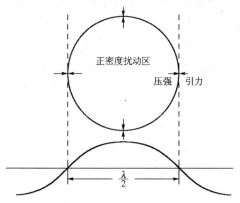

图10.1 正密度扰动区

要作用,区域内的密度将越来越高.扰动出现不稳定就是自引力占优势的表现.

上述理论指出,出现自引力不稳的条件是扰动的波长 λ 必须足够大.相应的临界值叫 Jeans 尺度,它是

$$\lambda_J = \frac{2\pi}{k_J} = \left(\frac{\pi v_s^2}{G\rho_0}\right)^{1/2}, \qquad (10.1.16)$$

它的大小与均匀背景气体的密度和温度有关.人们也常用 Jeans 尺度范围内的气体总量 M_J(叫 Jeans 质量)代替 λ_J 做临界标准,

$$M_J = \frac{4\pi\rho_0}{3}\left(\frac{\lambda_J}{2}\right)^3. \qquad (10.1.17)$$

这样可把 Jeans 理论的结果表述如下:当扰动区的范围超过 Jeans 尺度,或说扰动区内的气体质量超过 Jeans 质量,这扰动将是自引力不稳的.

10.2 膨胀宇宙中的小扰动

有两个因素使 Jeans 的理论不能直接应用于宇宙.首先,宇宙不是静止介质,而是在膨胀,膨胀对扰动演化的影响必须考虑进去.其次,Jeans 使用了 Newton 力学和 Newton 引力,当扰动尺度超过视界,这样处理是完全不对的,流体力学规律和引力规律都需要用广义相对论代替.我们后面将限于讨论扰动尺度进入视界[①]后的演化.一旦某扰动尺度已远小于当时的视界,引力在扰动区内的传播时间将远小于当时的宇宙年龄,从而可以看作瞬时作用.在这样的情况下,Newton 力学和 Newton 引力理论成了好的近似.下面将按这样的近似来讨论膨胀的影响.

现在用 Newton 理论讨论亚视界小扰动的演化.宇宙各处的密度、压强等仍用(10.1.4)式到(10.1.7)式的方式描述.需要注意

---

① 下节中将讨论扰动尺度重入视界的问题.

的差别是作为背景的均匀气体密度 ρ_0 和压强 P_0 [1]等不再是常数. 可是它们的变化行为是已知的. 按均匀宇宙本身的动力学,我们有

$$\rho_0 = \rho_0(t_0) R^{-3}(t), \qquad (10.2.1)$$

$$\boldsymbol{v}_0 = \frac{\dot{R}}{R} \boldsymbol{r}, \qquad (10.2.2)$$

$$\nabla \phi_0 = \frac{4\pi}{3} G \rho_0 \boldsymbol{r}, \qquad (10.2.3)$$

这里的 $R(t)$ 由 Friedmann 方程确定.

这里仍只讨论微小扰动,因此依然对基本方程做线性近似. 把均匀背景在膨胀中的变化考虑在内,得到扰动量满足的线性方程组是

$$\frac{\partial \boldsymbol{v}_1}{\partial t} = -\frac{v_s^2}{\rho_0} \nabla \rho_1 - \nabla \phi - \frac{\dot{R}}{R} \boldsymbol{v}_1 - \frac{\dot{R}}{R} (\boldsymbol{r} \cdot \nabla) \boldsymbol{v}_1, \quad (10.2.4)$$

$$\frac{\partial \rho_1}{\partial t} = -\rho_0 \nabla \cdot \boldsymbol{v}_1 - 3 \frac{\dot{R}}{R} \rho_1 - \frac{\dot{R}}{R} (\boldsymbol{r} \cdot \nabla) \rho_1, \quad (10.2.5)$$

$$\nabla^2 \phi_1 = 4\pi G \rho_1. \qquad (10.2.6)$$

膨胀对扰动演化的影响体现在方程中出现了 $\dot{R}/R$ 和 ρ_0. 它们被当已知量看待. 在讨论密度扰动时,考虑到 ρ_0 也在变化,现在更需要用密度反差 $\delta_1 \equiv \rho_1/\rho_0$ 来代替密度扰动 ρ_1.

在方法上,我们对所有的扰动量做 Fourier 分波,即把全空间的扰动看成不同波长的正弦扰动的叠加. 任意时刻 t 的密度反差 δ_1 的分波写成

$$\delta_1(\boldsymbol{r}, t) = \frac{1}{(2\pi)^{3/2}} \iiint \delta_k(t) e^{-i\boldsymbol{k} \cdot \boldsymbol{r}/R(t)} d^3 k, \qquad (10.2.7)$$

注意这里把波矢写成了 $k/R(t)$ 的形式. 这样的 k 叫随动波矢,相应的 $\lambda = 2\pi/k$ 叫随动波长. 从(10.2.7)式易于看出,任意时刻的"物理"波长是

---

[1] 重申本章加下标 0 表示均匀背景气体的量. 不要与它在今天的值混淆.

$$\lambda_{\text{phys}} = \frac{R(t) 2\pi}{k} = R(t)\lambda, \qquad (10.2.8)$$

它是与 $R(t)$ 成正比地增大的.这说明直径为 λ_{phys} 的球区内的气体质量不随宇宙的膨胀而变化.

对 v_1 和 ϕ_1 也做同样的展开,分波振幅记作 v_k 和 ϕ_k.易于由 (10.2.4)~(10.2.6) 式导出分波振幅满足的方程组.我们将只关心密度反差 δ_k 的演化.在把其他变量消去后,得到

$$\ddot{\delta}_k + 2\frac{\dot{R}}{R}\dot{\delta}_k + \left(\frac{k^2 v_s^2}{R^2} - 4\pi G\rho_0\right)\delta_k = 0, \qquad (10.2.9)$$

它是密度小扰动在膨胀宇宙中的演化方程.

把这方程与上节相应的 (10.1.13) 式比较,主要差别在于增加了一个与 δ_k 成正比的阻尼项.这说明膨胀将为扰动演化带来了阻尼. Jeans 的不稳定判据没有大改变①.令 k_J 满足

$$\frac{v_s^2 k_J^2}{R^2} = 4\pi G\rho_0(t), \qquad (10.2.10)$$

对于短波即 $k \gg k_J$ 的情形,扰动将依然按波的方式传播,而波幅会有阻尼.对于长波即 $k \ll k_J$ 情形,下面即将看到,扰动的演化会出现增长模式,即依然有自引力不稳定性出现.

现在我们感兴趣的问题是各种天文尺度的扰动如何发展到物质的结团.后面将会看到,这些尺度的小扰动的增长主要发生在实物为主阶段,为此把实物为主阶段的扰动增长方程具体化.

考虑到真实宇宙很接近于平坦,而且等效真空能的影响在实物为主初期可以忽略,因此有 $\dot{R}/R = (2/3)t^{-1}$ 和 $\rho_0 = (6\pi Gt^2)^{-1}$.把这背景解代入 (10.2.9) 式并略去 $v_s^2 k^2/R^2$ 项后,小扰动的增长方程化成

$$\ddot{\delta} + \frac{4}{3t}\dot{\delta} - \frac{2}{3t^2}\delta = 0. \qquad (10.2.11)$$

---

① 这里的 k 是共动波数,所以物理的波数是 k/R,它相当于上节中的 k.

因方程中的系数已与波数 k 无关,所以把分波下标 k 略去了.这说明不同尺度的扰动增长规律是一样的.

这方程有两个独立解.一个是扰动的增长模式
$$\delta_+(t) = \delta_+(t_i)\left(\frac{t}{t_i}\right)^{2/3}; \quad (10.2.12)$$

另一个是扰动的衰减模式
$$\delta_-(t) = \delta_-(t_i)\left(\frac{t}{t_i}\right)^{-1}. \quad (10.2.13)$$

式中的 t_i 是任意选定的初时刻.方程(10.2.11)的通解是这两个特解的线性组合,因此增长模式(10.2.12)才是自引力不稳定性的表现.从这解式中我们看到了膨胀阻尼的重要影响:与静介质中的指数增长不同,膨胀宇宙中出现的自引力不稳性使扰动仅按幂律增长.这结果使宇宙中微小密度起伏的增大变成了一个非常缓慢的过程.

我们简单地讨论一下辐射为主阶段的扰动演化.上面讨论中把宇宙介质看成是单一组分的.在辐射为主时期,决定宇宙动力学的主要成分是辐射,而我们感兴趣的是实物组分上扰动的演化.这样就至少要把介质看成由辐射和实物[①]两部分组成.一般地说,这两种组分上可有不同的扰动,分别记做 $\delta_i (i =$ 辐射,实物).代替(10.2.11)式,这情况下密度反差的演化是一个联立方程组.第 i 种组分上扰动的演化方程是

$$\ddot{\delta}_i + 2\frac{\dot{R}}{R}\dot{\delta}_i + \left(\frac{k^2 v_{si}^2}{R^2}\delta_i - 4\pi G\rho_0 \sum_j \varepsilon_j \delta_j\right) = 0,$$
(10.2.14)

其中 ρ_0 是总密度,$\varepsilon_j \equiv \rho_j/\rho_0$ 是 j 组分的质量百分比,求和对一切组分进行.

辐射为主的背景宇宙满足 $\dot{R}/R = (1/2)t^{-1}$.这里只讨论辐射

[①] 实物中也可有多种组分,例如重子和非重子.各组分上的扰动也应分别处理.

组分上没有扰动的情形,即 $\delta_\gamma = 0$. 这时实物中的长波 ($k \ll k_J$) 扰动的增长方程具体化为

$$\ddot{\delta}_i + \frac{1}{t}\dot{\delta}_i = 0, \tag{10.2.15}$$

这方程须在 $\dot{\delta}(t_i) \neq 0$ 时才有非零解. 解的形式是

$$\delta_i(t) = \delta_i(t_i)\left\{1 + a\ln\left(\frac{t}{t_i}\right)\right\}, \tag{10.2.16}$$

这意味着实物上的扰动在辐射为主阶段增长得更缓慢.

最后顺便讨论低密模型中的曲率为主阶段. 现在观测已证实我们的宇宙是高密的, 即 $\Omega_0 \approx 1$. 其中非重子在实物中占主要比例. 在认识到这些之前, 人们曾朴素地把重子看成实物的惟一组分. 这样的宇宙模型只能是低密的, 即 $\Omega_0 < 0.1$. 把 Friedmann 方程写成

$$1 + \frac{k}{R^2H^2} = \frac{8\pi G\rho}{3H^2} = \Omega, \tag{10.2.17}$$

易于看出今天有 $(k/R^2H^2)_0 \approx 1$, 这就是曲率为主的含义. 在 $R < 0.1R_0$ 时, 这曲率项才小于实物项. 在处于曲率为主时期, 扰动演化方程可近似地化成

$$\ddot{\delta} + \frac{2}{t}\dot{\delta} = 0. \tag{10.2.18}$$

这方程的通解是

$$\delta(t) = c_1 + c_2 t^{-1}. \tag{10.2.19}$$

它说明在低密模型中当宇宙进入曲率为主, 扰动的增长将趋于停止. 这结果将对理解重子宇宙模型的困难有用.

10.3 各种天文尺度的进视界时刻

上节的讨论所针对的是亚视界尺度的小扰动. 现在让我们具体地看看, 各种天文上感兴趣的尺度, 例如星系、星系团或超团尺度是在什么时刻变为亚视界尺度的.

扰动的尺度用随动波长 λ 标志.这尺度内的质量 M 指直径为 $\lambda_{\text{phys}}=R(t)\lambda$ 的球区内背景宇宙的质量,因此 M 与 λ 有关系

$$M = \frac{\pi}{6}\rho_0(t)\lambda_{\text{phys}}^3 = \frac{\pi}{6}\rho_0(t_0)\lambda^3, \qquad (10.3.1)$$

这里已用到背景密度 $\rho_0(t)\propto R(t)^{-3}$.我们为方便而把今天的 $R(t_0)$ 取做 1,所以式中的 $\rho_0(t_0)$ 是今天的实物密度.从(10.3.1)式看到,扰动区的尺度 λ 与其中的质量 M 是一一对应的,且这关系与时间无关. λ 的物理意义是质量 M 在今天的均匀宇宙中所占的区域[①]的大小.

我们已经从实测知道,今天的实物密度为(参看(3.5.2)式)
$$\rho_{\text{m}}(t_0) = 2.7\times 10^{-30}\,\text{g/cm}^3 = 4.0\times 10^{10} M_\odot/\text{Mpc}^3.$$
$$(10.3.2)$$

由此推出, $\lambda=1\,\text{Mpc}$ 的扰动区内的质量为 $2\times 10^{10}M_\odot$.这正是一个中等星系的质量.人们因此把 $1\,\text{Mpc}$ 看成星系的尺度[②].星系团或超团作为小扰动时的尺度可以按比例推出.

然后我们把这些扰动尺度与视界大小相比较.4.11 节中已讨论过, t 时视界的"物理"大小为

$$L_{\text{h}}(t) = R(t)r_{\text{h}}(t), \qquad (10.3.3)$$

其中 r_{h} 是视界的随动坐标.在概念上注意,扣除膨胀因子 $R(t)$ 后, r_{h} 仍是时间的增函数,因为光的传播范围是随宇宙年龄的增大而增大的.

明确了扰动区大小和视界大小的描述,某扰动区为超视界或亚视界就清楚了.亚视界的含义是 $\lambda_{\text{phys}}(t)<L_{\text{h}}(t)$,两边消去因子 $R(t)$ 后,它相当于

$$\lambda < r_{\text{h}}(t). \qquad (10.3.4)$$

当我们研究例如星系尺度的扰动,其随动波长 λ 是固定的,但是视

---

① 注意 $\lambda_{\text{phys}}=R(t)\lambda$ 和 $R(t_0)=1$,因而有 $\lambda_{\text{phys}}(t_0)=\lambda$.
② 它与星系的实际大小不是一回事,因为今天的实际星系已经结团了.

界的随动坐标 r_h 是增长的. 这样,某尺度的扰动在早期曾超过视界,后来它总会转化为亚视界扰动的. $\lambda=r_h(t)$ 的时刻就是该尺度的进视界时刻.

图 10.2 中画出了各种扰动尺度的进视界时刻. 本问题中值得注意的是辐射与实物的等量时刻 t_{eq}. 容易估出,这时视界内的质量大体与星系团的质量相当. 这也就是说,星系团尺度的扰动在 t_{eq} 时进入了视界,此后成了亚视界扰动. 星系尺度要小一些,所以它是在辐射为主的晚期进视界的. 超团尺度的扰动则要到实物为主的前期才进入视界.

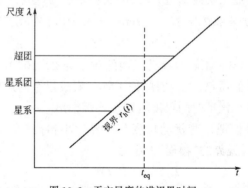

图 10.2 天文尺度的进视界时间

本书中将不讨论扰动在超视界阶段的演化. 定性地易于理解,当扰动尺度大于当时的视界,任何物理机理都不能使其幅度增大. 因此进入视界是使微小的密度扰动走向物质结团的必要前提之一. 上面的讨论让我们看到,天文上感兴趣的尺度上的扰动增长主要是在实物为主阶段实现的.

10.4 重子物质的 Jeans 质量

直到 20 世纪 70 年代末,人们自然地认为宇宙中的实物就是重子物质. 可是使人意外,这样朴素的想法却不能作为研究结构形

成的出发点. 为了理解困难的来源,我们需讨论重子物质的 Jeans 质量. 按前节的结果, Jeans 质量的大小是

$$M_J = \frac{\pi^{5/2}}{6} \frac{v_s^3}{G^{3/2} \rho_0^{1/2}}. \tag{10.4.1}$$

注意重子介质中的声速 v_s 和介质总密度 ρ_0 都在膨胀中变化,所以 Jeans 质量也是随时间而变化的.

假定宇宙介质只包含两种组分,即光子和重子. t_{eq} 约是 10^4 年, R_{eq} 约是 $10^{-4} R(t_0)$. 先看辐射为主的早期,我们知道光子气体的物态方程是 $P = \rho/3$,所以介质中的声速为

$$v_s^2 = c^2/3. \tag{10.4.2}$$

结合(10.4.1)式看出, M_J 是随密度 ρ_0 的降低而升高的. 图 10.3 中画出了这种变化.

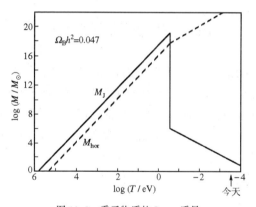

图 10.3 重子物质的 Jeans 质量

我们记得(参看 5.1 节),重子物质在实物为主初期依然与光子保持着强烈的耦合. 由于重子气体感受到的压强主要仍来自光子,所以它的声速依然很高,如(10.4.2)式所示. 这事实使重子的 Jeans 质量继续上升,直到原子复合或光子退耦. 那时 $t_{dec} \approx 10^5$ a, $R_{dec} \approx 10^{-3} R(t_0)$. 在光子退耦后,重子气体的压强来自自身. 于是其中的声速骤然降低了许多量级,并因而使 M_J 大幅度下降. 此后

的 M_J 将因重子温度的下降而缓慢下降(见图 10.3).

为了分析的方便,视界大小用其内含的质量标记,也已画在同一张图上. 从这图看出, 各种天文尺度在进视界后都尚小于[1]Jeans尺度,因此扰动不能增长. 它们的增长要从光子退耦后才开始. 这时已是实物为主的初期,于是小扰动将按 $\delta \propto R$ 的规律增长.

可是从那时到今天,$R(t)$ 才增大 3 个量级,而且最后还因曲率为主使扰动不能增长. 粗略的估算发现,光子退耦时刻的扰动幅度至少要超过 3×10^{-3},才可能导致今天之前有结团[2]发生. 光子退耦时的密度反差是可以从最后散射面上的温度起伏推知的. 20 世纪 70 年代尚未测到这温度起伏,因而只知道它的上限. 凭宽松的上限已使人们意识到,那时的密度反差不会有这么大. 这就是重子模型中结构形成的时间困难.

10.5 扰动的非线性增长

前面讨论的是小扰动阶段的演化. 当密度反差增长到 $\delta \sim 1$ 后,扰动的演化规律是非线性的. 求解相应的微分方程已很困难,实际研究时常用数值模拟处理. 下面讨论一个能解析处理的简化模型,以便借助它,对物质结团的全过程有个粗略的了解.

假设扰动前的背景是 $\Omega_\lambda = 0$ 且 $\Omega_m = 1$ 的平坦宇宙[3]. 这种宇宙模型的动力学行为很简单. 我们记得它的密度 $\rho_0(t)$ 与膨胀率 $H_0(t)$ 有关系

$$H_0(t)^2 = \frac{8\pi}{3}G\rho_0(t), \tag{10.5.1}$$

以及它的膨胀规律为

---

[1] 这重子模型是低密度的,因此 t_{eq} 要晚一些.
[2] 10.2 节的讨论只适用于 $\delta \ll 1$ 的情形. 当扰动量 δ 演化到接近于 1,此后它将主要是因扰动区内部的引力而坍缩. 这阶段在下节中讨论.
[3] 当 $R < R_0/2$ 时等效真空能几乎可忽略,这模型就是我们的真实宇宙.

$$R_0(t) \propto t^{2/3}, \qquad (10.5.2)$$

注意这里的下标 0 代表背景宇宙中的变量,而不是今天的量. 设在 $t=t_i$ 的时刻出现了一个球对称的密度小扰动,如图 10.4. 半径为 r_1 的球内的密度成了

$$\rho_i = \rho_{0i}(1 + \delta_i), \qquad (10.5.3)$$

其中 δ_i 是常数,代表当时的密度反差. ρ_{0i} 是背景密度在 t_i 时的值,现在要讨论的是这扰动的演化.

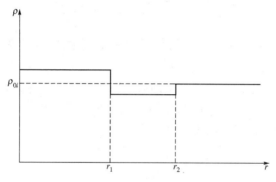

图 10.4 球对称的密度扰动

考虑到 $r < r_1$ 的正密度扰动区内部是均匀和各向同性的,因此它可单独地被看成其动力学行为满足 Friedmann 方程

$$\dot{R}^2 + k = \frac{8\pi}{3} G \rho R^2 \qquad (10.5.4)$$

的"宇宙". 为了与背景宇宙相区别,用不加下标的 R 和 ρ 代表这"宇宙"中的尺度因子和密度. 它们之间的关系仍为

$$\rho(t) \propto R(t)^{-3}. \qquad (10.5.5)$$

它与背景宇宙的密度反差是

$$\delta(t) = \frac{\rho(t)}{\rho_0(t)} - 1 = \left(\frac{R_0(t)}{R(t)}\right)^3 - 1. \qquad (10.5.6)$$

从这里看到,只要能把扰动区的尺度因子 $R(t)$ 解出,密度反差的演化就清楚了.

让我们把代表正扰动区的宇宙模型具体化. 按第四章的讨论,需要的只是确定它在某时刻的膨胀率 H 和密度 ρ. 以 t_i 为初时刻,它的初密度已由(10.5.3)式规定. 假定初始扰动只改变了密度而没有改变膨胀率 H, 即有

$$H_i = H_{0i}. \qquad (10.5.7)$$

这样,它的动力学行为就完全确定了. 首先因为扰动前的宇宙是平坦的,这扰动后的"宇宙"将是正曲率的. 易于导出相应的曲率为

$$\frac{k}{R_i^2} = H_i^2 \delta_i = \frac{8\pi}{3} G \rho_0(t_i) \delta_i. \qquad (10.5.8)$$

这里和下面将一直用加下标 i 代表 t_i 时刻的值. 其曲率因子 k 既与扰动时刻有关也与初始扰动强度有关,这是很自然的事.

实物为主的正曲率宇宙的膨胀行为在 4.8 节中讨论过. 它在膨胀到某极大值后转向收缩. 描写其尺度因子变化的(4.8.6)式能够解析地积成旋轮线的参数式,即

$$R(t)/R_i = \frac{\Omega_i}{2(\Omega_i - 1)}(1 - \cos\theta), \qquad (10.5.9)$$

$$H_i t = \frac{\Omega_i}{2(\Omega_i - 1)^{3/2}}(\theta - \sin\theta), \qquad (10.5.10)$$

其中

$$\Omega_i = \frac{8\pi G \rho_i}{3 H_i^2} = 1 + \delta_i \qquad (10.5.11)$$

是由初条件决定的常数,θ 是旋轮线的角度参量.

在解出扰动区的尺度因子 $R(t)$ 后,我们就能按(10.5.5)式来分析密度反差的演化了. 为了直观,我们将按图 4.2($\Omega_0 > 1$)来讨论密度反差的变化过程,所有结果都不难从上面的公式导出.

先看 $\delta \ll 1$ 的小扰动阶段,由这简单模型算出 $\delta(t) \propto t^{2/3} \propto R_0(t)$. 它与 10.2 节中导出的结果一致,即小扰动的增长与尺度因子 R 成正比. 现在主要感兴趣的是 δ 不太小的情况下的演化.

从曲线看出,在 $R(t)$ 达到极大值 $R_{\max}$ 前,扰动区一直在随整

体宇宙膨胀,其内部密度是在降低的.密度反差的增大则是由于它的膨胀比背景宇宙慢了一些.从(10.5.8)式看,参量 $\theta=\pi$ 时扰动区尺度因子达到极大.它的值是

$$\frac{R_{\max}}{R_i} = \frac{\Omega_i}{\Omega_i - 1},\qquad (10.5.12)$$

相应的时间 $t_{\max}$ 是

$$H_i t_{\max} = \frac{\pi}{2} \cdot \frac{\Omega_i}{(\Omega_i - 1)^{3/2}} \approx \frac{\pi}{2}\left(\frac{R_{\max}}{R_i}\right)^{3/2}. \qquad (10.5.13)$$

不难算出该时刻背景宇宙的尺度因子 $R_0(t_{\max})$,于是由(10.5.5)式知道,密度反差已达到

$$\delta(t_{\max}) = \frac{9\pi^2}{16} - 1 = 4.55. \qquad (10.5.14)$$

这早已是扰动的非线性演化阶段了.

在过了 $t_{\max}$ 后,背景宇宙继续膨胀,而扰动区不再随它膨胀,而开始了收缩.于是它与背景宇宙的密度反差将增长得更快.

值得注意的是这模型也将逐渐不适用了,按这模型扰动区内是没有压强梯度的.扰动区的收缩能使其内部密度趋于无穷.如我们在讨论恒星形成时指出过,均匀气体迅速地收缩时会在内部产生密度梯度和压强梯度,而压强梯度与引力的平衡会使收缩停止.按这样的道理,扰动区将变成一个力学平衡的气体云块.今天各种天文尺度上的物质结团就应当是这样形成的.

如果用维里定理做估算,达到维里平衡时的尺度 R_v 应大约是 $R_{\max}$ 的 $1/2$,即扰动区内的密度又增大了 8 倍.在这时间里背景宇宙则又膨胀了 3.3 倍.记得 $t_{\max}$ 时扰动区与背景宇宙的密度比已有 $4.55+1$.到开始成团 $(t=t_v)$ 时,这密度比增大到了 150 左右.结团后它自身的密度将保持不变,它与宇宙的密度比则因宇宙的膨胀而继续增大.

第十一章 结构形成的模型研究

11.1 关于结构形成问题的引言

我们从上章知道,后期宇宙中出现物质结团可能是由于自引力不稳定性,即早期宇宙中的小扰动先发展成大扰动,此后密度反差已较大的正扰动区会向自己的质心坍缩. 按这样的认识,研究结构形成需要做两件事:一件是找出造成后来物质结团的小扰动的物理起因,并由此得出扰动演化的初条件;再一件是让这原初扰动按物理规律演化至今天. 人们期望理论上呈现的结团面貌与天文学家实际观测到的一样. 可是一直到 20 世纪 70 年代末,理论家发现按当时对早期宇宙的理解,这竟然是一个无法达到的目标.

当时从理论上首先感受到一个原则性的困难. 由于早期宇宙中的视界太小,任何物理机制都不能产生天文尺度的小扰动. 这疑难已在 9.4 节中讨论过. 它暗示我们,要物理地回答今天物质结团的起因是办不到的.

无论如何,观测背景辐射的温度各向异性表明这样的小扰动是存在的,而且在天文尺度的扰动进入视界后的演化是能够计算的. 于是人们只能退一步,期望用进视界后的小扰动作"初"条件来计算今天的宇宙结构,而不问扰动的起源. 可是这样依然遇到了重大的困难. 这就是 10.4 节中讨论到的时间疑难:由于允许小扰动增长的阶段太短,以致今天还来不及有结团的发生. 这结果明显地与事实不符.

20 世纪 80 年代初出现的两个动向为结构形成的研究打开了

局面. 一个是以 Liubimov 为首的研究组从核实验中推断出[①]中微子有 40 eV 左右的静质量, 宇宙学家立刻意识到, 如果这是事实, 表明中微子对今天宇宙密度的贡献比重子物质高一个量级以上, 即我们的宇宙是以中微子为主的. 面对重子宇宙中的物质结团有显著的时间困难, 这种新的可能当然地引起了人们的重大关注. 另一个是暴胀理论的出现, 如已讨论过(见 9.5 节), 暴胀预言了宇宙密度为 $\Omega_0=1$, 这结果同样地暗示: 宇宙物质以非重子为主, 而重子物质只占很小的比例. 于是宇宙学家开始研究宇宙以非重子为主对物质结团带来的影响.

上章中已指出, 在重子为主的宇宙模型中, 由于重子与光子的强烈耦合, 宇宙进入实物为主时重子组分的 Jeans 质量依然很大. 各种天文尺度的小扰动需等待到光子退耦($t_{dec} \approx 10^5$ 年)后才能增长. 非重子物质(如中微子)和重子物质不同. 作为退耦了的组分, 它和光子没有耦合. 在宇宙进入实物为主($t_{eq} \approx 10^4$ 年)后, 非重子组分的 Jeans 质量将很快降低, 其上的小扰动随即开始增长. 这样, 允许非重子物质上的小扰动增长的时间多了一个数量级. 图 11.1 中对这差别作了图解. 实线画的是从 t_{eq} 开始增长的小扰动, 假定它来得及在今天前结团. 虚线画出的扰动从 t_{dec} 开始增长. 为达到同样效果, 对扰动初条件的要求要高了一个量级. 扰动增长的提前启动将使结团的时间困难得到很大的缓解[②].

当然我们感兴趣的是重子物质的结团. 扰动增长前的介质是重子和非重子的混合气体. 上面指出非重子组分的扰动将提前增长. 当重子组分的扰动依然从 t_{dec} 开始增长时, 非重子作为主要组分, 其已增大了的密度反差将对重子扰动产生附加的引力, 从而使后者的扰动增长加快, 这效果也已画在图 10.1 中. 逐渐地, 两者的

[①] 这结果后来已被其他实验否定.
[②] 我们记得, $\Omega_0 \ll 1$ 的低密度宇宙模型会有曲率为主阶段也是造成结团时间困难的一方面原因. 非重子为主的 $\Omega_0=1$ 的模型没有曲率为主阶段, 这也是缓解时间困难的因素.

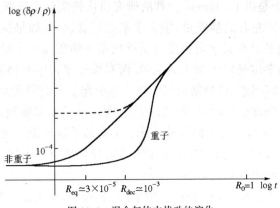

图 11.1 混合气体中扰动的演化

演化又会同步起来,于是重子物质也能跟非重子物质一起及时地结团. 总之在非重子物质为主的宇宙中,混合气体的结团时间将提前. 这当然是研究结构形成的福音.

然后回到原初扰动起源的困难上来. 暴胀理论对宇宙学研究的主要影响是改变了对早期宇宙的看法. 按这理论,甚早期宇宙中的视界曾比观测宇宙大很多,因此寻找天文尺度的原初扰动的起源将没有原则性困难. 如已在 9.4 节中指出,暴胀理论还进一步预言了,原初扰动应当产生在暴胀的开始阶段. 值得强调,只有在暴胀理论出现后,人们才感到系统地用物理方法研究宇宙结构的形成有了可能.

虽然暴胀理论对结构形成的研究提供了很重要的启示,但是暴胀究竟不是一个有牢固物理基础的理论. 此外对我们的宇宙以非重子为主,当时这也没有肯定的事实基础. 因此在这些启发下开始的是试探性的模型研究.

让我们回到图 9.3 上来看扰动演化的全过程. 图上没有画出任意天文尺度的物理大小随时间的变化,但很明显,它应当是观测宇宙曲线往下方的平移. 如果原初扰动发生在暴胀之初,此后的演化自然地分成两阶段. 前一段是扰动很快越出视界,并作为超视界

扰动一直演化到 t_{eq} 前后重新进入视界. 这一段演化是需要用广义相对论处理的. 后一段是进视界以后的演化, 它可以用 Newton 力学处理. 本章后面将主要讨论后一段演化. 当然我们的讨论将以非重子为主做前提.

11.2 无碰撞气体中的自由流动阻尼

20 世纪 80 年代初首先被深入研究的是中微子为主的宇宙模型. 我们已经知道, 在 $T=1\,\mathrm{MeV}$ 前后, 中微子与其他粒子失去了作用, 变成了宇宙介质中的无碰撞组分. 每个粒子都继续以光速自由运动. 这种运动将使中微子组分上的扰动受到阻尼. 人们常把它叫做自由流动阻尼或 Landau 阻尼.

我们都知道, 当气体中有密度的不均匀, 扩散过程将会削弱或消除密度梯度. 定性地看机理, 无碰撞气体中的自由流动有同样的作用. 设在尺度为 λ 的区域内中微子密度略大于平均密度. 粒子自由地向区域外飞行会把过剩的质量带走, 从而削弱或消除了这区域内的密度反差, 这就是自由流动阻尼. 我们需要弄清的是什么尺度的扰动能在 t_{eq} 时保留下来, 以开始增长并最终导致结团.

前面用理想流体的动力学讨论小扰动演化时, 这样的阻尼是被忽略了的. 阻尼过程是非平衡过程. 它的效果需用非平衡态的统计方法处理. 这里只打算做一个半定量的分析. 下面通过计算中微子自由流动所走过的距离, 来估计受阻尼的扰动尺度.

设中微子的静质量 m_ν 是 $10\,\mathrm{eV}$ 的量级[①]. 退耦[②]时 ($T_{dec}\sim 1\,\mathrm{MeV}$) 它是相对论性的粒子, 其飞行速度是光速, 即 $v=1$. 到 $t=t_{NR}$ (相应于 $T_{NR}\sim m_\nu$) 后, 它成了飞行速度 $v(t)$ 小于光速的非相对论性粒子. 现在我们计算从退耦 ($t_{dec}\sim 1\,\mathrm{s}$) 到实物为主 ($t=t_{eq}\sim$

---

① 若中微子的质量太低, 它不可能是高密宇宙中的主要组分.
② 注意这里加下标 dec 代表的是中微子退耦时的量. 不要与光子退耦相混.

10^4 a) 前中微子自由飞行的总距离. 用随动坐标表示(参看 (4.10.3) 式), 它是

$$r_{FS} \approx \int_{t_{dec}}^{t_{NR}} \frac{dt'}{R(t')} + \int_{t_{NR}}^{t_{eq}} \frac{v(t')}{R(t')} dt'. \tag{11.2.1}$$

由于所考虑的两阶段都在辐射为主时期, 式中的尺度因子 $R(t)$ 正比于 $t^{1/2}$. 在亚光速飞行的后一段, 速率 $v(t)$ 的减小是膨胀引起的动量红移效应. 利用 $p \propto R^{-1}$, 飞行速率可写成

$$v(t) = \frac{p(t)}{m} = \frac{R_{NR}}{R(t)}, \tag{11.2.2}$$

其中 R_{NR} 是 t_{NR} 时刻的尺度因子. 这样可把前后两个积分都积出, 得到

$$r_{FS} \approx \left(\frac{t_{NR}}{R_{NR}}\right)\left[2 + \ln\left(\frac{t_{eq}}{t_{NR}}\right)\right]. \tag{11.2.3}$$

只要给定中微子的静质量, t_{NR} 和 R_{NR} 可以算出, 于是自由流动的坐标距离 r_{FS} 也可具体地算出了. 在做这样的研究时, 人们并不知道中微子的静质量有多大. 为了方便, 把它当任意参量, 算出的结果是

$$r_{FS} = 20\,\text{Mpc}\left(\frac{m_\nu}{30\,\text{eV}}\right)^{-1}, \tag{11.2.4}$$

这范围内中微子气体的质量为

$$M_{FS} = 4 \times 10^{14}\left(\frac{m_\nu}{30\,\text{eV}}\right)^{-2} M_\odot. \tag{11.2.5}$$

算出了自由飞行距离, 就能够估计受阻尼的扰动尺度了. 作为简单估算, 若扰动区的尺度小于 r_{FS}, 或说扰动区内的质量小于 M_{FS}, 那么这样的小扰动可认为将被自由流动阻尼掉. 从式 (11.2.4) 或 (11.2.5) 看, 星系团以下尺度上的扰动都被阻尼掉了, 因此自由流动阻尼对中微子为主宇宙中扰动演化的影响是很大的.

在上面的讨论中中微子只是例子. 自由流动阻尼对任何退耦后的组分都存在. 对于热暗物质粒子, 上面的结果大体适用. 对于

冷暗物质粒子,由于其静质量太大,自由流动速率很小,相应地洗掉的扰动尺度远比星系尺度小,因此对宇宙结构的形成没有重要影响.

11.3 初始的扰动谱

从理论方面讲,结构形成是扰动演化的初值问题,其初条件应当由原初扰动的产生机理提供.如已在本章引言中指出,至今的暴胀理论尚不能确切预言最终导致结构形成的原初扰动谱.因此人们的研究方法是任意地指定"初"时刻,然后计算此后至今天的演化.

考虑到扰动须在进视界后才会受各种微观过程的影响,因此选择各种尺度进视界时刻为"初"时刻是自然的做法.在这样地做模型研究时,我们需要输入每种尺度在进视界时的扰动强度,即进视界扰动谱,它是计算其演化的初条件.

任意质量尺度 M 进视界时的扰动强度用 $(\delta\rho/\rho)_{\text{hor}}$ 描述.在没有关于原初扰动的知识时,人们常假定这扰动谱具有幂律的形式,即

$$(\delta\rho/\rho)_{\text{hor}} = AM^{-\alpha}, \tag{11.3.1}$$

这里的幂指数 α 被当作任意参量. 20 世纪 80 年代初出现的暴胀理论预言任何尺度的扰动在进视界时有接近相同的强度,即 $\alpha \approx 0$. 事实上在这之前 10 年,Harrison 和 Zeldovich 已分别地用唯象分析得到过同样的结果.

粗略地看 $M = 10^{12} M_\odot$ 的星系尺度.事实清楚表明今天这种尺度的扰动已完成了它的结团过程.为了要求星系能及时形成,估出相应尺度在进视界时的扰动强度应为

$$(\delta\rho/\rho)_{\text{hor}} \approx 10^{-4\pm 1}, \quad 对 M \approx 10^{12} M_\odot. \tag{11.3.2}$$

另一方面看今天的视界尺度,它约为 $10^{22} M$.从当时微波背景各向异性的观测给出约束

$$(\delta\rho/\rho)_{\text{hor}} \lesssim 10^{-4}, \quad 对 M \approx 10^{22}M_\odot. \qquad (11.3.3)$$

这两个结果暗示我们,$(\delta\rho/\rho)_{\text{hor}}$随 M 的增大而下降过快是与事实不符的. 具体地说,幂律谱(11.3.1)中的幂指数 α 应大于 -0.1.

再分析远小于 $10^{12}M_\odot$ 的尺度上的扰动. 若 α 为正,小尺度进视界时的扰动将很大. 注意到当某小尺度进视界时的扰动强度已达到$(\delta\rho/\rho)_{\text{hor}} \gtrsim 1$, 那么正密度扰动区将会立刻坍缩成黑洞. 过小的黑洞会被蒸发掉而不留痕迹,但是 $M > 10^{15}$ g $\approx 10^{-18}M_\odot$ 的小黑洞至今还来不及蒸发. 它一经形成应存留至今,并会有强烈的 γ 辐射. 从实际观测到的 γ 辐射背景推知,今天存在的原初小黑洞只可能很少. 于是有

$$(\delta\rho/\rho)_{\text{hor}} < 1, \quad 对 M \approx 10^{-18}M_\odot, \qquad (11.3.4)$$

这意味着幂指数 α 应小于 0.2.

概括起来讲,因为天文现象涉及的尺度范围很宽,若进视界扰动强度$(\delta\rho/\rho)_{\text{hor}}$是 M 的降函数,即 α 为正数,那么小尺度上的扰动将会过大;反之,若 α 是负数,大尺度上的扰动强度将会过大. 上面的分析具体地表明,其中的幂指数 α 应在 -0.1 到 0.2 之间. 于是人们自然地猜想 $\alpha \approx 0$,即任何尺度的扰动在它进视界时的强度是一样的. 这就是与尺度无关的进视界谱. 这样的谱也被称做 Harrison-Zeldovich 谱.

虽然取用各种尺度的进视界时刻为初时刻是自然的,但是不同尺度进视界的时刻不一样,因此进视界谱不是等时谱. 在做理论计算时人们更愿意取用一个固定时刻为起始. 为处理各种尺度的扰动在实物为主阶段的演化,统一地以辐射与实物的等量时刻 t_{eq} 为基准是方便的. 让我们简单地讨论 t_{eq} 时的等时扰动谱与进视界扰动谱的关系. 记得图10.2中已画出了各种尺度进视界时刻与 t_{eq} 的关系.

星系团以上尺度在 t_{eq} 时仍是超视界的. 因此从这时刻到进视界时刻的演化应不受微观机理的影响. 计算 t_{eq} 时扰动强度与进视

界时扰动强度的关系比较直截了当[①]. 若进视界扰动谱由幂律谱(11.3.1)描述, 那么 t_{eq} 时的等时谱为

$$(\delta\rho/\rho)_{t_{eq}} = AM^{-\alpha-2/3}. \tag{11.3.5}$$

当取 $\alpha=0$, 扰动分布与 $M^{-2/3}$ 成正比.

星系团以下尺度是在辐射为主时期进视界的. 它们从进视界到 $t=t_{eq}$ 之间作为亚视界扰动, 其演化既要受动力学过程的影响, 也要受非平衡过程的阻尼的影响. 我们已经知道, 自引力不稳定性将使这些扰动有很缓慢的增长(参看 10.2 节), 自由流动阻尼则会把热暗物质上的中小尺度扰动洗掉而只留下较大尺度的扰动. 对于冷暗物质, 自由流动阻尼只影响尺度很小的扰动, 亚星系尺度以上的扰动都保留了下来. 把这些影响都考虑在内后, 由尺度无关的进视界谱转化而来的 t_{eq} 时的扰动谱画在图 11.2 中. 在试探性的研究中, 它常被用作计算小扰动在实物为主阶段演化的初条件.

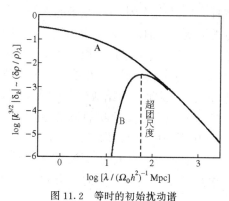

图 11.2　等时的初始扰动谱

11.4　热暗物质为主的模型

现在在热暗物质为主的前提下, 试探地研究宇宙中的结构形

---

① 注意超视界演化须用广义相对论处理. 这里须补充, 得到下面的结果时采用了同步规范.

成过程.目的是看清理论上形成的结构是否能与真实宇宙相一致.为具体起见,设想宇宙总密度为 $\Omega_0=1$,其中中微子占 90%,重子物质占 10%,当然光子作为次要组分也存在.

以 t_{eq} 时刻为起始的扰动初条件刚在上节中讨论过.它与进视界时的尺度无关谱相当,但是自由流动阻尼的后果已考虑在内.按这样的初条件(参看图 11.2),首先增长的应是尺度~30Mpc 的扰动.它将导致超团的首先形成.

Zeldovich 在 20 世纪 80 年代初论证过,大尺度气体云在自引力坍缩时有不稳定性.若在某一方向上坍缩开始得略早或坍缩速率比其他方向略快,则这方向的坍缩会越来越比其他方向快.其结果使坍缩后形成的致密体不呈球状,而是薄饼状.这理论正确地说明了超团不呈球状的原因.现在进一步把这道理用于热暗物质和重子物质构成的混合气体的坍缩.

气体坍缩时,引力势能转化成了粒子的无规动能.新产生的压力场会重建力学平衡,从而使坍缩停止.混合气体中两种组分的行为不完全一样.中微子组分不存在耗散无规动能的机制,因此坍缩停止较早,所形成的薄饼相对较厚.在重子组分坍缩时,粒子间的碰撞会把动能耗散掉,因此最终结成的薄饼相对较薄.这样,坍缩后的混合气体将形成一个三文治状的薄饼.此外还有一个重要差别.中微子受 Pauli 原理的制约,坍缩后已高度简并,它不能再进一步碎裂成尺度更小而密度更大的团块.重子物质却相反,它在坍缩后期的碰撞中肯定要发生进一步的碎裂,并形成更小尺度的团块.

按这样的图景演化,中微子作为宇宙的主要组分,它将只形成超团尺度的暗晕;重子物质在形成超团后将通过逐级碎裂而形成星系团及星系.整个结构形成过程是从大到小地完成的.这是热暗物质为主的模型的重要特征.

把理论上的结果与真实宇宙做比较,人们发现大尺度上的天体分布与从巡天观测得到的图像很一致.计算机模拟至演化后期,我们会看到出现大的空洞,以及星系呈纤维状分布在洞壁上.这是热暗物质为主模型的成功.另外还有一个成功之处.虽然这宇宙模型的总密度为 $\Omega_0=1$,但是其中占最主要比例的热暗物质以很弥漫的超团暗晕存在.这样就自然地说明了,若用局域方法测量总密度,将只会得到一个很低的结果,例如 $\Omega_0=0.2$.

不好的结果来自中、小尺度[①]上的比较.数值模拟表明超团型团块形成已较晚,约在红移 $z<3$. 星系作为它进一步碎裂的产物,约形成于 $z\leqslant 1$. 可是实际上红移超过 3 的星系已发现了很多.在中、小尺度上天文观测资料很丰富.例如星系与星系间空间位置的关联有很好的统计.当用数值模拟结果与实测相比,也都出现同样的毛病.这些毛病表明,在热暗物质为主的模型中,中、小尺度的演化比实际要落后.研究者也试验过,若让中、小尺度上的结构演化到与实际宇宙一致,那么大尺度上将显著地出现演化程度的超前.

总之,由于这模型中扰动率先增长的尺度太大,因此在较小尺度上出现毛病似乎是不可避免的.有鉴于此,很多人从 20 世纪 80 年代中期起把研究的兴趣转向了冷暗物质为主的模型.

11.5 冷暗物质为主的模型

我们知道,冷暗物质指粒子很重的退耦组分,它在今天留下的粒子数密度很低.按今天所观测到的粒子看,没有这样的候选者,因此对冷暗物质为主的模型的研究带有更大的尝试性.可是尝试的结果却使人们感到,冷暗物质的存在几乎是结构形成不可缺少的要素.

因为冷暗物质粒子退耦时的热运动速率很低,自由流动阻尼对宇宙结构的形成没有影响.仍考虑从 t_{eq} 开始的扰动演化,其初

[①] 在结构形成问题中把星系尺度当小尺度,超团以上当大尺度,介乎两者之间的是中尺度.

条件已画在图 11.2 中.它与热暗物质模型的重要差别是亚星系和星系尺度的小扰动将率先增长.在星系尺度物质结团的同时,中、大尺度的扰动也在增大.它将表现为星系相互靠近而结合成星系团,再进一步形成超团.这样从扰动的初条件就能理解,层次结构在冷暗物质模型中是自小而大地进行的.它与热暗物质模型中的过程正好相反.

仍然须注意,现在考虑的是冷暗物质粒子和重子的混合气体.在物质结团时所形成的是混合气体的团块.由于重子物质坍缩时的能量耗散,它达到的致密程度将更高.所以这团块应是星系外的暗晕,而发光物质处在中间.按这样的形成图景,星系外的巨大暗晕应当主要由冷暗物质组成.此外,结构形成的数值模拟表明,暗晕的大小与暗晕间的距离是可比拟的,它们因此很容易在运动中并合,这意味着邻近星系或星系团可能会有共同的暗晕.

1984 年起,Davis 等人在不同尺度上对冷暗物质模型中的扰动演化做了一系列很漂亮的数值模拟.他们发现,模型在中、小尺度上的演化行为与真实宇宙符合得很好.当把模拟尺度取为几个 Mpc,理论上不仅能看到星系的形成,而且所形成星系内的密度分布和转动曲线也都与实际一致.把模拟尺度取在 10 Mpc,其中将有许多星系的形成.理论上能算出星系的数密度,以及各星系在空间分布上的关联,所得的结果与事实也符合得很好.这方面的许多成功之处使人们感到,中、小尺度上扰动的率先增长是使模型中演化出星系和星系团的正确行为所必须的.

当把模拟尺度取为几十 Mpc 以上,理论上将可算出宇宙在大尺度上的结构.模型算出各星系团间空间位置的关联发现,理论上的关联强度至多仅及实际值的 1/3.这是冷暗物质模型在大尺度上与事实不符的重要迹象.由于天文上对更大尺度结构的了解还不够十分清楚,因此理论与事实难以定量地比较.无论如何,冷暗物质模型中出现的大尺度泡沫结构显出不够成熟.例如观测已发现有直径为几十 Mpc 的巨大空洞,而模拟结果中却看不到.

总之,冷暗物质模型同样显现了大小尺度不能兼顾的毛病,可是它的优缺点与热暗物质模型正好相反.

11.6 问题的小结

从20世纪80年代初以来,人们分别对热或冷暗物质为主的模型做了很深入的研究,也把模型演化的后果与观测结果做了细致而全面的比较.得到的认识是两方面的.积极的方面是若在t_{eq}时有10^{-4}的密度反差,那么各种尺度的结团是能够及时发生的,纯重子宇宙模型中的时间困难可以避免.这种研究使人们深深地认识到了非重子物质对结构形成的重要性.与此同时也出现了消极的一面,即发现不管假定热暗物质为主或冷暗物质为主,理论上都不能得到全面地与实际一致的结构.

值得再次强调,这样的研究在当时是存在根本性弱点的.首先,它以结构起源于小扰动为基本前提,可是微波背景上存在这样的小扰动是在1992年才证实的.其次,它以非重子做宇宙物质主体为出发点,可是宇宙中确有大量非重子存在的证据是在2000年才出现的.我们因此一再说当时这样的研究是试探性的,但是今天已是对它的成功作出小结,并对它的前景作展望的时候了.

从20世纪80年代的研究中看到,如果中、小尺度扰动能率先增长如冷暗物质模型那样,或大尺度扰动能率先增长如热暗物质模型那样,相应尺度上所形成的结构将与真实宇宙很一致.可是这两种模型都不能同时兼顾真实宇宙在大小尺度上的行为.于是从20世纪90年代开始,人们试验了宇宙组分更复杂的情形.

除重子物质不可缺少外,人们假定了非重子物质中既有热暗物质也有冷暗物质.目的是弄清,这样能否既保持冷暗物质模型在中、小尺度上的成功,又在大尺度上具有热暗物质模型的优点.按已有的经验,人们常假定热暗物质占最主要的比例,例如70%;冷暗物质居其次(如25%);余下的才是重子物质.总密度保持为

$\Omega_0=1$. 用模拟做演化的结构虽然不出乎意外,但是也不尽如人意. 于是有人做了用真空代替热暗物质作为最主要组分的模型. 真空作为弥漫分布的暗物质,它对结构形成的影响与热暗物质有类似之处. 有趣的是模拟发现,这样的模型确实比其他模型更好. 这无疑是试探研究中的又一成果. 但是,真空是否有能量存在,以及它是否在今天宇宙中占主要比例,当时尚完全不清楚.

现在我们可以从结构形成研究的角度来理解近年观测得到的结果的意义了. 首先是用 SNI 为探针重新研究 Hubble 关系而肯定了真空能的存在. 接着是从微波背景辐射上的温度各向异性定出了 $\Omega_0=1$,$\Omega_{eff}=2/3$ 和 $\Omega_B=0.04$. 这些结果第一次肯定了: (一)我们的宇宙是高密而平坦的;(二)真空能是其中最主要的成分;(三)除真空之外,非重子暗物质约占 30%. 与结构形成的试探研究的成果相比较,两者几乎完全吻合. 只剩下一点尚未被肯定,那就是 30% 左右的非重子物质是冷暗物质. 当然,这些新结果对前面 20 年的试探是极大的支持. 今后研究结构形成的道路已大体铺平了.

再一件值得重提的事是扰动的初条件的确定. 更细致地观测微波背景温度各向异性的 MAP 卫星已开始运行. 另一颗名叫 Planck surveyor 的卫星将于 2007 年发射升空. 按计划中的精度,它们将把一切天文尺度的"初"扰动强度测定下来. 一旦这个目标达到,它将具有双重的意义. 一方面它是对暴胀产生原始扰动的机理的重要检验;另一方面,把结构形成当初值问题研究的条件也将完全成熟了.

总之,如何形成事实上存在的层次性结构,这是宇宙理论必须回答的问题. 研究它的困难在于这问题综合地依赖于很多其他宇宙学信息. 无论如何,今天我们已可以期望在不遥远的将来看到问题的答案了.

附录 1 自然单位制

物理学中出现了三个很基本的普适常数,它们是光速 c, Planck 常数 $\hbar$ 和 Boltzmann 常数 k. 光速其实是一切零质量粒子的速度,也是自然界的速度上限. Planck 常数是一切量子规律中的基本单元. Boltzmann 常数是热现象中宏观量与微观量间的桥梁. 讲这些量很基本,指在相关的公式中它们一定要出现的. 可是它们的值都很复杂. 这数值上的复杂是我们随便地规定了时间、长度和质量的单位所造成的. 如果适当地选择单位,让这些常数的值都为 1,显然是能办到的. 这就是建立自然单位制的想法. 做到这点后,相关公式中这三个常数都自然不再出现. 它不仅使公式简单,而且使物理量间的关系也更明白.

一个完整的单位制要包含四个基本量. 普通单位制中取长度、时间、质量和温度. 在宇宙学的自然单位制中除把光速 c、Planck 常数 $\hbar$、Boltzmann 常数 k 都作为基本量,并规定为 1 外,再把能量单位规定为 $1\,\text{GeV}$. 这些量在普通单位制中的数值是

$$1c = 2.9979 \times 10^8\,\text{m} \cdot \text{s}^{-1},$$
$$1\hbar = 1.0546 \times 10^{-34}\,\text{J} \cdot \text{s},$$
$$1k = 1.3807 \times 10^{-23}\,\text{J} \cdot \text{K}^{-1},$$
$$1\,\text{GeV} = 1.6022 \times 10^{-10}\,\text{J}.$$

为了方便,这里用了能量的普通单位焦耳,记作 J. 记得 $1\,\text{J} = 1\,\text{kg} \cdot \text{m}^2 \cdot \text{s}^{-2}$.

很容易用这四个关系把时间、长度、质量和温度反解出来. 因取 $c=\hbar=k=1$,所以任何量都以 GeV 为量纲:

$$\text{时间} \quad 1\,\text{s} = 1.5192 \times 10^{24}\,\text{GeV}^{-1},$$

长度　　$1\,\mathrm{m} = 5.0677 \times 10^{15}\,\mathrm{GeV}^{-1}$,

质量　　$1\,\mathrm{kg} = 5.6095 \times 10^{26}\,\mathrm{GeV}$,

温度　　$1\,\mathrm{K} = 8.6170 \times 10^{-14}\,\mathrm{GeV}$.

这就是四个基本量的普通单位与自然单位的关系. 若需要反过来从这些量在自然单位下的值转化为普通单位下的值, 则有

时间　　$1\,\mathrm{GeV}^{-1} = 6.5822 \times 10^{-25}\,\mathrm{s}$,

长度　　$1\,\mathrm{GeV}^{-1} = 1.9733 \times 10^{-16}\,\mathrm{m}$,

质量　　$1\,\mathrm{GeV} = 1.7827 \times 10^{-27}\,\mathrm{kg}$,

温度　　$1\,\mathrm{GeV} = 1.1605 \times 10^{13}\,\mathrm{K}$.

这样, 两种单位制间的转换关系已完全清楚了.

对于其他物理量, 只要记得它在普通单位制中的量纲, 那么在自然单位制中的量纲就立即有了. 我们记得几个宇宙学中的常用量的自然量纲:

时间、长度　　　　　　　量纲为 GeV^{-1},

质量、能量、温度　　　　量纲为 GeV,

体积　　　　　　　　　　量纲为 GeV^{-3},

粒子数密度　　　　　　　量纲为 GeV^{3},

质量密度、能量密度、压强　量纲为 GeV^{4},

Newton 引力常数 G　　　量纲为 GeV^{-2}.

要在数值结果上相互折算也很容易. 例如

粒子数密度　　$1\,\mathrm{GeV}^3 = 1.3014 \times 10^{47}\,\mathrm{m}^{-3}$,

质量密度　　　$1\,\mathrm{GeV}^4 = 2.3201 \times 10^{20}\,\mathrm{kg \cdot m^{-3}}$,

能量密度　　　$1\,\mathrm{GeV}^4 = 1.3014 \times 10^{47}\,\mathrm{GeV \cdot m^{-3}}$,

Planck 能量　　$m_{\mathrm{Pl}} = G^{-1/2} = 1.2211 \times 10^{19}\,\mathrm{GeV}$,

Planck 时间　　$t_{\mathrm{Pl}} = G^{1/2} = 8.1893 \times 10^{-20}\,\mathrm{GeV}^{-1}$

　　　　　　　　$= 5.3904 \times 10^{-44}\,\mathrm{s}$.

宇宙学问题涉及相对论、量子物理和热学, 有关公式中必有 c, $\hbar$ 和 k 的若干次幂. 它们实际上没有告诉我们任何物理内容, 而

只是累赘.所以人们常采用自然单位制讨论,以避免出现这种累赘.以下就我们用到的方面作些讨论和说明.

相对论认识到时间和空间是一个统一的整体.取光速 c 为 1 的首要好处是使时间和长度有同样的量纲.这样做后出现了例如公式(4.11.3):视界大小 $L_h(t) = 3t$. 它应理解为这时间乘光速就是视界大小,而光速大小是 1.

取光速为 1 的另一好处是把质能关系简化成了 $E = m$. 在概念上它直接告诉我们,描述质量和能量的是同一个物理量,两者不必区分. 实用上因此也很方便. 粒子物理正因这道理,用 GeV 来描述粒子的(静)质量. 我们也同样沿用. 按同样的道理,(质量)密度和能量密度也是同一个物理量. 宇宙学需要把辐射和实物统一讨论,这样做是方便的.

在广义相对论中,能流密度、动量密度和动量流密度也都是引力的源. 现在它们与通常意义下的密度有同样的量纲,很便于统一处理. 压强作为动量流密度,与密度有一样的量纲. 由此才会在公式(4.5.2)中出现密度与压强的直接相加. 对辐射物质,压强与密度的关系简化成了 $P = \rho/3$. 在普通单位下还应有一个因子 $1/c^2$.

温度的基本意义是描写热运动的剧烈程度. 按普通单位制,在温度为 T 的气体中,粒子的热动能是 kT 的量级. 取 Boltzmann 常数 k 为 1,则温度 T 直接描写了粒子的热动能. 这其实更符合温度概念的本意. 在这样做后,温度与能量、质量都有了同样的量纲,对于需要比较时是方便的. 例如在早期宇宙中,质量为 m 的粒子会热碰撞产生的条件是 $T \gg m$. 用普通单位下的话讲,应是 $kT \gg mc^2$. 宇宙学中用电子伏 eV 描写温度,利用的就是这好处. 需要记得的是:温度 $1\,\mathrm{eV} \approx 10^4\,\mathrm{K}$.

把 Planck 常数 $\hbar$ 取作1,给粒子理论公式带来很多简便. 这我们不讨论. 我们主要是在导出辐射气体的密度(见(5.3.8)式)和数密度(见(5.3.7)式)时用到了它,因为辐射物质是量子气体. 其后果是使密度(或数密度)与温度的关系简单了. 例如在温度为

1 MeV 时近似地有 $\rho=T^4$. 用 GeV 为基本量纲,立即得到 $\rho=10^{-12}$ GeV^4. 折合成普通单位,它是 10^8 kg·m^{-3},其物理含义就大体清楚了. 如果用普通单位写,同样在略去一个量级为 1 的因子后的公式是 $\rho=T^4 h^{-3}k^4 c^{-5}$. 这里的物理要点是 ρ 与 T^4 正比,这不会受单位制影响. 只是普通单位制中出现了很复杂的比例系数. 对比之下,我们能看出用自然单位制写公式的好处,但是两者的差别也仅在这里.

附录 2 粒子物理大意

1. 什么是粒子物理

人们先是由化学的研究知道,世上纷呈多样的物体都由分子组成.分子有上百万种,而组成分子的化学元素却只有几十种.这结果暗示人们,若剖析到微观层次,物质世界可能是很简单的.到 19 世纪末,物理学的研究开始向微观领域发展.实验证实,元素的原子是由电子绕原子核运动的复合系统.不同元素的差别在于其原子核有不同的正电荷. 20 世纪 30 年代,中子的发现使人们进一步认识到,几十种元素的上百种原子核(包括同位素)都由质子和中子两种粒子组成.除了宏观物体之外,人们所知道的物质形态还有光波、无线电波以及 X 射线和 γ 射线等.当时已清楚,光子是这类物质的共同本源.这样看来,追溯到微观本源,世界确实变得非常简单.我们知道的一切物质都可还原成四种粒子,即质子、中子、电子和光子.人们自然地把这些粒子称为基本粒子,意指它们是构筑世上万物的基本砖块.

可是事情实际上远没有这么简单.几乎在中子发现的同时,人们立刻意识到,基本粒子世界比上面的描述要复杂.下面让我们提到早期(20 世纪 30 到 40 年代)的几个重要发现.

正电子的发现. 正电子是在记录宇宙射线的云雾室中被发现的.它与电子有相同的质量,但却带着相反的电荷.已知原子中的电子都带负电荷,因此正电子不是宏观物体的组元,但它的性质却表明正电子与电子同样地基本.这使当时的人们非常惊讶.现在粒子物理学家已彻底弄清,任何基本粒子都有它对应的反粒子存在,正电子的发现仅是其第一例而已.

中微子的发现. 原子核作 β 衰变时,人们看到的是电子的放出.但是通过能量和角动量守恒的分析表明,原子核应同时放出一个很轻的中性粒子,它被称为中微子.这理论的提出在 20 世纪 30 年代,而中微子的实验发现则是 20 世纪 50 年代初的事.注意在 β 衰变发生之前,原子核中并不存在中微子,因此中微子也不是宏观物体的组元.它是在衰变的过程中产生出来的.现在人们知道,基本粒子之间的相互转换是微观世界相互作用的普遍形式.

介子的发现. 在 20 世纪 40 年代,宇宙射线的观测研究中又先后发现了两种质量介乎电子和质子之间的新粒子,所以被分别称为 μ 介子和 π 介子.这两种粒子也不是物质的组元.后来人们在深入的研究后才认识到,这两种粒子的性质很不一样.较轻的 μ 介子与电子的性质很近,都属于轻子类.π 介子则与质子和中子一样是强子类的一员.后来人们把介子的名称专用来称呼强子类的成员,因而把 μ 介子改称为 μ 子.μ 子和 π 介子都是不稳定粒子.μ 子的寿命是百万分之几秒.π 介子的寿命更短,仅有万万分之几秒.粒子实验已经证实,不稳定性是绝大多数基本粒子的共性.稳定的基本粒子只有极少几种.

从上面讨论到的几个例子看,所发现的新粒子都并不是物体的组元粒子,但却都与组元粒子同样地基本.这些发现使人们逐渐认识到,基本粒子世界仍然很复杂.作为宏观物体组元的四种粒子仅是其中的一小部分而已.于是从 20 世纪中叶起,物理研究又多了一个新的分支.这就是基本粒子物理.

在发明了加速器之后,新粒子的发现效率大大地提高了.到 20 世纪 60 年代初,实验发现的基本粒子的数目已过百种.而且显然,随着加速器能量的提高,还会有大量的新粒子会被发现出来.原来人们期望基本粒子的研究会给物质世界描绘出一幅很简明的图像.岂知结果却相反,基本粒子的种类比化学元素的种类还多!这使人们悟到,这些粒子只是物质结构中比原子核更深的一个层次,而并不是物质世界的极终本源.这样看来,基本粒子不是一个合适的名称.于是人们去掉"基本"二字,而把它们简称为粒子.相应的研究领域也改称为粒子物理.

2. 四种相互作用和粒子的分类

物体间的相互作用是造成千变万化的物理现象的根本原因.因此除物体本身外,物体间的相互作用规律也是物理学的主要研究对象.

在经典物理中,相互作用表现为宏观的力.力的效果是引起宏观物体的变形或运动的加速等.微观物体与宏观物体有质的不同,因此相互作用的表现方式也有质的区别.微观粒子间的相互作用表现为粒子间的转换.例如中子的 β 衰变是中子转换成了质子,同时产生出电子和(反)中微子.用写化学反应的方式来写,这过程是

$$n \longrightarrow p + e^- + \bar{\nu},$$

其中 $\bar{\nu}$ 是反中微子.作用力的强弱则体现为该转化过程发生的概率的大小.

在经典物理中力的表现形式虽很多样,但在本质上却只有两种,即引力和电磁力.地面上物体感受到的引力主要来自地球,它就是通常讲的重力.此外种类繁多的力,如物体间的摩擦力或弹性力等,本质上都是其分子间的电磁力的表现.延伸到微观过程,由于粒子的质量太小,引力过于微弱而不产生可观测的效果.电磁力在带电的微观粒子间则依然在起作用.但是粒子间除电磁力之外,事实表明一定还有其他的力存在.

原子核是若干个质子和中子的结合体.质子与质子间有静电斥力,它们为什么能结合成如此紧密的原子核?这明显说明还有一种吸引性的力在起作用.这种作用必比静电力更强,因而它被称为强作用力.此外,上面已提到的 β 衰变中涉及不带电粒子,因此它也不是电磁力的效果.定量分析表明这种作用力比电磁力弱很多,因此被称为弱作用力,它又是一种新的作用力.重要的是从各种粒子过程的分析发现,粒子间的作用力除电磁力之外就只有这强力

和弱力两种了. 这样人们对自然界的相互作用建立了一个概括的认识：微观过程中只有四种相互作用. 按强弱排序，它们是强作用力、电磁力、弱作用力和引力. 由于强力和弱力只在微观距离上起作用，所以在宏观现象上只有电磁力和引力.

如同不带电的粒子感受不到电磁力一样，实验结果的分析表明，有些粒子完全不受强作用力的影响. 上面已提到的电子、中微子和 μ 子都是. 这些粒子被统称为轻子类，因为这些代表性粒子都比质子要轻. 轻子都不参与强作用，既不产生强力也不感受强力. 带电的轻子参与弱作用和电磁作用. 不带电的轻子（中微子）则只参与弱作用. 此外有一大类粒子以质子、中子和 π 介子为代表. 它们既参与弱作用和电磁作用（若带电），且也参与强作用. 由于在几种力都存在时，强作用占压倒优势，因而这些粒子被称为强子类. 这样，人们按相互作用的不同，把粒子分成了轻子和强子两大类.

附表　粒子分类和性质简表

分类		粒子名称	电荷 $/e$	自旋 $/\hbar$	质量 mc^2/MeV	寿命/s	主要衰变方式
规范粒子		γ(光子)	0	1	0	∞	
		W	±1	1	81800	$\sim 10^{-25}$	$W^+ \to e^+ + \nu_e$
		Z	0	1	92600	$\sim 10^{-25}$	$Z^0 \to e^+ + e^-$ 或 $\mu^+ + \mu^-$
轻子		ν_e(e 中微子)	0	1/2	$<4.6 \times 10^{-6}$	∞	
		ν_μ(μ 中微子)	0	1/2	<0.25	∞	
		ν_τ(τ 中微子)	0	1/2	<27.7	∞	
		e(电子)	−1	1/2	0.511	∞	
		μ	−1	1/2	106	2.20×10^{-6}	$\mu^- \to e^- + \bar{\nu}_e + \nu_\mu$
		τ	−1	1/2	1784	3.3×10^{-13}	$\tau^- \to \mu^- + \bar{\nu}_\mu + \nu_\tau$
强子	介子	π	±1	0	140	2.60×10^{-8}	$\pi^+ \to \mu^+ + \nu_\mu$
			0	0	135	0.87×10^{-16}	$\pi^0 \to \gamma + \gamma$
		K	±1	0	494	1.24×10^{-8}	$K^+ \to \mu^+ + \nu_\mu$
			0	0	498	$K^0_S\ 0.89 \times 10^{-10}$ $K^0_L\ 5.18 \times 10^{-8}$	$K^0_S \to 2\pi$ $K^0_L \to 3\pi$
	重子	p(质子)	+1	1/2	938	∞	
		n(中子)	0	1/2	940	898	$n \to p + e^- + \bar{\nu}_e$
		Λ	0	1/2	1116	2.63×10^{-10}	$\Lambda \to p + \pi^-$ 或 $n + \pi^0$

此外还有一类叫规范粒子. 简单地讲，它们是在粒子间传递作用力

的媒介.我们都知道光子是电磁力的传递者,而 $W^{\pm}$ 和 Z^0 则是弱力的传递者.按至今很成功的强作用理论,强力的传递者是胶子.由于胶子是不能单独出现的粒子,因此无法直接观测到它.理论上把引力的传递者叫引力子,但它的存在尚未有实测证据.附表给出了已观测到的规范粒子和轻子,以及一些代表性的强子的性质.这里把强子又分成了两个亚类——介子和重子.它们的区别将在后面谈到.

经验使人们对粒子及其相互作用作这样的分类.它的价值不仅是使人们对粒子世界的全局有了更清晰的了解,而且对以后的深入研究是重要的导向.

3. 强子的夸克结构

到现在,轻子族的成员已发现了六个.它们是电子、μ 子、τ 子和分别与之对应的三种中微子 ν_e、ν_μ 和 ν_τ.按已为实验广泛证实的粒子物理标准模型,轻子类也只有这些成员了.轻子类的情况较简单,而强子类的情况却显得很复杂.现在已发现的强子有八百多种.它的种数过多是一种迹象,暗示着强子内部还有更深层次的结构.

在化学发展到一定阶段,元素的数目越来越多,门捷列夫总结出了元素的周期性.它对 20 世纪的人们认识原子的结构起了极关键的导向作用.众所周知,Pauli 的不相容原理就是为解释元素周期性而提出的理论.它是今天认识不同原子的差别的核心.强子的研究过程有些类似.在强子种类已很多时,人们开始按唯象性质对不同强子作分类.20 世纪 60 年代中期,在分类规律的指引下有人提出,强子是若干个夸克组成的复合体,夸克则是更深层次上的组元粒子.这使我们对微观世界的认识又前进了一步.

按标准模型,夸克共有六种.粒子物理学家风趣地称夸克有六种不同的"味".最轻的两种被称为 u 夸克和 d 夸克.u 夸克带的是正电荷,电量是电子电量的 2/3.d 夸克带负电荷,电量是电子电量的 1/3. 最轻的重子仅由 u,d 夸克组成. 质子由 u,u,d 三个夸克组成,其电荷与电子等量反号. 中子由 u,d,d 三个夸克组成,其电荷为零. 其他重子也都由三个夸克组成. 介子则是由一个夸克和一个反夸克构成的复合体. 由 u 和反 d 夸克组成的是带一个正电荷的 π^+ 介子. 由反 u 和 d 夸克组成的是 π^- 介子.

以电子电量为单位,所有已发现的粒子的电量都是整数,而夸克所带的电量却是分数,这是一个很显著的特征. 于是人们开始以分数电荷为标志来寻找夸克. 几年的努力没有成果,而相应的夸克强相互作用理论却发展了起来,这就是量子色动力学理论. 按这理论,夸克不仅有六种"味"的区别,而且还有三种"色"的区别. 它们被称为红夸克、蓝夸克和黄夸克. 注意这仅是形象化的叫法. 不同颜色的夸克靠胶子黏合在一起,能造成白色的夸克复合体,这才是能观测到的强子. 而非白色的单个夸克、胶子或它们的复合体是不能单独出现的. 这样,单个夸克不被发现就成必然的后果了.

初一听,这理论有点像为找不到夸克而编造的遁词. 其实不然. 一个新理论的正确与否,不取决于它解释了什么,而在于它对尚不清楚的事实能作出预言,并且这些预言能为将来的实验所证实. 经过 20 年的实验考验,这个夸克强作用理论已被大量实验证明是正确的. 所以夸克虽没有找到,但现在已很少有人再为此而怀疑它的真实性了.

夸克理论的确立使我们对粒子世界的认识进了一大步. 原来作为原子核组元的质子和中子等强子都不是基本粒子,而是更深层次粒子的复合物. 按今天的认识,夸克和轻子一起,才共同代表一种深层次的组元粒子. 轻子没有强作用,所以它们不能形成结构紧密的复合粒子. 今天的实验现象没有证据显示夸克或轻子还有内部结构. 至于它们是否是物质的极终本源,这是将来的物理学家才能回答的问题. 无论如何,现在人们已不愿再轻言"基本"二字了.

4. 相互作用的统一

前面已提到：微观粒子间的相互作用有四种，它们各自是独立的。其中有两种是短程作用，对宏观现象起不了作用，因此宏观力的本源只有引力和电磁力。理论家常会有理想化的倾向，他们常想在表面上很不同的事情背后找出简单的统一本源。Einstein 在建立了相对论之后，曾致力于研究引力和电磁力的统一。他想给这两种表观上没有联系的作用力作出统一的描述。虽然当时 Einstein 的名望如日中天，可是他为此花费了很大的精力，最后在这领域中却一无所获。物理学是一门实验科学。一个理论是否正确的惟一标志是它是否符合事实。因此理论家追求统一的念头能否实现，取决于他们的这种想法是否与客观情况相一致。而这点是很难事先判断的。

在后来的理论家看来，Einstein 的失败不是由于他追求统一的想法不对，而是由于他错误地想在宏观物理的基础上寻求统一。宏观物理规律是唯象性的，而不是本源性的。因此在微观粒子的动力学理论确立后，追求几种不同的相互作用相统一的努力又复活了起来。在 20 世纪 60 年代后期，终于有人成功地迈出了第一步。这就是弱力和电磁力统一理论的建立。它当然是人类认识微观世界上的又一重大成果。

从现象上看来，弱力和电磁力是性质差别很大的两种力。前者是短程力而后者是长程力。它们在强度上的差别有十个量级之大。这样两种力怎么会在本质上是同一种？由量子场理论看，弱力的微弱性和它的短程性来自同一个原因，那就是传递弱力的媒介粒子很重。现在已成功的弱电统一理论的要点是指出，在能量很高（远大于几百吉电子伏）的现象中，传递弱力的媒介粒子与光子一样是质量为零的。作为某种内部对称性的后果，弱力和电磁力原是同一种力。现在人们就简单地把这种统一的力叫作弱电力。在能量较低时，一种被称为 Higgs 机制的物理效应把该种内部对称性破坏了。

相应的效果之一是使某些传递力的媒介粒子获得了很重的质量.它们就是上面表中列出的 $W^{\pm}$ 和 Z^0 粒子.这些粒子传递的力变得很微弱,力程变得很短.这就是我们在低能现象上看到的弱力.有一种媒介粒子依然保持质量为零.它就是传递电磁力的光子.这样,弱力和电磁力才在表观上显出了很大的不一样.这理论在术语上称为有对称性自发破缺的规范场理论.传递力的媒介粒子因此被叫做规范粒子.

当然,理论的设计总有一定的有人为性.但如我们已强调,这理论能否被大家接受为正确的理论,取决于它的一系列推论能否得到事实的肯定.弱电统一理论从 20 世纪 70 年代起已经受住了许多关键性的实验考验,从而在 20 世纪 80 年代初获得了 Nobel 物理学奖.后者是一个标志,说明它得到了人们的首肯.

弱电统一理论的成功大大地鼓舞了有理想化倾向的理论家们.他们开始想把强作用力与弱电力再进一步统一起来,甚至想把引力也统一在内.如果这种努力成功了,那意味着自然界的基本相互作用本质上只有一种.这确实应当被认为是一件了不起的事.但是检验这种理论很难,因此人们至今还不知道这种理论是否对.看来,理论家想终极地探索物质及其相互作用本源的努力很可能是会成功的.无论如何,他们前面还有一段漫长的路要走.

附录3 天文学和宇宙学常量

天文学量

太阳质量 $M_\odot$	1.989×10^{30} kg
太阳半径 $R_\odot$	6.960×10^{8} m
太阳光度 $L_\odot$	3.90×10^{26} J·s^{-1}
恒星质量范围	$0.1\sim10^{2}$ $M_\odot$
星系质量范围	$10^{6}\sim10^{13}$ $M_\odot$
星系大小	$10^{0}\sim10^{2}$ kpc
星系团平均大小	5 Mpc
星系团内平均星系数	10^{2}
超团和大空洞大小	50 Mpc

宇宙学量

Hubble 常数 H_0	$100h$ km·s^{-1}·Mpc^{-1}
	$h=0.5\sim0.8$
Hubble 时间 H_0^{-1}	$9.78\times10^{9}\,h^{-1}$ a(即 yr)
Hubble 距离 cH_0^{-1}	$3.00\times10^{3}\,h^{-1}$ Mpc
临界密度 ρ_c	$1.88\times10^{-26}\,h^{2}$·kg·m^{-3}
背景光子温度 $T_{\gamma0}$	2.728 ± 0.004 K
背景光子数密度 $n_{\gamma0}$	412 cm^{-3}
背景光子密度 $\rho_{\gamma0}$	4.67×10^{-31} kg·m^{-3}
背景光子能量密度 $\rho_{\gamma0}$	2.62×10^{-7} eV·m^{-3}
光子退耦时刻 $t_{\gamma\mathrm{dec}}$	2.4×10^{5} a
光子退耦温度 $T_{\gamma\mathrm{dec}}$	0.25 eV

背景中微子数密度 $n_{\nu 0}$	$112\,\mathrm{cm}^{-3}$
背景中微子温度 $T_{\nu 0}$	$1.95\,\mathrm{K}$
实物与辐射等量时刻 t_{eq}	$1.32\times 10^{3}(\Omega_0 h^2)^{-2}\,\mathrm{a}$
实物与辐射等量温度 T_{eq}	$5.64(\Omega_0 h^2)\,\mathrm{eV}$